Meine dritte Forschungsreise

im

Atlas-Vorlande von Marokko

im Jahre 1901.

Von

Theobald Fischer.

Inhalt.

Abbildungen:

Karten:

1. Einleitung.

Als ich im Juni 1899 von meiner zweiten marokkanischen Forschungsreise zurückkehrte, stand bereits bei mir der Entschluss fest, baldmöglichst dorthin zurückzukehren, um diese Forschungen zu einem gewissen Abschlusse zu bringen bezw. den Versuch zu machen, neu aufgetauchte Fragen zu lösen. Sobald die Bearbeitung des auf dieser Reise gesammelten Beobachtungsstoffes im Sommer 1900 zum Abschlusse gelangt war[1]), trat ich sofort der Frage einer neuen, letzten Reise näher. Ein Gesuch, welches ich unter Vorlegung eines Reiseplanes behufs Erlangung der nöthigen Mittel an die Geographische Gesellschaft zu Hamburg richtete, fand das liebenswürdigste Entgegenkommen, die Gesellschaft bewilligte mir den Betrag, der mir nach den früheren Erfahrungen zur Durchführung der Reise erforderlich schien, indem ich meinerseits mich verpflichtete, die Reise im Auftrage der Gesellschaft auszuführen und den gesammten Beobachtungsstoff nebst der Karte des Reisewegs der Gesellschaft zur Veröffentlichung in ihren Mittheilungen baldmöglichst druckfertig zur Verfügung zu stellen. Die Reise sollte in der Weise ausgeführt werden, dass die Monate März und April ganz, vom Februar und Mai soviel als zur Hin- und Heimreise, zur Organisation und Wiederauflösung der Karawane nöthig war, also reichlich 3 Monate auf dieselbe verwendet würden. Als die Vorbereitungen bereits im Gange und die Abreise auf die zweite Hälfte des Februar festgesetzt war, erkrankte ich an einem bald chronisch werdenden Bronchialkatarrh, der als eine Nachwirkung einer im vergangenen Frühjahr überstandenen schweren Influenza aufgefasst wurde. Da mir die Aerzte riethen, dem deutschen Winter lieber aus dem Wege zu gehen, aber mit der Durchführung der Reise bei dem für derartige Leiden als besonders günstig

[1]) Veröffentlicht unter dem Titel: „Wissenschaftliche Ergebnisse einer Forschungsreise im Atlas-Vorlande von Marokko im Frühling 1899. Ergänzungsheft No. 133 zu Petermann's Mittheilungen, Gotha 1900“ und „Studien zur Klimatologie von Marokko. Zeitschrift der Ges. für Erdkunde in Berlin, Bd. 35, Berlin 1900“.

geltenden warmen und trockenen Klima von Marokko einverstanden waren, so trat ich dieselbe schon am 17. Januar an, um die Zeit, die ich nothgedrungen meiner Lehrthätigkeit entziehen musste, wenigstens der Wissenschaft zu Gute kommen zu lassen. Ueber Algier reisend, wo ich eine kurze Zwischenstation machte, landete ich bereits am 11. Februar in Mogador. Nach Durchführung der Reise schiffte ich mich am 29. April in Tanger über Gibraltar nach Marseille ein; nach einer Zwischenstation in Montreux langte ich am 24. Mai wieder in Marburg an. Die Reise hat sich also auf nahezu 4½ Monate ausgedehnt, von denen allerdings nur 3½ nutzbringend verwendet werden konnten. Leider war aber das Wetter in der zweiten Hälfte des Winters und im Frühling des Jahres 1901 auch in Marokko so ungünstig, dass sich unter Mitwirkung der nicht zu vermeidenden Anstrengungen und Entbehrungen mein Gesundheitszustand stetig verschlechterte und die Aerzte bei der Heimkehr eine schwere Erkrankung der Lunge feststellten, die die Fertigstellung dieses Reiseberichts zu meinem grossen Bedauern so lange verzögert hat, da ich neun Monate gänzlich arbeitsunfähig war und es auch jetzt, nach einem Jahre, noch zum Theil bin.

Trotz dieser ungünstigen Verhältnisse, die zuweilen eine gewisse Selbstverleugnung und einige Thatkraft erforderten, habe ich die Reise im Wesentlichen durchgeführt wie sie geplant war, soweit nicht andere Umstände hinderten. Es galt diesmal vor Allem der Erforschung der durch eine Decke von Schwarzerde, die ich auf der letzten Reise nachgewiesen und nach ihrer Entstehung zu erklären versucht hatte, überaus fruchtbaren Küstenprovinzen Abda, Dukkala und Schauia. Diese Aufgabe glaube ich, soweit es bei einer derartigen Reise überhaupt möglich ist, ganz gelöst zu haben, indem ich jede der drei Provinzen je einmal aus dem Innern zur Küste und umgekehrt gequert habe. Es galt ferner der Erforschung des letzten noch unbekannten Laufstücks der Um-er-Rbia von Meschra esch Schaêr abwärts, wo ich 1899 den Fluss hatte verlassen müssen. Auch dies Ziel ist im Wesentlichen erreicht worden, wenn es auch nicht möglich war dem Strome, wie näher dargelegt werden wird, allenthalben unmittelbar zu folgen. Die Geländeschwierigkeiten sind so grosse, dass die Aufgabe selbst für einen rüstigen Kletterer nicht leicht wäre. Um diese Schwierigkeiten und den Charakter des Stromlaufs auf dieser Strecke zu veranschaulichen, habe ich die Stromschlinge von Bu-el-Awân, der grossartigen Festungsruine, die bisher nur ein einziger Europäer, der englische Arzt Lemprière, zu Ende des 18. Jahrhunderts von fern flüchtig gesehen hatte, sorgsam aufgenommen und im Maassstabe von 1:100000 dargestellt. Als erste Europäer, die nach der Versicherung der Eingeborenen diese Gegend erreichten, konnte ich mit meinen Reisegefährten 1½ Tage vor dem Thore der Ruine lagern.

Mit Rücksicht darauf, dass der ganze Handel von Marokko, soweit er in deutschen Händen ist, in Hamburg zusammenläuft, hatte ich mir weiter zur Aufgabe gestellt, den Handel von Marokko, mit Allem was darauf Bezug hat, möglichst sorgsam zu erforschen. Auch dies glaube ich, namentlich während der längeren Aufenthalte in Mogador und Casablanca erreicht zu haben. Die Stellung und Bedeutung von Mogador, des südlichsten Seeplatzes von Marokko und des letzten bis zum Senegal, glaube ich auch durch Aufnahme eines Planes der Stadt, des ersten Versuchs dieser Art, in besseres Licht gerückt zu haben. Es war mir ferner möglich bei den Vorstössen in's Innere bisher unbekannte Theile der Provinz Schedma zu erforschen und von Ahmar die Kenntniss des Zyma Sees und Umgebung zu vertiefen. Auch glaube ich den Rand der zweiten, höheren Stufe des Atlas-Vorlands, mit welchem vom Tensift nordwärts annähernd auch die Grenze von Kulturland und Steppe zusammenfällt, von Schedma bis Schauia auf etwa 220 km festgelegt zu haben.

Ich hatte von vornherein Bedacht genommen, meinen Reiseweg von 1899 zur Prüfung und besseren Festlegung möglichst weit im Innern und wiederholt zu kreuzen. Das geschah am Tensift zwei Tagereisen westlich von Marrakesch, in Uled Said und Dar Ber Reschid in Schauia, während es sich als zu schwierig herausstellte, soviel mir gerade daran lag, an den Weg von 1899 bei Meschra esch Schaêr an der Um-er-Rbia anzuknüpfen.

Dagegen musste ich auf die Lösung von zwei Aufgaben, die ich mir gestellt hatte, von vornherein mit Rücksicht auf das Versprechen verzichten, das ich unserm Gesandten, Freiherrn von Mentzingen in Tanger, dem ich durch eifrige Förderung meiner Bestrebungen zu grossem Danke verpflichtet bin, gern abgegeben hatte, nämlich Schwierigkeiten und Reibungen mit den Eingeborenen unbedingt zu vermeiden und lieber Gegenden fern zu bleiben, wo solche zu befürchten seien. Die eine dieser Aufgaben war ein Versuch, durch Nachgrabungen, namentlich in den Schlackenhaufen und Halden bei Aïn-el-Hadschar in Schedma und am Djebel Hadid festzustellen, auf welches Volk — ich vermuthe die Phöniker — und welche Zeit der uralte Eisenbergbau jener Gegend zurückzuführen sei. Dieser Versuch wäre an und für sich schon gewagt gewesen, da in Marokko Regierung und Bevölkerung an das Vorhandensein grosser Erzschätze glaubt, dieselben eifersüchtig hütet und namentlich die Ausbeutung seitens der Christen unbedingt unmöglich zu machen sucht. Schon das Suchen nach Erzvorkommen ist verboten, da man sich sagt, dass es unmöglich sein würde, die Europäer fern zu halten, wenn Edelmetalle irgendwo gefunden würden. Es ist noch nicht lange her, dass jeder Europäer, der einen Schutzbrief des Sultans erhielt, sich verpflichten musste, keine Steine zu klopfen und mitzunehmen.

Die berberische Bevölkerung im Hinterlande von Mogador ist nun, auch ohne Zuthun der Regierung, sehr fremdenfeindlich und argwöhnisch. Im Gegensatz zu Saffi, Casablanca und Tanger ist es, bis auf eine noch zu erwähnende Ausnahme, keinem der in Mogador ansässigen Europäer gelungen, ein Landgut zu erwerben. Immerhin hatte sich ein Bewohner des Thals von Aïn-el-Hadschar in Folge der Beziehungen, die er seit Jahren zu den deutschen Handelshäusern Marx und Weiss & Maur unterhielt, sich veranlasst gefühlt, sich unter deutschen Schutz zu stellen und denselben einen Olivengarten zu verkaufen. Dies hatte grosse Erbitterung bei der Bevölkerung hervorgerufen und zu offenen Feindseligkeiten und Sachbeschädigung geführt, für welche die Betheiligten auf energisches Einschreiten von deutscher Seite von der marokkanischen Regierung mit empfindlichen Geldstrafen belegt worden waren. Natürlich hatte das die Stimmung der Leute nicht verbessert. Sie hatten kurz vorher einen malerischen alten Oelbaum umgehauen, der ein kleines Becken des Baches beschattete, der der starken, das ganze Thal belebenden Quelle entrinnt, weil die Deutschen, die im Frühjahr und Herbst regelmässig mit ihren und befreundeten Familien einige Wochen in Aïn-el-Hadschar zu verbringen pflegen, natürlich unter Zelten, dies Becken zum Bad benutzten. Ein Badezelt, das an Stelle des Oelbaums eingerichtet worden war, war eines Tages niedergebrannt worden. Kurz, es schien mir bei dieser Erregung nicht gerathen Ausgrabungen machen zu lassen, da ich ja auf dem fraglichen Grundstück lagerte, den Soldaten des deutschen Vize-Konsulats bei mir hatte und wiederholt von den deutschen Herren besucht wurde. Ich führe diese Dinge an, weil sie zugleich die Verhältnisse beleuchten. Es ist übrigens Hoffnung vorhanden, dass in allernächster Zeit diese Erzvorkommen von fachmännischer Seite untersucht werden werden.

Die zweite Aufgabe, auf die ich verzichten musste, war die Erforschung des Djebel Zerhun, der kleinen abgeschlossenen, von noch ziemlich unabhängigen Berbern bewohnten Bergmasse zwischen Miknâs und Fâs, die ich 1899 umkreist hatte. Rohlfs hat dieselbe 1864 an ihrem schmalen Ostende überschritten, aber ohne mehr als diese

Thatsache mitzutheilen. Herr de la Martinière, jetzt Mitglied der französischen Gesandtschaft in Tanger, hatte dieselbe 1888 auch besucht, aber ohne mehr darüber zu veröffentlichen, als dass »byzantinische« Befestigungen dort vorhanden seien. Es schien mir nach den Erkundigungen, die ich 1899 einzog, wol möglich zu sein, in das Gebirge einzudringen, aber in Saffi hörte ich von einem Deutschen, der eben von Fâs gekommen war, dass die Bevölkerung des Djebel Zerhun im Aufstande gegen die Regierung sei.

Noch ein wichtiges Ergebnis der Reise muss aber hier erwähnt werden: die Errichtung von zwei neuen meteorologischen Stationen, die ich vor Antritt der Reise in die Wege geleitet hatte, die eine in Casablanca, im Hause des Herrn Karl Ficke, eines seit vielen Jahren dort ansässigen und sich für diese Fragen interessirenden deutschen Kaufmanns, die andere in Marrakesch, in dem dortigen Kaufhofe des deutschen Handelshauses Hermann Marx in Mogador. Die Instrumente für die Station in Casablanca hat auf meine Bitte die Deutsche Seewarte in Hamburg geliefert, die für Marrakesch der Verein für Erdkunde zu Leipzig. Es sind damit nicht weniger als 4 deutsche meteorologische Stationen in Marokko in Thätigkeit, nämlich ausser den beiden neu errichteten, eine fast 10 Jahre bestehende in Mogador und eine andere in Saffi, beide von der Deutschen Seewarte eingerichtet.

Der Zweck der Reise, eine Erweiterung und Vertiefung unserer Kenntnis des Atlas-Vorlands von Marokko als Vorarbeit zu einer landeskundlichen Darstellung des Atlasgebiets, ist also im Wesentlichen erreicht worden. Ich glaube somit dem Auftrage der Geographischen Gesellschaft zu Hamburg entsprochen zu haben und freue mich, derselben, ihrem Vorsitzenden, Herrn Bürgermeister Dr. Mönckeberg und vor Allem ihrem Generalsekretär, Herrn Dr. Ludwig Friederichsen, den herzlichsten Dank dafür aussprechen zu können, dass sie mich in die Lage versetzt hat, mit dieser 4. Reise meine Forschungen in den Atlasländern zu einem gewissen Abschlusse zu bringen.

Ich verfehle nicht auch dem hohen Auswärtigen Amte des Deutschen Reichs meinen ehrerbietigsten Dank für die Empfehlung an den deutschen Gesandten, Freiherrn von Mentzingen in Tanger und diesem für die werkthätige fürsorgliche Unterstützung auszusprechen, die er mir hat angedeihen lassen.

Die Bestimmung einer kleinen Sammlung mir unbekannter Pflanzen, die ich namentlich aus dem Steppengebiet mitgebracht hatte, verdanke ich der freundlichen Vermittlung des Herrn Prof. Dr. A. Meyer in Marburg und Geheimrath Prof. Dr. Engler in Berlin durch Herrn Dr. Pilger. Für die Altersbestimmung zweier an schlecht erhaltenen Petrefakten reicher Handstücke von Schedma habe ich dem besten Kenner der Geologie der Atlasländer, Herrn Prof. Emile Ficheur in Algier, wärmstens zu danken. Die Berechnung meiner barometischen Höhenmessungen hat Herr Kandidat K. Müller vorgenommen. In der Karte und im Text sind diese in abgerundeten Zahlen wiedergegeben. Auch diesem Herrn spreche ich meinen Dank aus. Nicht minder aber allen deutschen Freunden in Marokko, vor Allem dem kaiserlichen Vizekonsul, H. von Maur in Mogador, der durch seinen land- und leutekundigen Rath und seine thatkräftige Unterstützung sehr wesentlich zu den erzielten Erfolgen beigetragen hat.

---

2. Reisebegleitung und Ausrüstung.

Während ich sonst Gewicht darauf legte, der völligen Unabhängigkeit wegen wissenschaftliche Reisen stets allein zu machen, so war es mir diesmal schon wegen meines zweifelhaften Gesundheitszustandes erwünscht, nicht allein zu reisen. Sobald ich den Plan zur Reise gefasst hatte, bot sich mir ein hoch willkommener Reisebegleiter an in der Person des Dr. med. Weisgerber, eines jungen, in Strassburg und Kiel, später auch in Paris ausgebildeten Elsässers, der seit 4 Jahren in Casablanca als Arzt lebte und auf mehrfachen Reisen, über die er in der Zeitschrift der Pariser geographischen Gesellschaft berichtet hat, namentlich aber auch als Leibarzt des lange Zeit allmächtigen Grossveziers Ba Ahmed einen grossen Theil des Atlas-Vorlands kennen gelernt hatte. Dr. Weisgerber spricht ziemlich gut Arabisch und hat viele Beziehungen im Lande, er versteht es auch vorzüglich mit den Eingeborenen umzugehen, die ihm als Arzt auch allenthalben sofort Vertrauen entgegenbrachten. Ich hatte ihn bei meinem zweiten Aufenthalte in Casablanca 1899 kennen gelernt, er hatte mich auch auf der Weiterreise nach Rabat ein Stück begleitet, ich war seitdem in Beziehungen zu ihm geblieben. Als er von meinen neuen Reiseplänen hörte, schrieb er mir sofort, dass er zwar im Begriff sei, Casablanca und Marokko zu verlassen, seine Abreise aber verschieben werde, wenn er mich begleiten dürfe. Ich nahm dies Anerbieten natürlich sofort mit grosser Freude an. Nachdem wir das Nähere bei meiner

Landung in Casablanca anfangs Februar besprochen, stiess Dr. Weisgerber anfangs März in Mogador zu mir und hat mich auf der Landreise bis wieder nach Casablanca begleitet, das er bald nach mir dauernd verlassen hat, um zunächst in seine Heimath zurückzukehren. Dr. Weisgerber ist mir ein lieber Reisegefährte gewesen. Nicht die leiseste Disharmonie ist jemals zwischen uns getreten. Seine Eigenschaft als Arzt war mir besonders werthvoll, seine Beherrschung der Sprache, seine praktische Erfahrung und Veranlagung, seine Kenntniss von Land und Leuten ist auch mir von grossem Nutzen gewesen. Ich möchte ihm auch an dieser Stelle den herzlichsten Dank für alles, was er zur erfolgreichen Durchführung der Reise beigetragen hat, aussprechen.

Bei der Bearbeitung des von der zweiten Reise durch Marokko mitgebrachten Beobachtungsstoffes war mir der Privatdozent der orientalischen Sprachen an der Universität Marburg, Herr Dr. G. Kampffmeyer, der sich besonders mit dem moghrebinischen Arabischen beschäftigt hat, zur Richtigstellung der Namen hilfreich an die Hand gegangen. Da derselbe Land und Leute, deren Sprache er studirte, noch nicht kannte, ihm aber viel daran liegen musste, sie kennen zu lernen, so lag es nahe ihm anzubieten mich auf der Reise zu begleiten, da sich eine Gelegenheit in Gesellschaft und daher mit geringen Kosten eine solche Reise zu machen, kaum wieder bieten würde. Da es auch gelang, die Akademie der Wissenschaft zu Berlin zur Bereitstellung der erforderlichen Mittel zu bewegen, so vereinbarte ich mit Herrn Dr. Kampffmeyer, dass er von Hamburg zur See direkt nach Mogador reisend, dort am 1. März zu mir stossen solle. Derselbe ist uns ein sehr lieber Reisegenosse gewesen und hat mich namentlich auch dadurch zu grossem Danke verpflichtet, dass er wiederum sich der Richtigstellung der im Text und auf der Karte vorkommenden Namen in sorgsamster Weise angenommen hat.

Dagegen gelang es mir nicht denjenigen Reisegefährten zu gewinnen, den ich schon auf der zweiten Reise als solchen für eine dritte in's Auge gefasst hatte, den Hilfsdragoman Meludi am deutschen Konsulat in Casablanca. Es ist dies einer der drei jungen Marokkaner, welche seiner Zeit vom Sultan zur Ausbildung nach Deutschland geschickt worden waren und der sich während eines 8jährigen Aufenthalts in Deutschland nicht nur völlige Beherrschung des Deutschen, sondern auch eine gründliche wissenschaftliche Bildung erworben hat. Ich lernte denselben 1899 in Casablanca kennen und da ich sofort erkannte, von welchem Werthe seine etwaige Begleitung bei einer künftigen Reise sein würde, so fragte ich schon damals bei ihm an, ob er gegebenen Falls geneigt sein würde mich zu begleiten. Seiner zusagenden Antwort gemäss versuchte ich dann seine Begleitung zu gewinnen, leider war er aber gerade in jener Zeit ganz unabkömmlich. Dadurch, dass Dr. Weisgerber das Arabische hinreichend beherrschte, und es mir gelang in Mogador einen Koch und Diener anzuwerben, der etwas Englisch sprach, war übrigens dem Bedürfniss der Verständigung, dem Meludi in erster Linie hätte dienen können, hinreichend genügt.

Was die für die Reise gewählte Zeit anlangt, so habe ich die Gründe, welche für den Frühling sprechen, in dem Werke über die letzte Reise eingehend dargelegt. Allerdings wäre es bei der Ungunst des Wetters diesmal besser gewesen, später statt früher, wie ursprünglich beabsichtigt war, in's Innere aufzubrechen.

Auch auf die Ausrüstung und die Art des Reisens will ich nicht weiter eingehen, da ich beide in dem Werke über die letzte Reise eingehend geschildert habe. Ich will nur erwähnen, dass ich der Gesellschaft für Erdkunde zu Berlin von Neuem zu grossem Danke verpflichtet bin dafür, dass sie mir wiederum ihre 3 Zelte zur Verfügung stellte, von denen ich eines mit Rücksicht auf das regnerische Wetter in Mogador mit einem Doppeldache versehen liess. Auch eines der früher benutzten Barometer, über die später zu sprechen sein wird, und andere Instrumente überliess mir die Gesellschaft in liebenswürdigstem Entgegenkommen. Ich spreche meinen herzlichsten Dank dafür aus. Ein neuer werthvoller photopraphischer Apparat von Görz-Anschütz wurde der Ausrüstung von befreundeter Seite in dankenswerthester Weise hinzugefügt. Einen handlichen, für die Zwecke einer derartigen Reise bequemen Theodoliten konnte ich mir aber nicht verschaffen. So bedauerlich es ist, wie näher dazulegen sein wird, dass in Folge dessen die Endpunkte meiner Vorstösse in's Innere, namentlich in der Gegend des Zyma Sees etwas unsicher sind, so kann ich für diesen Mangel nur dankbar sein, denn es würde die abendliche Beobachtung bei der raschen Abkühlung und dem feuchten Niederschlag, der stets nach Sonnenuntergang im Innern einzutreten pflegt, meine Gesundheit noch weiter geschädigt haben. So hielt ich möglichst darauf, bereits bei Sonnenuntergang im schützenden Zelte zu sein.

---

3. Durch Algerien nach Oran und längs der Rîf-Küste nach Tanger.

Ich verliess Marburg am 17. Januar 1901 Mittags und erreichte in ununterbrochener Fahrt Marseille gegen Abend des 18. Januar. So oft ich diese Strecke auch gefahren bin, namentlich im Frühling, so bietet sie doch immer neue Eindrücke. Diesmal war es mitten im Winter. Bald nachdem ich die Grenze von Frankreich bei Bellegarde überschritten, ging die Sonne auf und beleuchtete mit matten Strahlen die steilen, oft malerische Faltungen zeigenden Felswände des Jura, in welche die Gehänge des Rhonethales nach oben hin ausgehen. Von Valence, noch auffälliger von Montélimart an lassen alle Bäume, nach Süden umgebogen, erkennen, dass das Rhonethal das Bett einer nördlichen in das warme Mittelmeerbecken einbrechenden Luftströmung, eines der Zuglöcher, und zwar nächst dem Bosporus das schlimmste des Mittelmeerbeckens ist. Durch Mauern und Zäune, von Avignon an durch Reihen von Zypressen und Aleppokiefern schützt man die Gärten gegen diesen gefürchteten Mistral. Unterhalb Montélimart verengt sich das Rhonethal auf eine kurze Strecke auf kaum 1 km Breite, bei Donzère weitet es sich wieder und im Schutz der Berge begrüssen uns am östlichen Thalgehänge die ersten Oelbäume. Von Avignon an werden sie häufiger. Freilich es sind hier an ihrer künstlich nach Norden vorgeschobenen und periodisch durch kalte Winter gewaltsam wieder nach Süden verrückten Polargrenze nicht die kräftigen Bäume, die man in Ligurien oder an den Ausgängen der Atlasthäler in Marokko in 1000 m Meereshöhe, aber nahe der Aequatorialgrenze des Baumes sieht, sondern armselige Erzeugnisse einer Ueberkultur, in Reihen gepflanzt, kaum 3 Meter hoch künstlich becherförmig gezogen und der meisten Aeste beraubt, um Luft und Licht vollen Zutritt zu gestatten. Auch die Mandelbäume sind ähnlich gezogen. Sie liegen noch ganz im Winterschlaf. Und noch mehr die Maulbeerbäume. Das südliche Frankreich verrät auch durch seinen Baumreichthum die Zugehörigkeit zum Mittelmeergebiet. Die ungeheure Waldarmuth tritt dadurch weniger hervor. Auch die zahlreichen meist kleinen Landhäuser und Bauernhöfe, die durch die Gärten verstreut sind, rufen den Eindruck einer lieblichen Kulturlandschaft hervor. Gruppen heimkehrender Feldarbeiter und Schafheerden vertiefen das Bild. Das Steinfeld der Crau jenseits Arles zeigt deutlich die fortschreitende Urbarmachung. Ein wundervoller Sonnenuntergang lässt die spiegelglatte Fläche des Étang de Berre in Regenbogenfarben leuchten, namentlich herrschen tief violette

Thöne mit tiefer sinkender Sonne vor, die Berge, die Ortschaften spiegeln sich im See. Die flachen Salzgärten scheinen wie mit flüssigem Blei gefüllt. Allmählich verblassen die Farben, die Nacht senkt sich herab, ein Leuchtthurm an der Mündung der Rhone sendet seine Drehblitze herüber. Herrlicher konnte mich der Süden nicht empfangen.

Das Bild, welches Marseille am Morgen bot, war weniger schön, obwohl der milde Hauch des Mittelmeers bei fast völliger Windstille sich geltend machte. Aber die Sonne drang nur matt durch den Dunst, der sich über die Stadt mit den lärmenden, vielfach unsauberen, unsaubere Strassen füllenden Menschen lagerte. Ich kenne Marseille seit 30 Jahren, empfing aber in den letzten Jahren immer mehr den Eindruck eines unter schlechter Verwaltung verkommenden Gemeinwesens.

Die Morgenstunden des 19. Januar reichten soeben zur Erledigung von Geschäften hin, Mittags begab ich mich an Bord der »Ville d' Alger« der Compagnie Transatlantique, die um 1 Uhr nach Algier auslief. Nach schneller Fahrt bei mildem Wetter, ganz anders wie bei meiner ersten Bereisung des Atlaslandes im Jahre 1886, kam schon um 3 Uhr Mittags am 20. Januar die Küste von Algerien in Sicht. In der Abendsonne leuchtend, grüsst die schneebedeckte Kette des Djebel Djurdjura herüber. Noch milder, aber auch feuchter wie am Gestade der Provence umfächeln mich an Afrikas Küste die Lüfte des Mittelmeers. Die Stadt durcheilend strebte ich den Höhen von Ober-Mustapha zu, dem Vorort der Villen, Gärten und Gasthäuser im Südwesten der Stadt.

Der Aufenthalt in Algier war Studien über Algerien und Reisevorbereitungen gewidmet. Die Stadt Algier und Umgebung hat sich in den 15 Jahren, seit meinem letzten Aufenthalte dort, ganz ausserordentlich entwickelt. Nach allen Seiten hin, aber doch naturgemäss, vorzugsweise am Meere entlang, hat sich die Stadt ausgedehnt und wächst sie noch immer, sodass man vielfach den Eindruck des Unfertigen hat. Villen, Gärten, Parks mit Weinpflanzungen und Getreidefeldern wechselnd, dehnen sich weithin an den das hügelige Gelände des Sahel von Algier durchziehenden gut gehaltenen Landstrassen aus, auf denen Tag und Nacht ein ungeheuer reger Verkehr von Fuhrwerken jeder nur denkbaren Art herrscht, da nur selten Jemand zu Fuss geht. Elektrische Bahnen durchziehen schon heute die Stadt und Umgebung. Kleine, heute ganz europäische Dörfer, wenn auch vielfach mit arabischen Namen, haben sich an Strassenkreuzungen entwickelt: eine Kirche, die Mairie, oft mit der Schule unter einem Dache, ein Gast- und mehrere meist sehr einfache Kaffeehäuser umgeben den durch einen Brunnen gezierten mit Platanen oder andern Schattenbäumen bepflanzten Dorfplatz. Die Eingeborenen sind in Algier auf den kleinen hochgelegenen Kern der Stadt beschränkt, aus der Umgebung fast verdrängt. Allenthalben sind sie zu Dienern der neuen Herren herabgesunken. Auch hier herrscht der echt mediterrane Reichthum an Fruchtbäumen. Dazwischen aber sieht man hier und da ganze, wenn auch kleine Wälder, die Ergebnisse mühsamer Aufforstungen. An Ober-Mustapha schliesst sich so unmittelbar eine solche an, die den stolzen Namen Bois de Boulogne trägt, Aleppokiefern, Eukalypten, Casuarinen u. dergl. Die grösste Ueppigkeit entwickelt die sich selbst überlassene Vegetation in einigen feuchten, von kleinen Bächen durchrieselten Schluchten des Sahel von Algier.

Die Neigung zum Nichtsthun, die Vergnügungssucht scheint bei der bunt zusammengewürfelten europäischen Bevölkerung sehr gross zu sein. In Pferden und Wagen wird grosser Luxus getrieben. Nicht wenige Villen und Parks gehören Engländern, deren sehr viele den Winter in Algier zu verbringen pflegen und auch bei Weitem überwiegend die zahlreichen grossen Gasthäuser bevölkern. Ich glaube erst eine richtige Vorstellung von dem ungeheuren Reichthume erhalten zu haben, der besonders im letzten halben Jahrhundert in England aufgehäuft worden ist, seit ich, selbst viel reisend, gesehen habe, wie ungeheure Schaaren von Menschen, die, sei es zum Vergnügen, zur Erholung, aus langer Weile oder weil es so Mode ist, reisen, sich von England aus, Jahr aus Jahr ein, über ganz Europa, ja die ganze Welt ergiessen, sehr zahlreich Frauen, aber auch recht zahlreich Männer und junge Leute. Mächtig brandet diese Fluth an den England gegenüberliegenden Gestaden von Norwegen und Frankreich im Sommer, kaum weniger mächtig an den Bergen der Schweiz. Im Winter und Frühling ergiesst sich dieselbe über die Riviera von Hyères bis Spezia, über Mittel- und Süd-Italien, Aegypten, Algier, Andalusien, die Pyrenäen, besonders Pau und Biarritz. Aber noch bedeutungsvoller ist, dass man in allen diesen Gegenden von Engländern erbaute oder erworbene Villen und Schlösser, oft von hohem Werthe, in grosser Zahl findet. Ganzen Ortschaften geben dauernd oder vorübergehend dort wohnende Engländer das Gepräge. Englische Kirchen der verschiedenen Sekten, Klubhäuser und Spielplätze findet man überall. Hunderttausende von Engländern sind in der Lage sich an einem Punkte, der ihnen gefällt, sich ein eigenes Heim zu gründen. Sind sie des Besitzes dann müde, so vermiethen sie ihn an andere Engländer oder lassen ihn auch wohl leer stehen. Ganze Flotten englischer Vergnügungsyachten findet man im Winter und Frühling an einzelnen bevorzugten Punkten des Mittelmeergestades vereinigt. Diese Erscheinung bietet reichlich Stoff zum Nachdenken. Nicht minder aber die andere, dass man draussen auch jungen Engländern in grosser Zahl begegnet, deren dauernde Beschäftigung Nichtsthun und die Jagd nach Vergnügen zu sein scheint. Und schliesslich, die Beliebtheit der Engländer ist, milde ausgedrückt, in allen diesen Ländern eine geringe, trotz dem Gelde, das sie dorthin bringen, und nicht erst seit dem Ausrottungskriege, den sie in Süd-Afrika geführt haben.

Ich hatte den Eindruck, dass Algier als Winteraufenthalt in den letzten anderthalb Jahrzehnten sehr in Aufnahme gekommen ist und sich dafür auch in hohen Grade eignet, allerdings mehr für Gesunde und Erholungsbedürftige, als für ernstlich Kranke, namentlich Lungenkranke. Diesen ist der unvermeidliche Staub, trotz des im Winter stets sehr hohen Feuchtigkeitsgehalts der Luft, nicht zuträglich. Auch ist die Möglichkeit, den ganzen Tag liegend, sitzend, gehend in staubfreier, einigermaassen windgeschützter Umgebung zu verbringen, nur in geringem Maasse gegeben. Umsomehr wird dem Gesunden geboten.

Ich hatte auch Gelegenheit in Algier eine Ausstellung von Frühgemüsen zu sehen, welche die Gartenbau-Gesellschaft veranstaltet hatte und die wohl geeignet gewesen wäre, einen Einblick in die Landesnatur zu gewähren. Ich war etwas enttäuscht. Algerien leistet in dieser Hinsicht noch nicht entfernt das, was es nach Boden, Klima und Verkehrsverhältnissen leisten könnte, wenn auch Fortschritte sichtbar sind. Die Mittelpunkte des Frühgemüsebaues im Grossen sind Algier und Philippeville. Dort liegt derselbe besonders in der Hand von Mahonesen, hier von Italienern. Es waren im Freien gezogene, am 1. Februar gepflückte Erdbeeren ausgestellt, Tomaten, wenn auch etwas blass, in Menge. Dazu Rosenkohl, Blumenkohl, Erbsen, allerlei Salat, Artischoken. Immerhin betrug die Ausfuhr von Frühgemüsen von ganz Algerien 1898 nur 1,7 Mill. Frcs., dazu für 400000 Frcs. Kartoffeln. Alles, was Algerien an Kartoffeln baut, wird ausgeführt, der eigene Bedarf durch europäische Einfuhr gedeckt. Anziehend war die Ausstellung von Früchten der Aurantiaceen, von den Mandarinen bis zu den riesigen Pampelmusen. Die Mandarinen sind an Aroma und Süssigkeit die besten der Mittelmeerländer, die Apfelsinen stehen denen von Palermo und Valencia noch nach. Japanische Kakipflaumen und Anonen kann man Ende Februar reif von den Bäumen pflücken, ebenso Bananen, die unmittelbar an der Küste im Grossen gezogen werden. In Blida ist es gelungen in dem milden Schutze, welchen Mandarinenbäume bieten, auch Ananas im Freien zu ziehen.

Ich setzte die Reise am 2. Februar mit der Eisenbahn nach Oran fort. Ein einziger leidlich bequemer Zug, der morgens Algier verlässt und abends in Oran eintrifft, bietet die Möglichkeit, die nur 421 km lange Strecke in einem Tage, 13 Stunden, zu durchmessen. Die Ebene des Metidscha, die man fast in ihrer ganzen Länge durchfährt, ist heute fast ganz urbargemacht, mit europäischen Ansiedlern besetzt und macht den Eindruck, als befinde man sich in Süd-Frankreich. Getreidebau herrscht jedoch vor und nur örtlich, wie bei Bufarik und Blida sieht man in grösserer Ausdehnung südliche Fruchtbäume, besonders Apfelsinen. Doch hat sich auch hier Schutz gegen die Nordwinde als nöthig erwiesen, daher die zahlreichen Cypressenhecken. Aber schon in der westlichen Metidscha, bald nachdem man die Chiffa überschritten hat, etwa von Muzaiaville an mindert sich der Anbau und besonders vom Eintritt in das Thal des Wed Djer an, eines von Südwesten zur Metidscha gehenden Flüsschen, das sich mit der Chiffa vereinigend den Wed Mazafran bildet, bedecken immer häufiger und in immer grösserer Ausdehnung immergrüne Macchien die sanften, gerundeten, nur hier und da dem thonigen Gestein entsprechend, von den Winterwassern wild zerschrundeten Gehänge, mit steppenartigem Weidelande wechselnd. Dies macht sich besonders im Thale des Wed Bu Haluan, eines rechten Zuflusses des Djer geltend, dem die Linie von Bu Medfa an folgt, der Station für die jetzt mit Recht immer mehr besuchten Bäder von Hammam Rhira, die schon in römischer Zeit als Aquae calidae eine Rolle spielten und in herrlicher Umgebung und in herrlichem Klima bei 600 m Meereshöhe, mitten im Winter Badekuren ermöglichen.

Bei Adelia überschreitet man in steilem An- und Abstieg und mehreren Tunneln durch verwahrlosten Wald von Aleppokiefern, Wachholder, Callitris, wilden Oelbäumen und Pistacia Lentiscus die Wasserscheide zum Chelif Thale, dem dann die Eisenbahn folgt. Die Felder der Eingeborenen, deren armselige, aus Reisighütten gebildete und von Hecken des dornigen Zizyphus, der undurchdringliche Verhaue bildet, umschlossene Duar, hier und da an den Hängen sichtbar werden, sind an ihrer Verwahrlosung leicht zu erkennen. Auch auf dem besten Boden sind sie von Gestrüppen von Zwergpalmen und Zizyphus durchsetzt, die auszuroden nicht leicht, den Eingeborenen viel zu mühsam ist. Er umgeht das Hindernis mit seinem, dazu vorzüglich geeigneten und auch an steilen Gehängen noch brauchbaren urthümlichen Pfluge, der den Boden nur eben ein wenig aufwühlt. Auf einer so tiefen Stufe wie bei den Eingeborenen Algeriens noch heute dürfte der Ackerbau im Atlasvorlande von Marokko kaum irgendwo stehen. Alle Eisenbahnstationen sind von Gruppen von Eukalypten umstanden, die die Franzosen allenthalben, neuerdings auch in Tunesien angepflanzt haben.

Das Chelif Thal, in welches dieser grösste Fluss Algeriens von Süden kommend und im rechten Winkel nach Westen umbiegend eintritt, ist sofort als eine tektonische Hohlform, nicht als ein Erosionsgebilde zu erkennen. In einer Länge von 225 km und 10—25 km Breite, senkt sich dieselbe von Osten nach Westen von 310 m auf 35 m. Der Boden ist bald thonig-kalkig, bald thonig-kieselig, aber stets sehr fruchtbar. Tief in die Umgebung eingesenkt, vom Mittelmeere durch den breiten, wenn auch kaum 1000 m höchste Erhebung aufweisenden Wall des Dahra geschieden, lässt es sofort, auch im Winter, grosse Niederschlagsarmuth als hervorstechendsten klimatischen Charakterzug erkennen. Mit der Trockenheit Hand in Hand geht ein bei der geringen Meerferne von kaum 50 km und geringer Meereshöhe auffallend kontinentaler Wärmegang, grosse Kälte im Winter, unerträgliche Hitze bis 50° C. im Sommer. So erscheint das obere Chelif Thal noch heute als öde, baumlose Steppe. Kahl sind auch die Berghänge. Die Regenarmuth bedingt extensive Wirthschaft und vorwiegenden Getreide- besonders Waizenbau. Ja, es ist das Chelif Thal geradezu das wichtigste Gebiet des Getreidebaus in Algerien. Allerdings leidet derselbe nicht selten unter Dürre, und man ist daher zu künstlicher Berieselung selbst der Waizenfelder geschritten. Ueberall sieht man Berieselungsanlagen, vorwiegend mit Hülfe des Chelif und der von Norden wie von Süden in die breite Thalebene eintretenden Bäche und Flüsse. Namentlich sendet von Süden der 2000 m erreichende, noch an Wald reiche Uarsenis wasserreiche Flüsse, wie den Wed Ruina, den Wed Fodda herab. Aber auch Windmotoren, die das Grundwasser heben, sieht man nicht selten, da das Chelif Thal im Winter als windig berüchtigt ist. Der Chelif führt im Winter und Frühling bei Orléansville 8000 l Wasser in der Sekunde, im Sommer immerhin noch 1600 l. Man bewässert nämlich hier nicht im Sommer, sondern im Winter, von November bis April, ja vielfach vom September an, um rechtzeitig säen zu können. Wenn die Gerstenfelder anfangs Juni, die Waizenfelder bis anfangs Juli abgeerntet sind, liegt das Chelif Thal als sonnenverbrannte Steppe da. Grossgrundbesitz in französischen Händen scheint hier vielfach zu herrschen. Riesige Haufen alten Strohs sind charakteristische Erscheinungen. Man sieht ungeheure geschlossene Flächen, die mit Getreide bestellt sind, einzelne Meierhöfe mitten darin, nicht selten geschlossene Mauervierecke mit Eckthürmen. Einzelne sind wohl auch zu Ruinen geworden und nicht selten sieht man schlecht bestellte Felder oder von Scilla marittima und Asphodelus überwuchertes Brachland. Hier und da erscheint ein kleines Ansiedlerdorf meist mit hübscher Kirche, aber die kleinen Häuschen der Ansiedler sind oft schlecht gehalten. Das Fehlen von Bäumen und Gärten lässt diese Dörfchen recht freudlos erscheinen. Es sind die Erzeugnisse der staatlichen Kolonisation. Meist in mehrere Arme getheilt fliesst der Chelif in flachem Bette dahin, wasserarm, aber mit deutlichen Spuren gelegentlicher hoher Wasserstände. Er zeichnet sich ja, selbst vor den Flüssen Algeriens, durch grosse Gegensätze der Wasserführung aus.

Von Orléansville an, dem Hauptorte des Chelif Thales, eine Gründung des Marschall Bugeaud (1843) auf den Trümmern einer römischen Siedelung (Castellum Tingitii), die sich rasch entwickelt hat, gestaltet sich das Landschaftsbild durch etwas intensivere Kultur, namentlich häufige Baumpflanzungen, anmuthiger. Orléansville selbst mit seinen ausgedehnten, fast waldartigen Baumpflanzungen von Aleppokiefern und Eukalypten, die man mühsam gross gezogen hat, macht oasenhaften Eindruck, wie übrigens die meisten europäischen Ansiedelungen der niederschlagsarmen Provinz Oran. Gegen 12000 ha Land sind in der Umgebung, sei es aus dem Chelif, sei es aus seinem Nebenflusse Fodda, künstlich berieselt.

Nach Ueberschreitung des Wed Riu, der sich durch eine enge Schlucht einen Weg in die Thalebene gebahnt hat, verlässt die Eisenbahn den Chelif, indem sie die südwestliche Richtung beibehält, jener aber in westlichem Laufe zum Mittelmeer geht. Bei Relizane überschreitet sie den letzten und grössten linken Nebenfluss des Chelif, den Wed Mina, dessen Gewässer durch ein Stauwerk eine grosse Oase von 9000 ha geschaffen haben. Aber schon vor Relizane erhöhte der zur Salzgewinnung ausgebeutete flache Salzsee Sidi Bu Sian den steppenhaften Eindruck der weiten Ebene, und jenseits Relizane ist das Land öde, fast menschenleere Steppe, Weideland mit steinigem Boden. Nur der kleine Wed Hillil, ein linker Zufluss des Wed Mina, hat die gleichnamige kleine Oase hervorgerufen. Erst von Perrégaux an mehrt sich, aber durchaus unter künstlicher Berieselung, das angebaute Land und beginnt wieder dichtere europäische Besiedelung, aber die Ansiedler sind bei weitem überwiegend Spanier. Perrégaux ist mit 24000 ha die grösste Berieselungsoase von Algerien. Ein Stauwerk des Wed Habra 12 km oberhalb Perrégaux hat sie in's Leben gerufen. An der Stelle, wo sich drei Flüsse, der Wed el Hammam, der Wed Tezu und der Wed Fergug zur Bildung der Habra vereinigen, hat man durch einen 40 m hohen Querdamm einen 3zipfelig bis 7 km in den Flussthälern aufwärts reichenden See geschaffen, der 14 Millionen Kubikmeter Wasser fasst. Schon zweimal, 1872 und 1881 ist der Damm unter furchtbaren Verheerungen gebrochen. Ich konnte mir eine Vorstellung von der Gefahr machen, in welcher diese herrliche Oase mit ihren reichen Baumpflanzungen beständig schwebt. Schon bei Relizane zeigten sich die Spuren der grossen Ueberschwemmung, die vor Kurzem hier eingetreten war. Hier bei Perrégaux muss das Land zeitweilig einem ungeheuren See geglichen haben. Noch stand das Wasser auf grossen Flächen und wo es verdunstet war, hatte es eine mächtige Schlammschicht abgelagert. Die Brücke über die Habra war so beschädigt worden, dass alle Reisenden aussteigen und zu Fuss hinüber gehen mussten.

Auch Oran, das ich seit 1888 nicht gesehen hatte, hat sich seitdem bedeutend entwickelt. Sehr malerisch auf und an felsigen Hügeln gelegen, ist die Stadt durchaus Handelsstadt, die sonst nur wenig zu bieten vermag. Ueberall, wo es nur ging, hat man zwar Baum- und Gartenanlagen geschaffen, aber alles leidet unter Staub und Trockenheit. Der Lärm des Strassenverkehrs ist ungeheuer. Die Masse der Bevölkerung, besonders der unteren Schichten, besteht aus Spaniern, seit der französischen Herrschaft eingewanderten, nicht etwa Nachkommen der Bevölkerung aus der spanischen Zeit der Stadt von 1509—1790. Doch ist das Gepräge der heutigen Stadt ein südfranzösisches.

Die Beziehungen Algeriens sind fast ausschliesslich nach Frankreich gerichtet, der Verkehr nach Westen, gegen die Strasse von Gibraltar sehr gering. Ich hatte nur sehr schwer in Algier über von Oran nach Gibraltar oder Tanger gehende Dampfer Auskunft erhalten können. Es verkehren nur alte, langsam laufende Frachtdampfer der Compagnie de Navigation mixte von Marseille. Das hatte sich seit 1888, wo ich zuerst von Melilla auf einem solchen nach Oran fuhr, nicht gebessert. Am Abend des 3. Februar lief der »Emir« dieser Gesellschaft aus dem Hafen von Oran aus, immer an der marokkanischen Rîfküste entlang über Gibraltar nach Tanger. Am Morgen des 4. Februar lagen wir vor Nemours, dem westlichsten Küstenplatze von Algerien nahe der marokkanischen Grenze. Da ich 1888 mich hier aufgehalten und einen Vorstoss in's Innere unternommen hatte, so ging ich nicht an Land. Ich hatte die grosse Freude Herrn Major Dr. von Wissmann mit seiner Frau an Bord zu finden und eine frühere flüchtige Bekanntschaft zu erneuern. Herr von Wissmann verbrachte den Winter im Süden zur Herstellung seiner Gesundheit und hatte deshalb einen jungen deutschen Arzt aus Graz bei sich. Er war einige Zeit in Biskra gewesen und hatte sich auch einige Tage in Algier aufgehalten. Jetzt war er auf dem Wege nach Andalusien. Wir theilten bis Tanger Freud und Leid der Reise. Auch die an Bord befindlichen anderen Reisenden waren meist Deutsche. Unter Ihnen hatte Herr von Wissmann, der selbst längere Zeit in Transvaal gewesen ist, bald einen stämmigen etwa 17jährigen jungen Menschen herausgefunden, der von deutschen Eltern in Süd-Afrika geboren, mit noch 4 Brüdern in den Reihen der Buern gekämpft, mit einer Abtheilung derselben auf portugiesisches Gebiet gedrängt, entwaffnet, von Lourenzo Marquez nach Triest gebracht und dort seinem Schicksale überlassen worden war. In der Absicht, um jeden Preis nach Süd-Afrika zurück zu kehren, hatte der den Eindruck grosser Biederkeit machende junge Mensch seinen Weg durch Italien nach Marseille und Oran gefunden, um von Lissabon aus über das portugiesische Gebiet sein Ziel zu erreichen. Die ganze Schiffsgesellschaft, Kapitän und Reisende, vor allem aber Herr v. W. nahmen sich seiner an und unterstützten ihn mit Rath und That, da er völlig mittellos war. Wir riethen ihm vor Allem in Gibraltar nicht an Land zu gehen und vermittelten ihm die Weiterreise von Tanger nach Lissabon und Deutsch-Südwestafrika. Hoffentlich hat er sein Ziel erreicht. Ein anderer Deutscher, der in Oran an Bord gekommen war, ein Kärntner, war auf einer Reise um die Erde begriffen, für die er sich, ebenfalls mittellos, von Ort zu Ort das Reisegeld verdienen wollte und bisher verdient hatte. Ein dritter war ein junger Kaufmann, der eine Stelle in Malaga zu finden hoffte. Wahrlich, diese 6 Deutschen, Herrn von Wissmann, seinen Arzt und Schreiber dieser Zeilen eingerechnet, auf einem alten französischen Dampfer im westlichsten Winkel des Mittelmeeres konnten zu denken geben!

Unser Dampfer hatte seine Geschäfte vor Nemours bald erledigt. Um 1 Uhr fuhren wir zwischen der Küste und den Zaffarinas Inseln durch, von denen die mittelste, die allein bewohnt ist, über dem kleinen Fort die spanische Flagge zeigte, um 3 Uhr warfen wir vor Melilla Anker und ich ging mit Herrn v. W. an Land, obwohl ich Melilla schon von früher kannte. Die Lage von Melilla ist dadurch eine von Natur ausserordentlich feste, dass eine schmale, gewundene, von hohen Felswänden umschlossene Bucht einen steil aus dem Meere aufsteigenden Felsen fast zur Insel gemacht hat. Er trägt die nur auf schmaler Landenge zugängliche Altstadt. Man überblickt die Grenzen des spanischen Machtbereichs: zwei grosse steinerne Forts und mehrere Rundthürme bilden dieselben. Die Stadt macht den Eindruck einer mühsam und künstlich gezogenen und erhaltenen Pflanze. Alles scheint darauf angelegt zu sein, um den Rîfberbern Spaniens Macht und Reichthum zur Anschauung zu bringen. Selbst die Soldaten tragen ungewöhnlich saubere Anzüge. Die bürgerliche Bevölkerung ist wenig zahlreich. Die Kasernenbauten vermögen 7000 Mann aufzunehmen. Eine schöne neue Markthalle ist errichtet, selbst ein Theater vorhanden. Wenige Gemüsegärten innerhalb der befestigten Linie deuten die Ertragsfähigkeit dieses spanischen Besitzthums an, das mit seiner Ernährung auf die feindlichen Umwohner bezw. auf das Mutterland angewiesen ist und sich thatsächlich im dauernden Belagerungszustande befindet. Die Eingeborenen werden wie nach englischem Vorbilde in Gibraltar sorgsam gegen Sonnenuntergang aus dem spanischen Gebiet entfernt. Ausser unserm Schiffe lag noch ein spanischer Dampfer und einer der Dampfer des Sultans von Marokko, die Hassanie, auf der Rhede. Letztere lud Getreide aus, das zur Ernährung der Besatzungen der Kasbas an der Grenze gegen Algerien dienen sollte, die auch ihrerseits durch die Umwohner in Belagerungszustande gehalten werden.

Leider legte unser Dampfer die weitere Fahrt an der Rîfküste entlang bei Nacht zurück. Morgens lagen wir auf der Rhede von Tetuan. Ich hatte daher nur wenig von der Rîfküste gesehen, hohe, kahle Berge, nur die unteren Hänge bebaut; hier und da verräth eine Kubba, ein kleines Berberndorf auf steiler Höhe die Anwesenheit von Menschen. Von Tetuan selbst war Nebels wegen nichts zu sehen, nur ein mächtiger Zoll-Thurm am flachen Dünenstrande an der Mündung des Martil deutete seine Lage an. Nach kurzem Aufenthalte umfuhren wir die Halbinsel von Ceuta, wo man ebenfalls die enggezogenen Grenzen des spanischen Besitzes an den die Höhen krönenden Rundthürmen erkennt, und kreuzten die Meerenge nach Gibraltar hinüber. Sie machte ihrer Eigenschaft als grösstes Zugloch des bergumwallten Mittelmeeres alle Ehre. Der Gegensatz von Ceuta und Gibraltar ist ebenso gross wie der von Marokko und Spanien. Ich war in der angenehmen Lage, wie auch auf der Heimreise anfangs Mai, nicht in Gibraltar an Land gehen zu müssen, das ich vom früheren Aufenthalte hinreichend kannte und daher gern vermeide. Um Mitternacht landete ich in Tanger.

4. Längs der atlantischen Küste nach Mogador.

Da ich schon auf der Rhede von Gibraltar die mir wohl bekannte »Meurthe« der Compagnie Paquet von Marseille, mit der ich 1899 eine sehr glückliche Reise an der marokkanischen Küste gemacht hatte, hatte liegen sehen und erfahren hatte, dass sie am nächsten Tage Tanger an und nach wenigen Stunden nach Mogador weiterlaufen werde, so hatte ich bereits beschlossen, wenn irgend möglich, meine Geschäfte in Tanger sofort am Morgen zu erledigen und mit der Meurthe nach Mogador weiterzureisen. Es gelang mir in der That, mich sofort von dem Hause Haessner & Joachimsohn, ganz wie 1899, mit Kreditbriefen an die deutschen Häuser der Küste versehen zu lassen, mit Freiherrn von Mentzingen, dem Gesandten des deutschen Reichs in Marokko, dem ich für liebenswürdige, thatkräftige und erfolgreiche Unterstützung zu grossem Danke verpflichtet bin, zu berathen und den schon für mich, dank einer Empfehlung von Seiten des Auswärtigen Amts, bereitliegenden Schutzbrief des Sultans in Empfang zu nehmen. Ein glücklicher Zufall nämlich hatte es gefügt, dass sich Freiherr von Mentzingen gerade am Hofe des Sultans in Marrakesch befand, als mein Gesuch um Erwirkung eines Schutzbriefes eintraf, so dass demselben sofort entsprochen werden konnte. Im Jahre 1899 hatte ich, trotzdem lange vorher ein Schutzbrief für mich beantragt worden war, denselben erst nach fast 3 wöchentlichen Aufenthalte in Marrakesch selbst erhalten.

Am Mittag des 6. Februar schiffte ich mich so auf der Meurthe ein. Doch verliess das Schiff erst gegen Mitternacht die Rhede von Tanger und warf am Mittag des 7. Februar vor Casablanca Anker. Da grosse Mengen von Waaren zu löschen und zu laden waren, hatte der Kapitän von vornherein beschlossen, bis zum Abend des nächsten Tages hier liegen zu bleiben. Dementsprechend ging ich an Land und nahm Wohnung in einer soeben von einer Spanierin eröffneten Fonda, dem einzigen geringen Ansprüchen genügenden Gasthause von Casablanca. Es kam mir besonders auf eine Besprechung mit Herrn Dr. Weisgerber und auf die Errichtung der meteorologischen Station an, die Herr Karl Ficke, ein seit 1½ Jahrzehnt hier ansässiger Kaufmann zu übernehmen bereit war. Ich fand, namentlich auch mit Rücksicht auf meinen frühern Aufenthalt in Casablanca allenthalben die liebenswürdigste Aufnahme. Von besonderem Interesse war mir, die Bekanntschaft eines jungen schwedischen Gelehrten, Dr. Ed. Westermarck aus Helsingfors zu machen, von dem ich schon 1899 im Hause des Kaid Mac Lean in Marrakesch gehört hatte. Dr. W. hatte schon früher Marokko bereist, befand sich jetzt schon seit 6 Monaten im Lande und beabsichtigte noch ein Jahr lang, dasselbe zu bereisen Er liegt besonders ethnologischen Forschungen ob und lebt zu diesem Zwecke meist längere Zeit in den Duar des Innern. Seine Begleitmannschaft bestand aus einem halben Dutzend gut bewaffnete Rîfberbern. Ebenso lernte ich einen französischen Gelehrten, einen Herrn Monté aus der Schweiz kennen, der sich zu religionswissenschaftlichen Forschungen in Marokko aufhielt. Auch hörte ich, dass Herr Graf Joachim Pfeil Marokko wiederum bereise. Ich konnte mich so überzeugen, dass europäischer Wissensdrang unaufhaltsam und von den verschiedensten Gesichtspunkten aus das verschlossene Land unserer Kenntnis zu erschliessen bemüht ist. Auf Casablanca werde ich bei meinem zweiten Aufenthalte dort im April näher eingehen.

Am Morgen des 9. Februar warf die Meurthe vor Mazagan Anker. Hier verliess ein sympathisches junges deutsches Geschwisterpaar aus Bern, das Schiff. Dasselbe kehrte nach 3-monatlichem, in Europa verbrachten Urlaube nach Mazagan zurück, wo der Bruder die Niederlassung eines in Casablanca ansässigen reichsdeutschen Hauses leitet, während die Schwester den Haushalt führt. Ebenso schiffte sich ein vornehmer Marokkaner mit seinem Gefolge hier aus, um auf dem kürzesten Wege nach Marrakesch zu reisen, Si Mohammed Bel Kaab, ein Dolmetscher und Vertrauter des Sultans, der 7 Jahre in Frankreich erzogen worden war, fertig Französisch sprach und eben von einer Sendung nach Europa, wie es hiess, zum Ankauf von Waffen, zurückkehrte.

Erst am 10. Februar mittags lichtete die Meurthe die Anker zur Weiterreise, am Morgen des 11. kam Mogador in Sicht, aber des dicken Nebels wegen, der fast jeden Morgen vor der Küste lag, vergingen noch mehrere Stunden, ehe wir durch die, trotz seit Tagen herrschenden guten Wetters in Folge der hier fast immer vorhandenen starken Dünung gewaltig brandende nördliche Einfahrt in die Bucht einlaufen und Anker werfen konnten.

---

5. Aufenthalt in Mogador.

In Mogador fand ich im Hause des deutschen Vice-Konsuls, Herrn von Maur, des Inhabers des auch in Saffi und Hamburg ansässigen Hauses Weiss & Maur, mit dem ich von der letzten Reise her in freundschaftlichen Beziehungen stand, liebenswürdigste Aufnahme und auch sonst von Seiten der kleinen deutschen Kolonie eifrigste Förderung in allen meinen Bestrebungen. Herr von Maur, ein geborener Stuttgarter und ein Mann von echt deutschem Wesen und deutscher Gesinnung, ein schneidiger Reiter, der noch mit Stolz gelegentlich seinen Waffenrock als Artillerie-Offizier d. R. trägt, ist schon früh dem gerade bei den Schwaben so häufig auftretenden Zuge in die Ferne gefolgt. Er hat längere Zeit in Livorno, dann in Oran gelebt, wo er Vertrautheit mit der arabischen Sprache und arabischem Wesen erwarb. Von Oran kam er nach Marokko und war mehrere Jahre unter sehr schwierigen Verhältnissen als einziger Deutscher, ja fast einziger Europäer in Marrakesch thätig, bis er vor etwa 15 Jahren sich ein Geschäft, das älteste und bedeutendste deutsche am Orte, in Mogador gründete. Eine liebenswürdige Hausfrau, auch eine Stuttgarterin, hat hier ein echt deutsches Hauswesen geschaffen, dessen Gastlichkeit jeder Deutsche, der nach Mogador verschlagen wird, dankbar geniessen darf. Herr von Maur ist ein ausgezeichneter Kenner der Eingeborenen und versteht meisterhaft mit denselben umzugehen. Jederzeit hülfsbereit hat er mich reichlich davon Nutzen ziehen lassen.

Es war meine Absicht mich möglichst kurze Zeit und nur so lange in Mogador aufzuhalten, als zur Ausrüstung einer Karawane nöthig war. Aber wie ich 1899 erst 2 Wochen in Tanger, dann noch etwas länger in Marrakesch festgehalten wurde, so musste ich auch diesmal wieder erproben, wie geringer Werth in diesem Lande die Zeit hat und von meinem mitgebrachten reichlichen Vorrath von Geduld zu zehren beginnen.

Zur Ausrüstung meiner Karawane gehörte die Anwerbung eines Schutzsoldaten, den der Kaid von Mogador zu stellen und ich zu bezahlen hatte, eines Koches, der eine der mir geläufigen europäischen Sprachen verstehen musste und dem zugleich meine persönliche Bedienung oblag, und zweier Leute. Diese Personenfrage löste sich, abgesehen von dem Soldaten, sehr rasch und glücklich, da Herr von Maur schon vorbereitende Schritte gethan hatte. Ich warb einen in Mogador ansässigen Araber, Mohamed Dusch, als Koch an, der längere Zeit bei einem früheren englischen Konsul in Dienst, mit demselben in England gewesen war und leidlich Englisch sprach. Er hat sich als ein durchaus zuverlässiger, ehrlicher Mann bewährt, der, wenn die Verhältnisse es nur irgend gestatteten, auch recht erfreuliche Kochkünste an den Tag legte. Es hat mich gefreut dazu beizutragen, dass er bald nachher eine Stellung in einem deutschen

Hause erhielt. Zum Dienst bei den Lastthieren warb ich den jüngeren Bruder eines Bediensteten des Herrn von Maur und einen Mann an, der schon 1899 in meinem Dienste gestanden und sich bewährt hatte, El Grimi aus Abda. Um so schwieriger war aber die Soldatenfrage. Am liebsten hätte ich den Soldaten wieder in meinen Dienst genommen, der mich 1899 auf der ganzen Reise begleitet und sich leidlich bewährt hatte. Derselbe hatte sich aber auf dieser Reise eine so bedeutende Summe, theils an Lohn erspart, theils von der Bevölkerung erpresst, dass er, wol auch in der wolbegründeten Befürchtung, dass ihm der Kaid die Beute abnehmen werde, überhaupt nicht nach Mogador und zu seiner Familie zurückgekehrt war, sondern sich in Rabat einen neuen Hausstand gegründet hatte. Herr von Maur hatte deshalb einen ihm bekannten und vielfach als Begleiter von Europäern als zuverlässig erprobten alten Soldaten des Kaid ausgewählt. Um diesen bat ich den Kaid, als ich ihn in Begleitung des Konsuls besuchte und ihm zugleich den Schutzbrief des Sultans übergab. Dieser Schutzbrief des Sultans, den ich also von Tanger mitgebracht hatte, war diesmal in ein Schreiben an den Kaid von Mogador eingeschlossen, in welcher dieser angewiesen wurde, mir einen zuverlässigen Soldaten, der also gewissermaassen die Rolle eines lebendigen Regierungspasses spielt, mitzugeben, der den Sultansbrief zu verwahren habe. Während ich früher den Sultansbrief selbst verwahrt hatte, sollte ich denselben diesmal überhaupt nicht in die Hand bekommmen. Ich nehme an, dass diese Neuerung nicht auf mich persönlich gemünzt war, sondern zu Folge übler Erfahrungen allgemein eingeführt worden ist. Thatsächlich bedingte sie für mich kaum einen Unterschied, da ich selbst der Einfachheit halber bei der letzten Reise den Sultansbrief dem Soldaten, der damit gewöhnlich mich anzumelden vorausritt, zur Verwahrung übergeben hatte. Etwas anderes war es aber, dass der Kaid meine Bitte, er möge mir jenen bestimmten Soldaten mitgeben, sofort und entschieden ablehnte, ja einige Tage nachher den Mann überhaupt aus dem Soldatenstande ausstiess. Später zur Rechenschaft gezogen log er, der Mann sei überhaupt nicht mehr Soldat gewesen, obwohl er vor uns seine Eigenschaft als Soldat ausdrücklich anerkannt hatte, allerdings mit der Bemerkung, derselbe habe sein Vertrauen nicht. Wenn er dem Sultan gegenüber die Verantwortung für meine Sicherheit tragen solle, müsse er mir einen Mann seines Vertrauens beigeben. Das klang ja sehr gut und verständlich. Leider aber hatten bereits fast sämmtliche Europäer und europäischen Konsuln in Mogador, bald nachher auch der deutsche, mit dem erst seit Kurzem aus Marrakesch als Verwandten des augenblicklich beim Sultan einflussreichsten Mannes nach Mogador gekommenen Kaid und den rohen Soldaten, die derselbe aus dem Innern mitgebracht hatte, üble Erfahrungen gemacht. Man nahm an, dass der Kaid in landesüblicher Weise meine Reise und den Sultansbrief benützen wolle, um sich zu bereichern, indem der Soldat in jedem Nachtquartier, das dann natürlich nur von diesem Gesichtspunkte aus gewählt worden wäre, von der ohnehin blutarmen Bevölkerung eine Muna, d. h. Nahrung, für mich, meine Leute und Thiere und Gastgeschenke, natürlich alles im Vielfachen des wirklichen Bedarfs zu erpressen hatte. Was nicht gebraucht wird, wird dann gegen hohe Bezahlung zurückgegeben. Von der so erzielten Summe hat der Soldat den grössten Theil seinem Herrn auszuliefern. Dazu bedurfte der Kaid allerdings einer seiner Kreaturen. Dazu war der alte von mir erbetene Soldat unbedingt nicht geeignet. Da ich auf der letzten Reise schon reichliche Erfahrungen in dieser Hinsicht gemacht hatte, so war ich fest entschlossen, mich nicht zum Werkzeuge dieses Erpressungssystems, so landesüblich es auch ist, zu machen. Die Regierung erreicht mit demselben noch den Zweck, die im Lande reisenden Christen, zu deren Gunsten die arme Landbevölkerung geplündert wird, bei derselben möglichst verhasst zu machen. Ausserdem konnte ich sicher sein, dass ich mit dem rohen Burschen, den der Kaid mir mitgegeben hätte und der noch nie mit Europäern zu thun gehabt hatte, mancherlei Schwierigkeiten haben würde. Und vor Allem, ich konnte nicht reisen, wohin ich wollte, sondern wohin ich geführt wurde, nicht übernachten, wo es mir zusagte, sondern wo der Soldat die reichste Muna zu erpressen hoffte. Auch 1899 war ich gelegentlich unter dem Vorwande, dass nur dort Wasser und Sicherheit zu finden sei, vom Wege abzuweichen gezwungen worden.

Da der Kaid auf seinem Willen bestand, so kam ich schliesslich zu dem Entschlusse, ohne seinen Soldaten und somit auch ohne den Schutzbrief des Sultans in's Innere aufzubrechen. Als Soldaten, den ich unbedingt haben musste, bot mir unser Konsul, den seit vielen Jahren in seinen Diensten stehenden, erprobten und mir auch von früher bekannten Konsulatssoldaten Si Mehdi an. Dieser sollte mich bis Saffi begleiten, dort vom Soldaten des dortigen deutschen Vice-Konsulats abgelöst werden u. s. f. Wenn ich es wagte mich so ausserhalb des Schutzes der Regierung zu stellen, was beispielsweise, wenn ich überfallen und geplündert worden wäre, nach den Verträgen jede Ersatzpflicht des Sultans ausgeschlossen hätte, so schien mir dies Wagnis nach den auf der früheren Reise gemachten Erfahrungen nicht gross. Ich selbst hatte gelernt, wie man mit den Leuten umgehen müsse, konnte mich aber noch mehr auf Dr. Weisgerber's Kenntnis der Sprache und von Land und Leuten verlassen. Thatsächlich ist die Reise in der aller friedlichsten Weise, ohne jede Reibung abgelaufen, überall fanden wir die liebenswürdigste Aufnahme, bereitwilligst wurde alles was wir brauchten von den Leuten geliefert, ja bei den Uled Ferdj in Dukkala südlich der Morbeya, vor denen man uns an der Küste besonders gewarnt hatte, sie würden uns mit Flintenschüssen empfangen, überliess uns ein Mann seinen ganzen mühsam von weither herbeigeschleppten Wasservorrath, den er uns dann zum Theil in schmählichster Verschwendung zum Waschen verwenden sehen musste! Ich schreibe diesen friedlichen Verlauf der Reise in erster Linie gerade dem Umstande bei, dass ich ohne Kaid-Soldaten, also ohne Blutsauger reiste. Selbstverständlich bezahlte ich alles, was mir die Eingeborenen theils auf meine Bitte, theils von selbst lieferten, recht anständig und sorgte auch dafür, dass das die Leute von vornherein erfuhren. Dadurch nämlich, dass ich, wie ich es z. B. auch schon 1899 gethan hatte, von einem Nachtquartier zum andern, stets einen ortskundigen Führer mitnahm, der dann natürlich sofort bei der Ankunft an dem neuen Lagerplatze, wo man ihn meist kannte, erzählte, wie wir uns am letzten verhalten hatten. Ganz unbezahlbar für den Erfolg der Reise war aber der Vortheil, den ich durch diesen Verzicht auf Regierungsschutz erreichte: ich konnte hingehen wohin ich wollte. So bin ich fast durchaus auf neuen Wegen und durch weisse Flecken der Karte gewandelt. Zu meiner grossen Ueberraschung erfuhr ich dann, als ich schon 6 Wochen unterwegs war, dass meine Abreise ohne Regierungsschutz zu lebhaften Verhandlungen Anlass gegeben hatte, die damit endeten, dass ich schliesslich doch nolens volens unter Regierungsschutz gestellt wurde.

Zogen sich schon die Verhandlungen wegen des Soldaten in die Länge, so war es noch schwieriger die nöthigen Last- und Reitthiere anzukaufen. Im Jahre 1899 war das in 4 Tagen gelungen. Ich hatte nach den Erfahrungen, die ich 1899 auf dem letzten Theile der Reise von Fâs nach Tanger mit Kamelen gemacht hatte, beschlossen, als eigentliche Lastthiere 3 Kamele zu kaufen, zumal ich diesmal mich durchaus in den Kamelen günstigem Gelände zu bewegen gedachte. Dadurch wurde schon die langsamere Gangart der Kamele, die höchstens 5 km in der Stunde zurücklegen, etwas ausgeglichen. Dazu wurde in's Auge gefasst, dass die Kamele mittags höchstens ½ Stunde rasten sollten, was also, da wir stets 2 Stunden rasteten, einen Gewinn von 1½ Stunden ergab, und auch im Nothfalle 1 bis 2 Stunden später am Lagerplatze ankommen konnten. So ist es in der That auf der ganzen Reise durchgeführt worden und es ist bemerkenswerth, dass die beiden Kameltreiber auch nicht ein einziges Mal den Mittags- oder Nachtrastplatz, was sehr übel gewesen wäre, verfehlt haben, obwohl es trotz aller Mühe nicht immer möglich war, dieselben vorher zu bestimmen, und wir oft in der menschenleeren Steppe die Richtung änderten und in Sorge waren, ob die Kamele uns finden würden. Ich bedurfte also, abgesehen von dem Pferde für den Soldaten, das Herr von Maur zur Verfügung stellte, 3 Maulthiere zum Reiten, 3 Kamele und einen Esel, den die Kameltreiber abwechselnd reiten sollten. Der Markt war immer sehr schlecht beschickt und eigentlich nicht verkäufliche Thiere feil zu machen gelang nicht. Dazu kam, dass von Marrakesch der Befehl kam, eine grosse Zahl von Maulthieren für den bevorstehenden Heereszug des Sultans von Marrakesch über Rabat nach Fâs aufzukaufen. So fehlte mir, als ich endlich am 4. März nach Aïn-el-Hadschar aufbrach, noch immer ein Maulthier und ein Kamel, die erst in den nächsten Tagen von Herrn von Maur aufgekauft werden konnten und mir nachgeschickt wurden. Natürlich hatte ich auch höhere Preise bezahlen müssen, sodass der Verlust beim Verkauf in Casablanca recht bedeutend war.

Noch schlimmer aber war, dass mein grosses Gepäck mit der ganzen Reiseausrüstung auch nicht ankam. Ich hatte dasselbe wie 1899 der Oldenburg-Portugiesischen Dampfergesellschaft in Hamburg zur Verschiffung auf dem am 4. Februar nach Mogador gehenden Dampfer »Huelva« übergeben, nachdem mir auf Anfrage versichert worden war, dass das Schiff spätestens am 20. Februar in Mogador sein werde. In Mogador selbst nahm man diese Mittheilung von vornherein sehr ungläubig auf. In der That war am 20. Februar noch nicht an die Ankunft des Schiffes zu denken, ja erst am 27. Februar erfuhr ich — der Telegraph hat sein Ende in Tanger — dass die Huelva zwar am 4. wirklich von Hamburg abgefahren und in Gibraltar eingetroffen sei, aber dort den Befehl vorgefunden habe, ihre Ladung auf offener Rhede an die »Oldenburg«, ein anderes Schiff der Gesellschaft, abzugeben und in Casablanca eine Ladung Knochen für Rendsburg einzunehmen. Es stand nämlich ein Ausfuhrverbot für Knochen bevor, weil jemand dem Sultan eingeflüstert hatte, dass die Europäer nicht blos die Knochen verendeter Kamele, Maulthiere u. s. w., die vor den Thoren der Städte und an den Karawanenwegen aufzusammeln, recht verdienstlich war, verschifften, sondern auch die von Bekennern der Lehre Mohameds. Um eine solche Beschimpfung der Gebeine der Gläubigen durch die Christen unmöglich zu machen, sollten überhaupt keine Knochen mehr ausgeführt werden! Am 1. März lief endlich die Oldenburg in die Bucht von Mogador ein, am 2. wurde mein Gepäck gelandet, wobei aber der Umstand, dass ein Gepäckstück irrthümlich in Casablanca gelöscht worden war, grosse Schwierigkeiten machte. Ausserdem waren die meisten Instrumente trotz sorgsamster Verpackung dadurch in Unordnung gerathen, dass die Umladung auf der offenen Rhede in Gibraltar bei stürmischem Wetter bewerkstelligt worden war. So konnte ich erst am 4. März nach Aïn-el-Hadchar aufbrechen. Diese Erfahrung am eigenen Leibe, der sich noch andere anschliessen werden, beleuchten die Unsicherheit der deutschen Verkehrsverhältnisse in Marokko. Deshalb musste ich sie schildern.

6. Lage und Handel von Mogador.

So verlängerte sich mein Aufenthalt in Mogador auf drei Wochen. Ich habe diese Zeit zur Erforschung der Umgebung benutzt, was 1899 unmöglich gewesen war, zur Aufnahme eines Plans von Mogador und vor Allem um mich gründlich über die Handelsverhältnisse von Mogador und ganz Marokko zu unterrichten. Auch dabei habe ich sehr wesentliche Förderung durch Herrn von Maur erfahren.

Die Lagenverhältnisse, die Bedeutung und den Handel von Mogador habe ich zwar schon in dem Werke über die Reise von 1899 kurz geschildert, aber doch nur auf Grund eines 4-tägigen, fast ganz von den Reisevorbereitungen ausgefüllten Aufenthalts. Da ich mir diesmal eine viel eingehendere Kenntnis dieser Dinge verschaffen konnte, so bin ich in der Lage jene Ausführungen zu ergänzen, hier und da wohl auch, doch nur in unwesentlichen Punkten zu berichtigen. Die Anschauung, die ich mir gebildet hatte, dass Mogador auf einer alten verfestigten Düne von Hakenform liege, dass die Brandung dieselbe erfolgreich angreife und die Spitze des Hakens als Insel Mogador bereits losgelöst sei, hat durch fortgesetzte Beobachtung volle Bestätigung gefunden. Ich endeckte in der Stadt an der Mauer, welche die Kasba von der Medina trennt, einen 3 m hohen Aufschluss, der dadurch gebildet war, dass eine Strasse im Niveau geführt worden war. Der Aufschluss zeigt ganz deutlich

1. Mogador, Südwestecke der Stadt. (Strand bei Ebbe.)

Dünenstruktur und die Mauer steht eine Strecke weit auf diesem jungen Muschelkalksandstein. Der höchste Punkt der Stadt dürfte höchstens 15 m über Mittelwasser haben. Die Landenge, welche die Stadt-Halbinsel mit dem Festlande verbindet, ist 350 m nördlich vom Dukkala-Thore nur 30 m breit und 3 m hoch, sodass man, bei der Indolenz der Marokkaner eine erstaunliche Thatsache, zur Sicherung dieser zugleich als Schlachtplatz verwendeten Stelle ein Stück Mauer an der Seeseite errichtet hat. Ohne dieselbe würde wol bei starkem Sturm hier ein Durchbruch erfolgen. Die der Stadt an der Seeseite vorgelagerte Klippenreihe zeigt, dass das Meer hier erfolgreich angegriffen hat. Die wundervollen Hohlkehlen, die die Brandung an einzelnen dieser Klippen ausgewaschen hat, veranschaulichen die fortschreitende Abtragung derselben, die umstehende Photographie die wilde Zerrissenheit dieser Klippen. Das Haff, welches die Stadt vom Festlande trennt, ist so flach, dass man es überall durchschreiten kann und der Karawanenweg nach Marrakesch durch dasselbe führt. Sein Wasser ist brackig und dürfte vorwiegend aus den Dünen stammen, zwischen welchen noch kleine Teiche liegen. Der Abschluss des Haffs gegen die Bucht, deren innerster Zipfel es ist, ist ein schärferer seit Erbauung der Wasserleitung, die z. Th. auf einem Damme läuft, der bei hoher Fluth den einzigen Weg nach Süden bildet. Man kann also sagen, dass die Verbindung der Stadt Mogador mit dem Festlande nach Norden künstlich erhalten wird, nach Süden künstlich geschaffen ist. Durchlässe in dem Damme ermöglichen abwechselnd Zu- und Abstrom aus dem Haffe.

Einen so schönen Naturhafen die Bucht von Mogador zu bilden scheint, so gefährlich würde es sein, dem zu trauen. Sie bietet thatsächlich so gut wie keinen Schutz, denn bei Sturm oder starker Dünung dringen riesige Wellen an der Insel, wie an der Stadthalbinsel thurmhoch brandend durch die ca. 750 m breite, 12—14 m tiefe nördliche Einfahrt herein, treffen sich mit solchen, die durch die südliche Einfahrt kommen und erzeugen ein Wellenchaos, das jedes Schiff, wie vielfache traurige Erfahrungen lehren, schliesslich an der Ostseite der Bucht auf den Strand setzt. Alle Schiffe bleiben daher unter Dampf, um jeden Augenblick das hohe Meer gewinnen zu können. Grösseren Schiffen genügende Tiefe findet sich auch nur der nördlichen Einfahrt gegenüber, da die Bucht im Allgemeinen seicht ist. Nur ein Theil der Bucht von geringer Ausdehnung bietet unter dem Schutze der Insel, an der Nordostseite derselben, Schiffen von höchstens 6 m Tiefgang leidliche Sicherheit. Auch die Verbindung der vor Anker liegenden Schiffe mit dem Lande ist bei bewegter

See sehr schwierig und veranlasst häufige Unglücksfälle. Der einzige Landeplatz für die ziemlich grossen Leichter — kleine Boote können überhaupt nur bei ganz ruhigem Wetter verkehren — ist nämlich nur durch enge Durchfahrten zwischen den Klippen erreichbar. Bei Fluth können dieselben durch eine thorartige Bogenwölbung in den kleinen innerhalb der Festungswerke, dicht am Seethore gelegenen Bootshafen gelangen. Bei Ebbe müssen sie aber an einem künstlich in die Felsen gehauenen Kanale, 158 m vor dem Seethore, anlegen, von welchem ein, theils gepflasterter, theils glattgehauener schmaler Weg durch die dann trocken liegenden Klippen zum Seethore führt. Der kleine Bootshafen läuft bei Ebbe ganz trocken. Er kann etwa 1 Dutzend Leichter fassen. Die meisten liegen aber draussen im offenen Wasser. Die kleineren Boote werden stets an Land gezogen und liegen theils im Bootshafen, theils im Zollhofe.

Es liesse sich indessen wohl die Bucht von Mogador in einen ausgezeichneten, völlig sicheren Hafen ohne grosse Kosten verwandeln, wenn man die nördliche, heute allein benutzbare Einfahrt durch einen Damm ganz schlösse. Dann würde nur noch bei Fluth eine hinreichend starke Strömung zwischen den Klippen hindurch von Norden her eindringen können, die voraussichtlich in kurzer Zeit in der breiten südlichen Einfahrt, die eine Schwelle von nur 4 m Tiefe besitzt, eine auch grossen Schiffen genügende tiefe Rinne auswaschen oder wenn dieselbe künstlich hergestellt werden müsste, offen halten würde.

Der Raum, welcher der Stadt zur Verfügung steht, ist ein beschränkter. Die Mauern derselben umschliessen heute so ziemlich die ganze bebaubare Fläche. An der Seeseite werden dieselben unmittelbar vom Meere bespült, in dem Maasse, dass man an der Nordseite, vor der Mellah und einem Theil der Medina überhaupt nur bei tiefster Ebbe an der Mauer entlang gehen kann. An der Südseite dringt das Meer bei besonders hoher Fluth bis unmittelbar vor Bab Seba vor, dem Thore, welches den Hauptverkehr der Stadt vermittelt, nämlich mit dem Sus. An der Süd- und Südostseite liegt noch ein Streifen Land zwischen der Mauer und dem Haff, der zum Theil vom mohamedanischen Friedhofe zu beiden Seiten des Marrakesch-Thores eingenommen wird, zum Theil bei etwas feuchtsumpfigem Boden zu Gemüsegärten verwerthet wird. Bei der furchtbaren Gewalt, mit welcher der Sturm über die flache Halbinsel fegt, bedürfen diese des Schutzes durch ziemlich hohe dichte Zäune, die aus Stangen von Callitris hergestellt werden.

Die Stadt selbst, die in der Regelmässigkeit ihrer Anlage und der Geradheit der meisten Strassen sofort den neueren Ursprung und die künstliche (Neu-) Gründung (1760—1770) unter europäischer Leitung erkennen lässt, ist zum Theil weitläuftig gebaut und enthält grosse offene Plätze und einzelne breite Strassen. Erstere, besonders im Hafenviertel, dienen vorzugsweise der Lagerung von Handelsgütern, letztere dem Marktverkehr, zum Theil auch, wie der 265 m lange und 38 m breite Mschur-Platz, welcher die alte Kasba von der neuen scheidet und die Medina mit dem Hafenviertel verbindet, dem Lagern von Karawanen und dem Abhalten von Festen, wie dem sehr beliebten Phantasiareiten, einer Pferdeschinderei, die keineswegs durch etwaige besondere Geschicklichkeit der Reiter erträglich wird. Die Mauern, welche die Stadt und die einzelnen Stadttheile umschliessen, sind theils aus Stein, theils aus Pisé erbaut. Ersterer wird an Ort und Stelle, namentlich auf der Landenge gewonnen. Er ist leicht zu bearbeiten, wird aber an der Luft hart und besteht vorwiegend aus kleinen Trümmern von Seemuscheln mit Quarzkörnchen, das Ganze durch ein kalkiges Bindemittel verkittet: die alte Düne. Ganz ähnlich sind auch die noch zu besprechenden beweglichen Dünen zusammengesetzt. Derselbe Stoff dient zum Bau der Häuser. Die Stadt zerfällt, wie die meisten marokkanischen Städte, in gesonderte Stadttheile mit Mauern und Thoren. Der wichtigste ist die Kasba, wo der Kaid, die vornehmsten Eingeborenen, die europäischen Konsuln und Kaufleute wohnen. Sie ist später durch die sog. neue Kasba erweitert worden. Hier liegen auch die zwei ansehnlichen Moscheen, die sog. Stadt-Moschee in der alten, die Moschee Sidi Yusef in der neuen Kasba. Hier sind die Häuser fast durchweg ein-, ausnahmsweise auch zweistöckig. Sie enthalten vielfach grosse Höfe und Waarenlager. Das Hafenviertel, das sich unmittelbar an beide anschliesst, besteht nur aus Plätzen, Magazinen und Zollschuppen. Der ausgedehnteste Stadttheil ist die Medina, die eigentliche Bürgerstadt, der Sitz der Handwerker und kleinen einheimischen Kaufleute, wo sich namentlich auch der Kleinverkehr mit dem Lande abspielt. Hier bestehen die Häuser meist nur aus einem Erdgeschoss und liesse sich somit, bei einer etwaigen Entwickelung der Stadt, noch viel Raum gewinnen. Uebervölkert, von hohen Häusern und ganz engen Gassen gebildet ist dagegen die Mellah, das Judenviertel, das nur durch ein einziges Thor ganz dicht am Dukkala-Thore zugänglich ist. Hier drängen sich die Menschen auf engstem Raume in unsäglichem Schmutz und Unrath. Hier hält der Tod, wenn irgend eine Seuche ausbricht, stets reiche Ernte. Versuche der Europäer, unter eigenen grossen Opfern, hier Wandel zu schaffen sind kaum von vorübergehendem Erfolge gewesen. Nahe vor dem Dukkala-Thore liegt auch der alte verwahrloste jüdische Friedhof auf der alten Düne am Meere, ein neuer umhegter und besser gehaltener an der Haffseite. Den kleinen christlichen Friedhof unmittelbar vor Bab Dukkala umschliesst ein hohes Mauerviereck. Der deutsche Vice-Konsul, Herr von Maur, pflegt denselben mit echt deutscher Pietät.

Mogador ist marokkanische Seefestung. Die umschliessende Zinnenmauer wird von einigen Thürmen und von kanonengespickten Eckbastionen verstärkt. An der Seeseite der Kasba ist eine langgestreckte Batterie errichtet, eine solche, von zwei mächtigen viereckigen Thürmen flankirt und durch eine nach Süden vorspringende kleine Batterie verstärkt, beherrscht die Bucht und den Landungsplatz. Ein Thurm auf einer hohen Klippe liegt in Trümmern. Kleinere Batterien decken die Insel. Zwei jetzt in Trümmern liegende Thürme auf dem Steilufer vor dem Dukkala-Thore waren ehemals Windmühlen. Eine jetzt ganz in Trümmern liegende von der hohen Fluth umspülte alte Befestigung an der Ostseite der Bucht wird den Portugiesen zugeschrieben. Es bedarf keiner weiteren Darlegung, dass all diese Batterien gegenüber einem europäischen Angriffe gänzlich werthlos wären. Die Stadt hat 4 Thore: das Hafenthor, Bab Sebaa, durch welches der Verkehr mit dem Sus geht, das Marrakesch-Thor, beide an der Südostseite und das Dukkala-Thor für den Verkehr nach Norden. Dazu kommen zwei Pförtchen, beide an der Seeseite, das eine vom kleinen Zollplatze, das andere von der Medina aus. Dazu zahlreiche innere Thore. Ausserhalb der Thore befindet sich auch nicht ein bewohntes Haus. Der nächste bewohnte Ort ist das kleine Dörfchen Diabat, an dem Punkte, wo der Wed Kseb aus seinem Engthale in den Dünen heraustritt, 3 km von Bab Sebaa. Auf der Landseite ist die Stadt jenseits des zum Theil sumpfigen, bei Ebbe zum Theil trocken laufenden Haffs von hohen beweglichen Dünen umgeben, die mit ihrem röthlichen Gelb den Hintergrund der gleichsam dem tiefblauen Meere entsteigenden weissen Masse von Häusern und Mauern bilden. Wunderbarer Gegensatz der Farben in dem blendenden Sonnenlichte! Grün sucht man in dem grellfarbigen Bilde vergebens. Eine Stunde muss man reiten, ehe man jenseits des beweglichen Gürtels die mit niedrigem immergrünen Buschwerk bewachsenen alten Dünen erreicht. Wie auf mich Venedig mit seinen Steinpalästen und stagnirenden Kanälen bei fast völligem Fehlen von Grün sehr bald niederdrückend wirkt, so ähnlich Mogador. Vor Venedig voraus hat aber Mogador das ewige Meer und die herrliche Sonne! Immerhin konnte nur gewinnbringender Handel die Menschen an diese Stelle fesseln. [1])

Aber gewinnbringender Handel konnte gewissermaassen nur künstlich an diesen Punkt gefesselt werden. Mogador besitzt nur ein Hinterland von geringer Ausdehnung und geringer Fruchtbarkeit. Seine Handelsbeziehungen reichen zwar jetzt über Marrakesch, das Handelskarawanen in 4—5 Tagen erreichen, bis in die Atlasthäler von Demnat und Entifa und über Tarudant, den Hauptort des Sus, für Handelskarawanen in 6—7 Tagen erreichbar, bis nach Glimin, ja zur See augenblicklich bis zum Kap Juby, aber das ist zum Theil künstlich geschaffen dadurch, dass alle Küstenplätze südlich von Mogador, namentlich Agadir, der natürliche, auch Mogador an Sicherheit übertreffende Hafen von Sus, dem Verkehr verschlossen sind, um zu verhindern, dass diese zum Atlasvorlande, dem Herzlande des marokkanischen Staats peripherisch gelegenen Landschaften Beziehungen zum Auslande unterhalten, namentlich auch Waffen einführen und sich so der Herrschaft des Sultans entziehen könnten. Aus demselben Grunde, um den Handel zu unterbinden, hat der Sultan auch vor einigen Jahren die von einer englischen Handelsgesellschaft am Kap Juby eingerichtete Handelsniederlassung für schweres Geld derselben abgekauft. Er unterhält dort in einem Fort dauernd eine Besatzung von etwa 60 Mann, der von Mogador aus auf dem kleinen, ursprünglich von Krupp zur Verfrachtung der grossen auf dem neuen Küstenfort von Rabat aufgestellten Geschütze erbauten Sultansdampfer »Turki« alle Vorräthe zugeführt werden. Ich lernte den deutschen Kapitän dieses Schiffes und den ersten Maschinisten, auch einen Deutschen, in Mogador kennen, als sie von einer solchen Fahrt zurückkamen. Sidi Hossein, einer der drei schon

[1]) Der beigegebene Plan von Mogador ist der erste Versuch einen solchen zu entwerfen. Es fehlte absolut jede Vorarbeit dafür. Der in den Annalen zur Hydrographie, Jahrgang 1900, Taf. 8, veröffentlichte ganz kleine, beruht augenscheinlich auf der englischen Seekarte No. 1594, bringt nichts Neues und wurde mir überdies erst nach der Rückkehr bekannt. Dieser ist von mir mit unvollkommenen Mitteln aufgenommen worden, was bei der Beurtheilung in Betracht zu ziehen ist. Im Ganzen ist er aber, wie mir von einem gründlichen Kenner der Stadt versichert worden ist, richtig. Aufgenommen habe ich denselben vorwiegend mit der Hand-Bussole, nur ausnahmsweise konnte ich die schmalkaldersche Bussole auf Stativ benutzen, da es galt, die Arbeit so unauffällig wie möglich auszuführen. Die Entfernungen sind durch Schrittzählen ermittelt. Ein volles Jahr nachher ist mit diesen unvollkommenen Aufzeichnungen und Handskizzen in Marburg, also ohne die Möglichkeit einer Nachmessung oder Ergänzung, der Plan entworfen worden.

erwähnten in Deutschland ausgebildeten jungen Marokkaner ist der Leiter der Station auf Kap Juby. Durch dieselbe hat sich der Sultan, dessen Herrschaft somit jetzt weiter nach Süden reicht, wie kaum jemals, zum Herrn des Küstengebiets bis zum Kap Bojador gemacht und vermag er jede europäische Festsetzung zu hindern. Ja, der wirkliche Herrscher dieses Gebiets, der Scheik El Maleynin, dessen Machtbereich bis zur Sakiet el Hamra reicht, hat, freilich gegen regelmässige Lieferung von Brotstoffen, die diese Nomaden nur von Marokko beziehen können, und anderer Geschenke, sich unter die Oberhoheit des Sultans gestellt und ist mehrmals am Hofe in Marrakesch gewesen. Der Turki war im Begriff das Material zu einem Hause, dass sich El Maleynin bauen wollte, als Geschenk des Sultans natürlich, in Mogador an Bord zu nehmen.

Von einem Handel nach dem Süden und nach dem Senegal von Mogador aus ist längst nicht mehr die Rede. Die Besetzung von Tuat durch die Franzosen wird namentlich die Zufuhr von Negersklaven nach Marokko unterbinden.

Das natürliche Hinterland von Mogador bilden die Landschaften Schedma, zu der es gehört, von der aber der nördliche Theil schon nach Saffi gravitirt, Mtuga und Haha, bergige, waldreiche Landschaften mit magerem, dem Ackerbau wenig günstigem Boden, deren Bewohner daher mehr Viehzucht, besonders auf Ziegen treiben, die man in grossen Heerden in dem niederen Buschwalde, der sog. Rhaba, von dem sie sich vorzugsweise nähren, antrifft. Daher sind Ziegenfelle ein Hauptausfuhrgegenstand von Mogador und besteht vor Bab Sebaa ein besonderer Ziegenfellmarkt. Der blüthenreiche Buschwald nährt auch viele Bienen, sodass Wachs ein weiterer wichtiger Ausfuhrgegenstand von Mogador ist und da der Buschwald zum Theil aus Callitris quadrivalvis besteht, liefert er Sandarac Harz. Etwas Euphorbium-Gummi kommt hinzu. Mogador ist auch einer der Häfen von Marrakesch, aber vor den näheren Saffi und Mazagan etwas benachtheiligt, zumal die vom Atlas kommenden Nebenflüsse des Tensift, besonders der Schischaua, unangenehme Verkehrshindernisse zu bilden vermögen. So würde die Bedeutung von Mogador eine geringe sein, wenn es nicht künstlich zum südlichsten Seeplatze von Marokko überhaupt gemacht wäre und es so den gesammten Verkehr der verhältnissmässig reichen Landschaft Sus an sich gezogen hätte. Auch von dort und bis von Glimin kommen noch bedeutende Mengen Ziegenfelle, aber weit wichtiger ist das Olivenöl und noch wichtiger die Mandeln, die von dort gebracht werden. Weniger wichtig ist Akazien-Gummi, welches auch die südlichen Landschaften liefern.

Welche Bedeutung das Sus für Mogador hat, sieht man schon daraus, dass stets grosse Karawanen vor dem Sus-Thore (Bab Sebaa) lagern und man ununterbrochen solche sich am Strande entlang nach Süden oder umgekehrt bewegen sieht. Auch für die Einfuhr europäischer Erzeugnisse ist das Sus der wichtigste Theil des Hinterlandes von Mogador. Die marokkanische Regierung scheint auch energisch daran festhalten zu wollen, dass die ganze Küste südwärts von Mogador dem Fremdhandel verschlossen und die bevorrechtete Stellung von Mogador aufrecht erhalten bleibt. Es ist bekannt, wie der Versuch der deutschen Handelsexpedition unter Dr. Jannasch dort anzuknüpfen, ausgegangen ist. Dagegen scheint über einen ähnlichen Versuch, welcher von dem englischen Globe Venture Syndicate Ende 1899 in Sus gemacht wurde, in Europa nichts bekannt geworden zu sein. Diese Gesellschaft liess, trotz dem Verbot der marokkanischen Regierung und gegen den ausdrücklichen Befehl der englischen Gesandtschaft, wie es heisst, einen Dampfer die Küste des Sus anlaufen und landete den Führer der Expedition mit einigen Leuten. Die marokkanische Regierung hatte von dem Unternehmen Kunde erlangt und schickte zu Lande einen hohen Beamten, zur See den von dem deutschen Kapitän Siebert geführten Regierungsdampfer »Hassanie« nach dem Sus. Die Hassanie fand den englischen Dampfer und forderte ihn auf, sofort das Weite zu suchen. Als der Engländer dem Befehl nicht nachkam, sandte ihm die Hassanie aus dem alten Geschütz, das sie an Bord hatte, einen Schuss durch die Takelage, was jener mit einem Schuss aus einem kleinen Geschütz erwiderte, ohne irgendwie Schaden zu thun, dann aber schleunigst abdampfte. Als er am nächsten Tage wieder erschien, waren die gelandeten Engländer bereits als Gefangene unterwegs nach Marrakesch, wo sie aber bald freigelassen wurden. Nach lebhaften Verhandlungen mit dem englischen Gesandten und der englischen Regierung wurde die Sache damit beigelegt, dass der deutsche Kapitän, der doch nur im Auftrage und Dienste der marokkanischen Regierung seine Pflicht gethan hatte, seines Dienstes enthoben wurde!

Im Sus, das bis zur Neugründung von Mogador der Brennpunkt des Handels mit der Sahara und dem Sudan war, ist heute auch nicht ein Europäer ansässig!

Mogador ist so im wesentlichen Handelsstadt und auch als solche von vornherein (neu) gegründet. Es wurden von vornherein den europäischen Kaufleuten mancherlei Vergünstigungen gewährt, um sie anzulocken. Doch liegt heute der grössere Theil des Handels in jüdischen Händen, die namentlich auch als Vermittler zwischen den Europäern und Eingeborenen eine so grosse Rolle spielen, dass an jüdischen Feiertagen auch die Christen ihre Geschäfte zu schliessen gezwungen sind. Unter den Europäern haben diejenigen noch immer das Uebergewicht, die zuerst am Platze gewesen sind, die Engländer, die aber zum Theil durch Mischblut und durch Gibraltarleute vertreten sind, die an der ganzen Küste zahlreich sind, sich aber meist eines nicht sehr guten Rufes erfreuen. Die Franzosen, die an zweiter Stelle standen, sind heute bereits von den zuletzt gekommenen Deutschen überflügelt worden. Beträchtlich, wie an der ganzen Küste, ist auch die Zahl der Spanier. Sie gehören aber fast durchweg den unteren Schichten an und ihre wirthschaftliche Bedeutung ist sehr gering. Bezeichnend ist, dass die Portugiesen, die doch so lange die ganze Küste beherrscht haben und von denen noch manches Bauwerk, wie der Sultanspalast in Saffi, die Festungswerke und der Bootshafen von Mazagan zeugen, abgesehen von wenigen Fischern, die im Frühjahr an der Küste erscheinen, ganz verschwunden sind. Auch die Zahl und der Einfluss der Italiener ist gering. Die Gesammtzahl der Europäer betrug nach den mir durch den deutschen Vize-Konsul, Herrn von Maur, gesammelten amtlichen Angaben der europäischen Vertreter — wohl die erste Statistik dieser Art — im Jahre 1901 342 Köpfe. Davon sind Staatsangehörige:

	Männer	Frauen	Kinder	Zusammen
englische	70	62	?	132
spanische	64	64	?	128
französische	18	12	—	30
deutsche	8	6	3	17
italienische	5	2	7	14
portugiesische	8	5	—	13
brasilische (meist Juden)	4	4	—	8
	177	155	10	342

Zu den 17 Angehörigen des deutschen Reichs kommen noch einige Deutsche aus Oesterreich und der Schweiz, sodass die Gesammtzahl der in Mogador lebenden Deutschen 24 beträgt.

Der Handel von Mogador besteht in der Ausfuhr von im Lande gewonnenen Rohstoffen, welche Ackerbau und Viehzucht, in geringen Beträgen die wild wachsende Pflanzenwelt liefern und in der Einfuhr von solchen Gegenständen europäischen Gewerbfleisses, die selbst einer armen und in der Gesittung wenig vorgeschrittenen Bevölkerung unentbehrlich sind. Da die Masse der Bevölkerung so zu sagen aus der Hand in den Mund lebt, so entspricht einer schlechten Ernte auch immer sofort geminderte Einfuhr, ganz besonders derjenigen Gegenstände, die zur Noth entbehrt werden können. Die Ernteerträge schwanken sehr bedeutend, besonders nach dem Schwanken der Niederschläge, die hier an der Aequatorialgrenze des Winterregengürtels und an der Grenze des grossen Wüstengürtels ohnehin sehr gering sind, sodass es nur eines geringen Ausfalls bedarf, um Missernte zu verursachen. Dazu kommt dann noch die Heuschreckengefahr. Doch fällt für Mogador eigentlich nur das Schwanken der Oliven- und Mandelernte im Sus in's Gewicht, da die Ziegen, deren Felle ein Hauptgegenstand der Ausfuhr sind, sich vorzugsweise von immergrünen Sträuchern nähren, ja in niederschlagsarmen Jahren eher die Felle in grösserer Menge auf den Markt gebracht werden. Ein neuerdings durch die Europäer in Aufnahme gebrachter und in rasch aufsteigender Entwickelung begriffener Ausfuhrgegenstand sind Hühnereier. In Mogador bringen die Landleute ihre Erzeugnisse selbständig auf den Markt und unter Vermittelung (jüdischer) Makler in die europäischen Kaufhöfe, während in allen andern Küstenplätzen die europäischen Kaufleute feste Verbindungen im Hinterlande haben, sodass sie ihre Geschäfte nur durch Vermehrung dieser Lieferanten vergrössern können. Auch schicken sie wohl Einkäufer im Lande herum. Eine Vermehrung der Erzeugnisse durch Hebung des Anbaus ist im Hinterlande von Mogador zunächst bei dem herrschenden System nicht zu erwarten. Bezeichnend für dasselbe ist, dass die Bewohner des nur 3 km von Mogador gelegenen Dörfchens Diabat in der Ueberzeugung, dass sie in Mogador sichere Abnehmer ihrer Erzeugnisse finden würden, anfingen, Gärten anzulegen, die sie aus dem Wed Kseb bewässerten. Der Kaid von Mogador sah das als eine verdächtige Neuerung an, die die Leute nur übermüthig und unbotmässig machen könne und bot ihr sofort Einhalt. Ich sah 1899 noch die verkommenen Reste dieser Gärten, 1901 waren nur noch Reste der Einzäunungen vorhanden, die inzwischen wol auch verschwunden sein werden. Eine andere Möglichkeit den Anbau zu heben, nämlich durch Schutzgewährung an Eingeborene seitens einer europäischen Macht, was, wie wir sehen werden, in Schauia sehr wirkungsvoll ist, ist im Hinterlande von Mogador ausgeschlossen, da dem nicht nur die Regierung sondern auch die Eingeborenen selbst entgegen sind. Auch die zeitweilige Aufhebung des Ausfuhrverbots von Waizen, Gerste und Kartoffeln, die 1901 auf 2 Jahre erfolgte, ist für Mogador belanglos, da diese Gegenstände im Hinterlande kaum für den eigenen Bedarf genügend gebaut werden. Thatsächlich schwankt die Gesammtziffer der Handelsbewegung von Mogador zwar von Jahr zu Jahr etwas, aber in einer längeren Periode bleibt sie gleich, von einer aufsteigenden Bewegung, wie doch so ziemlich in der ganzen Welt, ist keine Rede!

Ich verdanke die Unterlagen für die folgenden Angaben und Tabellen dem deutschen Vize-Konsul, Herrn von Maur. Dieselben können auf einen hohen Grad von Zuverlässigkeit Anspruch machen, den höchsten, der in Marokko wol überhaupt erreichbar ist, da Herr von Maur ein gründlicher Kenner dieser Verhältnisse ist und sich die grösste Mühe gegeben hat, der Wahrheit nahe zu kommen. Die Zahlen beruhen nicht auf den Angaben des marokkanischen Zollamts, sondern auf denen der Vertreter der verschiedenen betheiligten Dampfergesellschaften. Sie waren zum Theil nur durch besondere Gefälligkeit und freundschaftliche Beziehungen zu erlangen.

Von den nachfolgenden Tabellen veranschaulicht die erste die Ausfuhr von Mogador in den drei Jahren 1899, 1900 und 1901 nach den wichtigsten Gegenständen, nach Menge und Werth, die zweite die Länder, nach welchen diese Ausfuhr gerichtet ist. Man bekommt durch Vergleich der 3 Jahre ein Bild von den Schwankungen, denen die Ausfuhr unterliegt, während im 10jährigen Durchschnitt 1891-1900 diese Schwankungen zurücktreten.

1. Ausfuhr von Mogador. Gegenstände.

Jahr	Gegenstand	Menge (Kilo)	Werth (Mark)	Prozente der Gesammtausfuhr im Jahrzehnt 1891–1900
	Mandeln			
1899		1 599 000	1 918 800	27 %. Im Allgemeinen stetig gestiegen von 531 000 ℳ. im Jahre 1891 auf 4 780 800 ℳ. im Jahre 1900.
1900		2 988 000	4 780 800	
1901		809 375	627 499	
1891–1900			1 394 595	
	Olivenöl			
1899		1 515 000	984 750	
1900		961 000	480 500	
1901		3 595 871	2 120 440	
1891–1900			423 015	8 %.
	Ziegenfelle			
1899		1 329 000	2 325 750	
1900		998 000	1 416 000	
1901		1 439 458	2 375 276	
1891–1900			1 507 638	30 %.

Jahr	Gegenstand	Menge (Kilo)	Werth (Mark)
	Hühnereier		
1899	....	229 000	130 550
1900	....	418 000	326 200
1901	....	567 801	441 400
	Sandarac-Harz		
1899	....	315 000	315 000
1900	....	363 000	326 700
1901	....	325 553	325 553
	Bienen-Wachs		
1899	....	145 000	377 000
1900	....	253 000	632 500
	Ochsenfelle		
1899	....	470 000	352 500
1900	....	289 000	216 750

In noch geringeren Mengen und Werthen kamen, nach letzteren geordnet, zur Ausfuhr: Bohnen (sog. Saubohnen), Pampelmusen und Datteln, wol beide aus dem Sus, Kummin, Haare, Mais, Wallnüsse, aus dem Atlas, wo sie von etwa 1000 m Höhe an vorkommen, Oliven, Schaffelle, Veilchenwurzel, Wolle, Gerste. Keiner dieser Gegenstände erreichte 1901 auch nur den Werth von 100 000 ℳ.

Die Gesammtausfuhr betrug:

1899	6 600 000 Kilo im Werthe	von	6 775 790 ℳ.	
		dazu	328 588 »	Baargeld
1900	7 409 000 » » »	von	8 621 780 »	
		dazu	515 312 »	»
1901	7 938 013 » » »	von	7 665 095 »	
1891—1900 Jahresdurchschnitt	....		5 153 722 »	

Man sieht, dass mehr als zwei Drittel der Ausfuhr allein auf 3 Gegenstände, Mandeln, Olivenöl und Ziegenfelle kommen, von denen die ersten beiden fast ganz, der dritte wenigstens zum Theil vom Sus geliefert wird. Die Wiedereröffnung des Mogador an natürlicher Sicherheit übertreffenden Hafens von Agadir würde also Mogador den Todesstoss geben.

2. Ausfuhr von Mogador. Bezugsländer.

Jahr	Bezugsland	Menge (Kilo)	Werth (Mark)	Prozente der Gesammtausfuhr
1900	Deutsches Reich	2 296 000	2 954 550	34,3
1901	»	1 716 677	1 188 836	18,0
1900	England	1 586 000	2 166 020	24,4
1901	»	—	—	16,0

Jahr	Bezugsland	Menge (Kilo)	Werth (Mark)	Prozente der Gesammtausfuhr
1900	Frankreich	1 260 000	1 688 300	19,0
1901	»	—	—	11,6
1900	Vereinigte Staaten	727 000	1 090 500	12,7
1901	»	1 265 099	2 087 476	31,5
1900	Italien	605 000	488 550	5,2
1901	»	—	—	14,0

Das Deutsche Reich bezieht vorzugsweise von Marokko Mandeln, Olivenöl, Sandarac und Eier. Die Ausfuhr dorthin stieg im letzten Jahrzehnt stetig und erreichte 1900, wesentlich in Folge der guten Mandelernte im Sus, mit 34,3 % der Gesammtausfuhr von Mogador ihren Höchstbetrag, um 1901, hoffentlich nur vorübergehend, auf 18 % herabzugehen. England bezieht Eier, Sandarac, Ziegenfelle, Mandeln. Frankreich und Italien vorzugsweise Olivenöl. Die Vereinigten Staaten beziehen nur Ziegenfelle, die auf französischen und englischen Schiffen über Marseille und London dorthin gelangen. Deshalb wurde bisher dieser Theil der Ausfuhr Frankreich und England gutgeschrieben.

Aehnlich wie der Ausfuhr von Mogador 3 Gegenstände ihren Charakter aufprägen, so auch der Einfuhr, nämlich Baumwollenstoffe, Zucker und Thee. Und dies gilt für ganz Marokko. Die folgende Tabelle 3 ist das Gegenstück von Tabelle 1.

3. Einfuhr von Mogador. Gegenstände.

Jahr	Gegenstand	Menge (Kilo)	Werth (Mark)	Prozente der Gesammteinfuhr des Jahrzehnts 1891–1900
	Baumwollenstoffe			
1898		759 000	2 304 504	
1900		647 635	1 942 908	
1901		821 871	1 412 450	
1891–1900			2 007 546	41 %.
	Zucker			
1898		3 791 000	1 137 337	
1900		5 007 610	1 502 282	
1901		6 107 570	1 712 703	
1891–1900			1 140 746	24 %.
	Thee			
1898		359 000	647 417	
1900		309 119	525 501	
1901		281 915	555 060	
1891–1900			402 602	9 %.

Diese 3 Gegenstände machen etwa 4/5, der Zucker allein 1901 1/3 der ganzen Einfuhr aus. Das letzte Fünftel wird von zahlreichen Gegenständen gebildet, wie Mehl, Holz und Holzwolle, Eisen und Eisenwaaren, Kerzen, Kolonialwaaren, Wollenwaaren, Seidenstoffe, Tuch, Porzellan und Steingut, Glaswaaren u. dergl. Bezeichnend, besonders für den Kulturstand, sind die verschwindenden Beträge, welche auf Papier, Seife und Parfümerien, Petroleum, Kaffee, Getränke, einschliesslich Bier, also Gegenstände, die natürlich alle im Lande nicht gemacht werden, kommen. Thee und Baumwollenstoffe, deren Absatz sich allerdings stetig verringert, liefert England allein. Die billigen Baumwollenstoffe, die ausschliesslich verlangt werden, etwa durch deutsche zu ersetzen, erscheint unmöglich. Englands Uebergewicht in der Einfuhr erscheint daher für lange gesichert. Den Zucker liefert vorzugsweise Frankreich, neuerdings, von Antwerpen aus, auch Belgien. Ein Versuch, aus Galizien über Fiume und Triest Zucker einzuführen, scheint erfolglos zu verlaufen und hat den ohnehin schon überfüllten Markt noch mehr überfüllt und die Preise gedrückt. Im Februar 1901 kostete in Mogador das Kilo Zucker 35 Pfennige! Dass das deutsche Reich mit den genannten Ländern den Wettbewerb erfolgreich aufnehmen könnte, abgesehen von der augenblicklich schlechten Lage des Zuckermarkts in Marokko, unterliegt keinem Zweifel. Alle Versuche, die fraglichen Kreise bei uns für Marokko zu interessiren, sind bisher gescheitert. Der marokkanische Markt schien nicht der Mühe werth zu sein! Die Einfuhr von Zucker bietet aber die einzige Möglichkeit, die deutsche Einfuhr nach Marokko überhaupt zu heben. Die Zuckereinfuhr in Mogador betrug im Jahresdurchschnitt im Jahrzehnt 1891 bis 1900 3 373 000 Kilo im Werthe von 1 140 746 *M*.. Davon kamen auf Frankreich 73 %, auf Belgien 20 %, das Deutsche Reich 5 %, England 2 %. Die französische Zuckereinfuhr ist stetig gestiegen und erreichte 1900 den Betrag von 4 171 000 Kilo im Werthe von 1 252 353 *M*.. Die deutsche Zuckereinfuhr hat stets geschwankt, aber im Höchstbetrage (1898) nur 500 000 Kilo erreicht. Eisen, Metallwaaren, Holz, Holzwolle, Wollenwaaren, besonders Tuche sind die Gegenstände der deutschen Einfuhr in Mogador. Die ganze deutsche Einfuhr bewerthete sich im Jahre 1900 nur zu 300 944 *M*. gegen 2 831 374 *M*. von England und 2 144 190 *M*. von Frankreich.

Nach den Einfuhrwerthen und Prozenten der Gesammteinfuhr ordneten sich die Staaten wie folgt:

Jahr	England	Frankreich	Deutsches Reich	Belgien
1898	56,0	18,0	6,0	6,0
1900	54,3 %	32,5	5,2	5,2
1901	40,2	27,4	6,3	6,0

Die Gesammteinfuhr von Mogador betrug:

1899......	7 456 000 Kilo im Werthe von	5 134 035 M.	Baargeld eingerechnet
1900......	8 081 059 » » » »	7 909 765 »	
1901......	10 797 884 » » » »	5 439 313 »	
1891—1900		4 863 687 »	

Es schwankte die Einfuhr von Mogador in dem Jahrzehnt 1891 bis 1900 zwischen 6 671 400 M. im Jahre 1891 und 3 604 499 M. im Jahre 1897. Die Einfuhr von Baumwollstoffen, deren Verkauf in Mogador ein eigener, durch Thore verschliessbarer viereckiger Marktplatz mit Arkaden in der Medina vorbehalten ist, ist seit 1891 langsam, aber stetig zurückgegangen. Die Theeeinfuhr unterliegt zwar Schwankungen, steigt aber im Allgemeinen. Das Gleiche gilt vom Zucker. Thee und Zucker gehören in Marokko zu den verbreitesten Genussmitteln, die sich auch der Aermste gönnt. Die Gesammteinfuhr von Mogador lässt in dem Jahrzehnt keine aufsteigende Bewegung erkennen.

Die gesammte Handelsbewegung von Mogador hatte also im Jahre:

1899	einen Werth von	12 288 413 M.
1900	» » »	17 046 857 »
1901	» » »	13 104 408 »
1891—1900....	» » »	10 017 409 »

Wie gering erscheinen diese Zahlen gegenüber denjenigen, mit denen man in Europa zu rechnen gewohnt ist! Sie sind aber nicht so sehr als ein Ausdruck der geringen Hilfsquellen von Marokko aufzufassen, als sie vielmehr den tiefen Kulturstand, richtiger vielleicht die wirthschaftliche Verkommenheit dieses Landes kennzeichnen.

---

7. Die Umgebung von Mogador.

Ich lernte während meines Aufenthalts in Mogador auch die nähere Umgebung, von der ich 1899 fast nichts hatte sehen können, auf zahlreichen Spaziergängen, Spazierritten und Ausflügen näher kennen. Namentlich hielt ich mich auch einmal 3 Tage in dem sogen. Palmtreehouse auf, nachdem ich dasselbe schon vorher durch einen flüchtigen Besuch kennen gelernt hatte.

Die Umgebung von Mogador erhält ihr Gepräge durch den Dünenzug, der schon annähernd saharische Verhältnisse aufweist. Ich gab diesem Dünenzuge nach meinen, wie ich hervorhob, ungenügenden Beobachtungen 1899 eine Länge von rund 25 km, 14 km von Mogador nach Süden bis zum Kap Sim, 10 km nach

Norden, und eine Breite von höchstens 5 km. Bezüglich der Länge traf ich mit dieser Schätzung das Richtige. Dieselben reichen nordwärts bis unter das kleine auf der Höhe gelegene Berberndorf Schicht bis 31° 35′ nördlicher Breite. Auch die Breite ist nur auf 5½ km zu vergrössern, die höchste Kuppe des Dünenzugs dürfte 130 m Höhe haben. Wenn ich aber 1899 mir die Ansicht gebildet hatte, dass dieser Dünenzug mehr dem Steilrande des Tafellandes an- als vorgelagert sei, so muss ich das jetzt berichtigen. Es handelt sich um einen Dünenwall, der eine buchtartig in's Land eingreifende Tiefebene vom Meere trennt und vom Wed Kseb in einem wundervoll gewundenen Thale durchbrochen wird. Ueberall sieht man von den Höhen des Walles die mit Buschwald, aus dem nur hier und da ein Duar oder eine Kubba aufleuchtet, bedeckte Ebene sich ausbreiten, zu der man wieder hinabsteigt. Erst in einer Entfernung von 10—15 km vom inneren Fusse des Dünenzuges beginnt wieder unebenes und ansteigendes Gelände. Man erblickt so auf dem Karawanenwege von Marrakesch aus dem Innern kommend Mogador erst auf der etwa 110 m hohen, durch einen Steinhaufen noch besonders kenntlich gemachten Passhöhe des Dünenzuges. Das Haff, das nur eine Breite vom 1 km hat und so seicht ist, dass der Karawanenweg nach Marrakesch mitten durch dasselbe hindurch führt, greift in kleinen Buchten und begleitenden kleinen Wasserflächen in den Dünengürtel ein. Hier ist es des Treibsands wegen gefährlich vom begangenen Wege abzuweichen. Die Dünen bestehen aus feinem Quarzsand und grossen Mengen kleinster Trümmer von Meermuscheln. Sie sind ausserordentlich beweglich und veränderlich, was wohl zur Kenntlichmachung der Passhöhe zwang. Diese liegt bereits in dem befestigten inneren und höchsten Dünengürtel. Die Befestigung erfolgt sowohl durch Bildung einer Kalkkruste, wie durch Vegetation, und zwar durch Ansiedelung des Rtem (Retama monosperma), den ich in Marokko überall Sandboden kennzeichnend fand. Dass es sich hier in der Kalkkruste um eine dem Dünensande eingeschaltete Neubildung, nicht etwa um eine unter demselben liegende ältere sedimentäre Schicht handelt, konnte ich ganz genau beobachten. Ich komme später darauf zurück. Der Rtem, dessen dünne Ruten im Februar von einer ungeheuren Fülle weisser Blüthen bedeckt sind, bereitet den Boden erst zur Ansiedelung anderer Gewächse vor. Auf den völlig vegetationslosen beweglichen Dünengürtel folgt also zuerst ein Gürtel von Rtem, dann erst, nach innen immer höher, dichter und mannigfaltiger werdend, die eigentliche Rhaba, der Buschwald, dessen Höhe aber hier 3 m kaum irgendwo übersteigt. Auch ist er unter den günstigsten Bedingungen noch immer so licht, dass nur ausnahmsweise etwa 75 % des Bodens bedeckt sind. Zu Rtem kommt zunächst der Thirtastrauch und eine Asphodelusart hinzu. Dann üppig wuchernde Euphorbien, die aber den Rtem als Schutz und Stütze benützen. Diesen gesellt sich hinzu Rschtik, den die Ziegen mit Vorliebe abknabbern. Erst später tritt Argan, Callitris und Juniperus auf, oft von Clematis und Pfeifenkraut, vereinzelt auch von Ephedra altissima überrankt. Dazu kommt Pistacia Lentiscus, ein Rhamnus, Oleaster, Calycotome spinosa, ein dorniger Asparagus. Wenn diese Sträucher gegen Ende des Winters in Blüthe stehen, bietet immerhin die Rhaba manche Reize und man kann begreifen, dass dann die Europäer von Mogador, die freilich in dieser Hinsicht nicht verwöhnt sind, auf einige Wochen im Zelte wohnend, ihren ganzen Haushalt mitten in die Rhaba verlegen. Nach innen sind in dieselbe einzelne durch Rodung gewonnene Felder verstreut, die aber alle zum Schutze gegen das weidende Vieh, schwarze Ziegen und Schafe, mit Trockenmauern umhegt sind, deren Steine, die landeinwärts immer häufiger und mächtiger werdende Kalkkruste liefert. Ich führe die auffällige Erscheinung, dass mit diesen Feldern auch zahlreiche kleine Bauernhäuser, alle mehr oder weniger baufällig, inmitten dornenumhegter Höfe, durch die Rhaba verstreut sind, darauf zurück, dass immer nur kleine Flächen urbar zu machen sind.

Welche Mühe die Urbarmachung und Einhegung dieses leichten, sandigen, nur mässig fruchtbaren, die Feuchtigkeit wenig festhaltenden Bodens verursacht, das konnte ich bei dem sogen. Palmtreehouse sehen, das heute inmitten eingehegter, allmählich der Rhaba abgewonnener Felder liegt. Dieses Palmtreehouse wurde so genannt nach einer weithin, namentlich von Mogador aus sichtbaren hohen Dattelpalme, die aber ein Sturm im Jahre 1899 (?) geknickt hat, sodass nur noch ein Busch übrig und der Name nicht mehr berechtigt ist. Es gehört einem Anglo-Marokkaner, der vor Jahren hier von einem Eingeborenen, dessen kleiner, armseliger Hof noch daneben erhalten ist, ein allmählich durch alle möglichen Mittel, dem Widerstande der marokkanischen Regierung und der Eingeboren zum Trotz erweitertes kleines Besitzthum erworben und als Gasthaus eingerichtet hat. Dasselbe besteht jetzt, nachdem ein neuer Anbau vollendet ist, aus einem kastellartigen viereckigen Bau, der zwei Höfe umschliesst. Es soll eine Winterstation sein und wird auch von Engländern, die mit den auf dem Wege nach den Kanarischen Inseln wöchentlich Mogador anlaufenden englischen Dampfern ankommen, als solche auf längere oder kürzere Zeit benützt. Gelegentlich halten sich wol auch Deutsche und andere Europäer aus Mogador, die einmal dem öden Steinhaufen entfliehen wollen, dort auf. Es ist dazu allerdings ein ziemlicher Grad von Anspruchslosigkeit erforderlich, denn die Lage des Hauses, das mitten in der Rhaba etwa 80 m hoch, 7½ km von Mogador steht, ohne Wasser, ohne Schatten, ohne anziehende Spaziergänge, ist keine verlockende. Klimatisch theilt es mit Mogador zwar die Milde und Gleichmässigkeit der Temperatur, aber auch die heftigen Stürme, denen man hier noch schutzloser gegenübersteht wie in Mogador. Die einzigen Zerstreuungen, die möglich sind, sind Jagd- und Spazierritte. Wir möchten somit Niemand, am wenigsten einem Kranken diese Winterstation empfehlen, die natürlich auch nur zu Pferde und durch tiefen Dünensand von Mogador aus zu erreichen ist.

Wenn ich über Mogador selbst als Winterstation für Kranke, besonders Lungenkranke noch etwas sagen soll, so muss ich, im vollsten Gegensatze zu den französischen Aerzten, die es für diesen Zweck sehr warm empfohlen haben, es als völlig ungeeignet bezeichnen. Mein Urtheil, das sich auf eigene Erfahrung und die Kenntnis so ziemlich aller klimatischen Winterkurorte des Mittelmeergebiets stützt, ist jetzt eher noch ungünstiger, wie schon 1899. Die Gleichmässigkeit der Wärme ist bei Weitem nicht so gross, als es nach den meteorologischen Beobachtungen scheint, da die örtlichen Verhältnisse derartig sind, dass eine völlig einwandfreie, die Wärmeschwankungen nicht abgestumpft wiedergebende Aufstellung der Instrumente kaum möglich ist. Vor allem häufig und heftig sind die Winde in jeder Jahreszeit, aber besonders im Winter. Dieselben sind stets relativ kühl, da sie fast ausnahmslos aus nördlichen Quadranten kommen. Der Gegensatz der windgeschützten, sonnigen Punkte, so selten solche sind, und der dem Winde ausgesetzten, ist stets ein sehr grosser. Die meist kalten und feuchten Winde verstärken hier noch den Gegensatz von Sonne und Schatten. Die Luft ist immer sehr feucht, im Sommer noch mehr wie im Winter. Im Sommer kann man Eisen schwer vor dem Rosten, Leder vor dem Verschimmeln schützen. Ich habe in Mogador Tage erlebt, wo man gegen den eisigen Nordwind kaum ankämpfen konnte und wieder Tage, wie am 22. Februar, wo es buchstäblich 24 Stunden ohne Unterbrechung regnete und man die Sonne nicht zu sehen bekam, eine für diese Breite ganz ungewöhnliche Erscheinung. Dazu kommt, dass kein Garten, ja kein Baum in der Stadt und ihrer nächsten Umgebung vorhanden ist, kein Gasthaus, das selbst bescheidenen Ansprüchen eines Kranken zu genügen vermöchte.

8. Aïn-el-Hadschar.

Nachdem, wie schon angedeutet, der Dampfer Oldenburg endlich am 1. März angekommen und ich am 2. März in den Besitz meiner Ausrüstung gekommen war, konnte ich endlich am 4. März, nachdem die letzten Vorbereitungen, namentlich Verstärkung meines Zeltes durch ein Doppeldach, mit Hochdruck betrieben worden waren, von Mogador aufbrechen. Herr Dr. Weisgerber war am 28. Februar angekommen. Er hatte die Reise von Casablanca zu Lande längs der Küste in 10 Tagen und unter grossen Beschwerden zurückgelegt, die durch das schlechte Wetter, Wind, Kälte und Regen verursacht worden waren. Ich würde, wenn es sonst möglich gewesen wäre, ohne ihn abzuwarten, in's Innere gegangen sein, wie wir auch den 3. Reisegefährten, Herrn Dr. Kampffmeyer, nicht abwarten. wollten. Ich hatte mit demselben verabredet, dass er an irgend einem ihm bekannt zu gebenden Punkte, vielleicht erst in Saffi, mit mir zusammentreffen sollte. Da ich aber meiner Ausrüstung und wegen der schwierigen Beschaffung der Lastthiere doch den Aufbruch in's Innere immer wieder aufschieben musste, so beschloss ich endlich, Dr. K. in Aïn-el-Hadschar zu erwarten. Konnte doch das letzte fehlende Kamel und Maulthier erst bei Dr. Kampffmeyers Ankunft selbst beschafft werden. Derselbe hatte für die Reise von Hamburg nach Mogador auf einem Woermann-Dampfer volle 4 Wochen gebraucht, eine Zeit, die genügt, um die Erde halb zu umkreisen! Auch das beleuchtet die Verkehrsverhältnisse von Marokko.

Ich verliess also am 4. März, nachdem die Karawane zur Noth marschfähig und durch Dr. Weisgerber, der über zwei Leute, ein Pferd und zwei Maulthiere verfügte, verstärkt worden war, Mogador und schlug das Lager in dem 25 km in nordöstlicher Richtung entfernten Thale von Aïn-el-Hadschar, in dem Olivenhaine auf, den Herr H. Marx und Herr von Maur kurz vorher erworben hatten. Ich nahm den Weg selbstverständlich sorgsam auf, doch ohne irgendwie in's Gewicht fallende Aenderung gegenüber 1899.

Der Aufenthalt in Aïn-el-Hadschar und die wissenschaftlichen Arbeiten wurden auch durch schlechtes Wetter, Sturm und Regen benachtheiligt. Die Feuchtigkeit war so gross, dass nach wenigen Tagen die Matten im Zelte zu faulen begannen und man jeden sonnigen Tag zum Trocknen benützen musste. Dass und warum es nicht möglich war, durch Ausgrabungen Licht in die Geschichte des uralten Bergbaus am Djebel Hadid zu bringen, ist schon angedeutet worden. Immerhin versah der deutsche Schutzbefohlene, von dem der Besitz erworben worden war, uns mit den unentbehrlichsten Lebensmitteln, wenn ich auch Futter für die Thiere von Mogador holen lassen musste. Herr Dr. Weisgerber hatte einen Eingeborenen, der sich für einen Jäger ausgab, in seinen Dienst genommen, ging eifrig auf die Jagd und war, so wenig lohnend dieselbe auch im Allgemeinen war, doch im Stande junge Wildschweine und Wildtauben in die Küche zu liefern.

Ziemlich viel Mühe erforderte die Wiederherrichtung der Instrumente, die sämmtlich durch die greuliche Behandlung, die sie unterwegs und besonders bei der Umladung auf der Rhede von Gibraltar erfahren hatten, in Unordnung gerathen waren. Es wurden die regelmässigen meteorologischen Beobachtungen in Uebereinstimmung mit denen in Mogador um 7 ^{a}, 2 ^{p}, 9 ^{p} vorgenommen und während der ganzen Reise durchgeführt. Die Ergebnisse werden im Zusammenhange mitgetheilt werden. Die Hauptarbeit war topographischer Natur. Es wurde auf zahlreichen grösseren und kleineren Ausflügen zu Fuss und zu Pferde die Gegend erforscht und so das Material gesammelt, mit welchem die Karte der Umgebung von Mogador in 1 : 100 000 entworfen werden konnte. Wichtig für das Verständnis der Oberflächengestaltung und der Hydrographie des ganzen Atlas-Vorlands war der Einblick, den ich nun in die Entstehung des eigenartigen Thales von Aïn-el-Hadschar gewann. Dasselbe ist ein typisches diluviales Trockenthal, wie es deren im südlichen Atlas-Vorlande sehr viele giebt. Ausflüge thalaufwärts und thalabwärts zeigten die auffallende Thatsache, dass das Thal zwar streckenweise Wasser führt, aber seit Menschengedenken, ja wahrscheinlich seit der Pluvialzeit ohne einen zusammenhängenden Fluss oder Bach gewesen ist. Nach den ausgiebigsten Regen bilden sich wol gelegentlich Wasseransammlungen in der Thalsohle, aber nie ein Fluss. Dass das Thal mit seinen wundervollen Windungen, sich bald beckenartig erweiternd, bald verengend, der erodierenden Thätigkeit fliessenden Wassers zuzuschreiben ist, darüber kann kein Zweifel sein. Es ist, soweit ich es verfolgt habe, durchaus ein Abdachungsthal, in tafellagernde Schichten, besonders Kalkstein (Krinoiden-Kalkstein) der Kreideformation eingeschnitten, ausser wo es sich um das Südende des Dj. Hadid schmiegt und an die Störungen desselben gebunden ist. Es hat, wie auch die Höhenbestimmungen zeigen, kontinuierliches Gefälle gehabt, das aber jetzt an einzelnen Stellen durch Schuttanhäufung und Schwellenbildung unterbrochen ist. Namentlich ist so an der Ausmündung ins Meer wol durch Sandanhäufung eine Schwelle gebildet. Während die

Höhe des Thalbeckens bei Aïn-el-Hadschar nach den diesmaligen barometischen Messungen etwa 90 m betragen dürfte, ist sie am unteren Ende nur noch etwa 70 m und noch weiter thalabwärts, an der Thalweitung von Dar-uld-Siöd nur noch 50 m und schliesslich am Brunnen von Aït Taharia, 4½ km vom Meere, etwa 15 m. Das Wasser, welches das Thal streckenweise führt, ist nicht etwa als Zutagetreten des unterirdischen Stromes vor Hindernissen zu erklären, sondern stammt aus Quellen. Diese sind entweder, wie die von Aïn-el-Hadschar, an Schichtenstörungen gebundene aufsteigende oder durch die diluviale Erosion angeschnittene Wasseradern. Die kleinen Bäche, denen sie Ursprung geben, werden bald zu Berieselungszwecken aufgebraucht und versickern in der Thalsohle. So der, welcher aus der Steinquelle (Aïn-el-Hadschar) abfliesst und ein anderer weiter oberhalb bei Sidi Tschiker. Eine kleine durch die tiefgreifende Erosion angeschnittene Quelle ist die von Sidi Embarek, unterhalb Aïn-el-Hadschar, wo 15 m über der Thalsohle das Wasser auf undurchlässigen thonigen Sandsteinschichten zu Tage tritt. Es füllt nur kleine künstliche Sammelbecken. Dagegen ist der geradezu als Brunnen, Bir, bezeichnete Bir Khanfus in der Thalsohle und vielleicht auch die Aïn (Quelle) Aït Taharia, beide im unteren Thale, nur das in Brunnen gefasste Grundwasser der Thalsohle. Beide fliessen anscheinend niemals über und geben keinen Bächen Ursprung. Wol aber sammelt sich in regenreichen Wintern bei Um el Ajun (Mutter der Quellen), hinter der Schwelle, welche den Thalausgang zum Meere sperrt, das Wasser seeartig, bis es allmählich wieder verdunstet und versickert. Die feuchtesten Stellen der Thalsohle sind mit Feldern bedeckt; wo fliessendes Wasser der Quellen zur Verfügung steht, sind Gärten angelegt. Nur das tektonisch bedingte Thal an der Ostseite des Dj. Hadid hat zuweilen einen zusammenhängenden Wasserlauf, der längere Zeit gefüllte, den Bewohnern der benachbarten Duar als Viehtränke und Waschplätze äusserst werthvolle Wasserlöcher zurücklässt. Aber auch er versickert bald nach seiner Einmündung in die Thalweitung von Aïn-el-Hadschar im Schwemmlande der Thalsohle. Wie weit dies Trockenthal von Aïn-el-Hadschar in's Innere ausgreift, habe ich selbst nicht feststellen können. Die Eingeborenen behaupteten, es beginne bei Taftascht am Karawanenwege nach Marrakesch etwa 45 km nach Osten.

Intensiver Anbau ist hier, wo die winterliche Niederschlagsmenge nur eben 400 km erreicht, nur mit Hilfe künstlicher Berieselung, also nur in der Thalsohle, soweit das Wasser der Quellen reicht, möglich. Dieselben sind daher nicht ohne Geschick, wenn auch in einfachen Gräben bald nach ihrem Austritt am Fuss der beiderseitigen Thalgehänge hingeleitet und ihr Wasser wird so über die Thalsohle ausgebreitet. Merkwürdig ist dabei, dass man, obwol der kühlste Monat noch immer eine Mitteltemperatur von 16° C hat und ich auch diesmal genau wie 1899 die Temperatur der Aïn-el-Hadschar zu 21,5° C bestimmte, von allem winterlichen Anbau absieht. Während die unberieselten Maisfelder anfangs März schon bestellt waren, hatte die Bearbeitung der Rieselfelder und Gärten, die hier ohne Unterbrechung das ganze Jahr tragen könnten, noch nicht begonnen. Welche Fülle von Frühkartoffeln, deren Ausfuhr eben freigegeben ist und die im kleinen schon gebaut werden, von Tomaten, Gemüsen jeder Art könnte allein das Thal Aïn-el-Hadschar hervorbringen! Ist doch eine regelmässig Mogador jede Woche anlaufende englische Dampferlinie fast allein darauf begründet und wenigstens ihre Regelmässigkeit dadurch verbürgt, dass sie vertragsmässig verpflichtet ist, diese Erzeugnisse der Kanarischen Inseln in die Markthallen von London zu liefern. Auch bei uns ist ein grosser und dem wachsenden Wolstande entsprechend stetig wachsender Bedarf an derartigen Dingen. Sollten nicht Hamburg und Berlin, und von dort aus vielleicht Kopenhagen, Stockholm und Petersburg im Stande sein, einem unmittelbaren Bezuge durch regelmässig und rasch laufende Dampfer hinreichenden Rückhalt zu geben? Sollte es nicht möglich sein, das heute fast wüstliegende kleine Paradies von Aïn-el-Hadschar zu einem Wintergarten für Deutschland zu machen?

Das Thalbecken von Aïn-el-Hadschar, dem der vorgelagerte Wall des Djebel Hadid und die tiefe Lage zur Umgebung noch besonderen Schutz gewährt, hat eine Länge von 3 und eine grösste Breite von 1 km und könnte in dieser Ausdehnung das ganze Jahr aus der warmen Quelle bewässert werden. Der Boden ist ein dunkler schwerer Humusboden von grosser natürlicher Fruchtbarkeit. Die Berieselungskanäle sind vielfach verfallen, sodass sich Versumpfungen bilden. Der beste Theil des Thales war ehemals als ein Sultansgarten von Lehmmauern umschlossen, die heute nur noch in dürftigen Resten erkennbar sind. Die rechteckigen Felder sind von Granathecken umschlossen und werden im Sommer mit spanischem Pfeffer Mais, Bohnen, Gemüsen und dergl. bestellt. Ungepflegte Apfelsinen und Limonenbäume sieht man häufig. Der Feigenbaum gedeiht in grösster Ueppigkeit. Alte ungepflegte Oelbäume finden sich in grosser Zahl, einzelne Dattelpalmen oder Gruppen derselben verleihen der Landschaft besonderen Reiz. Die Thalgehänge sind vorzugsweise von Arganhainen bedeckt, in denen man einzelne uralte

2. Argan und Heiligengrab von Aïn-el-Hadschar.

riesige Bäume findet. Eines der schönsten beschattet das Grab eines heiligen Sidi Embarek (s. Bild 2). Im Winter und Frühling sind dieselben von zahlreichen kleinen Singvögeln belebt, die zu schiessen die Eingeborenen zum Glück zu arm sind. Wenn sie Pulver für ihre alten Steinschlossgewehre zu erschwingen vermögen, verwenden sie doch statt Schroot kleine Steine. Das somit ziemlich baumreich erscheinende Thal ist gänzlich unbewohnt. Die stattliche Zauia Sidi Ali Berachmûn, die auf einem felsigen Vorsprunge ganz nahe bei der Quelle liegt, ist das einzige bewohnte Haus des Thales. Aber rings auf den Höhen liegen zahlreiche kleine Bernerduar, einer, der früher dem Schech des Thales gehörte, Duar Aït el Gnin, auf einer Vorhöhe des Dj. Hadid, besitzt sogar einen stattlichen Thurm, wie solche in dieser durchaus von Berbern bewohnten Gegend nicht gar selten sind (s. Bild 3). Eine Messung mit dem Richthofen'schen Horizontalglase ergab die überraschende Thatsache, dass alle diese kleinen Dörfer in gleicher Höhe liegen, wodurch ebenfalls zum Ausdruck kommt, dass wir ein nur durch Erosion und Denudation etwas gegliedertes Tafelland vor uns haben.

Auch zahlreiche heilige Stätten im Thalbecken selbst oder in der Umgebung lassen die besondere Wichtigkeit desselben erkennen.

3. Duar Aït el Gnin des Schechs von Aïn-el-Hadschar.

Eine zweite kleinere Zauia, Z. esch Scherif, liegt am westlichen Thalgehänge. Eine Zauia entspricht etwa dem Kloster im mittelalterlichen Sinne und ist meist zugleich eine Moschee, eine Schule, ein Versammlungs- und Unterkunftsort für Gläubige. Obwohl es namentlich in abgelegenen Gegenden sehr ungern gesehen wird, wenn ein Christ sich einem solchen heiligen Orte auch nur nähert, so schlugen meine Leute doch gern, der grösseren Sicherheit wegen, das Lager in der Nähe einer Zauia auf. Auch die Eingeborenen lagern gern im Schutze einer Zauia. Auch mehrere Kubbas oder Heiligengräber, Steinwürfel mit Kuppel und F'kir, Heiligengräber einfacherer Art, meist im Schatten schöner Arganbäume finden sich in der Umgebung von Aïn-el-Hadschar. Die Duar sind meist klein, oft nur Höfe einer einzigen Familie, also nicht entsprechend der ursprünglichen Bedeutung des Wortes, unter dem man eigentlich einen Zeltring zu verstehen hat. Es würde dafür der im Hinterlande von Casablanca gebrauchte Ausdruck Gutha, ungefähr soviel wie Meierhof besser passen. In Nord-Marokko bezeichnet man eine feste Siedelung als Tschar oder Karia. Eine Kasba ist ein Kastell, meist Sitz eines Kaids mit seiner unmittelbaren Gefolgschaft, also der

Verwaltungsmittelpunkt eines grösseren Bezirks und daher auch fast immer mit einem oder einigen Verkaufsläden für die unentbehrlichsten Gegenstände. Die Verkäufer sind meist Juden. Nicht selten macht eine solche Kasba den Eindruck einer kleinen Stadt.

Das ganze Land ist in natürlichem Zustande mit Buschwald bedeckt, der in der That auch hier nur auf grösseren oder kleineren Flächen gerodet ist und Ackerbau Platz gemacht hat. Auf besserem Boden und in den Thälern erreicht dieser Buschwald hier und da grössere Dichtigkeit und Höhe. Doch dürften Bäume von 5 m Höhe schon selten sein. Der Djebel Hadid ist in seiner ganzen Ausdehnung mit Buschwald bedeckt, und abgesehen von den Hütten neben der Kubba Sidi Yakub heute gänzlich unbewohnt. Vom Tensift südwärts durch die Provinzen Schedma, Haha und Mtuga gegen den Atlas hin dehnt sich dieses Waldgebiet in einer Breite von 40 - 50 km an der Küste entlang aus. In demselben kommt im Wesentlichen die grössere Höhe zum Ausdruck, in welcher hier das Land vom Meere aufsteigt und eine gewisse dadurch bedingte Zunahme der Niederschläge. Die Zusammensetzung dieses Buschwalds, der selbstverständlich nur aus immergrünen, blattarmen, dornreichen, kleinblätterigen Bäumen und Sträuchern besteht, ist eine sehr manigfaltige. Doch herrscht im Allgemeinen der das südwestliche Marokko überhaupt kennzeichnende Arganbaum vor, der hier und da reine Bestände bildet, seines Nutzens wegen wohl auch in einer Art Halbkultur gehalten wird. Neben dem Arganbaum, dessen Verbreitungsgrenzen ich 1899 wesentlich berichtigen konnte, tritt unmittelbar an der Küste Callitris quadrivalvis, in Marokko Arar genannt, sehr häufig auf, oft in reinen Beständen, jene auch kulturgeschichtlich so anziehende Conifere, die nur in den Atlasländern vorkommt, dort aber vom Kap Ghir bei Tunis. In Marokko verwendet man das duftige, schön gemaserte Holz zu geschnitzten Tischen und ähnlichen Geräthen, in Algerien verarbeitet man auch neuerdings wieder, wenn auch in kleinen, wegen Mangels an grossen Stöcken, die herrlich gemaserten Wurzelstöcke, die in römischer Zeit bekanntlich zu Tischen verarbeitet wurden, für welche Liebhaber ganz unsinnige Preise bezahlten. Anscheinend nur in Südwest-Marokko wird das Harz des Arar, das sogen. Sandarac, gesammelt, was natürlich zur Vernichtung der Bestände führt. Auch zu Umzäunungen erscheint Arar besonders geeignet. Mit Arar zusammen tritt meist ein Juniperus auf, wohl J. phoenicea L. Ferner Pistacia Lentiscus, Ceratonia siliqua, der Oleaster, vereinzelt auch Arbutus und Phillyrea, mehrere Rhamnus, Lavendel, Cistus und Helianthemum-Arten, Salvien,

Rhus pentaphylla Trabut und Rh. oxyacantha, neben Rtem mehrere dornige Ginster, besonders Genista myriantha Ball, Genista ferox, Calycotome spinosa, Cytisus albidus DC. Eine Euphorbie tritt in mächtigen Büschen, mit zahlreichen Verzweigungen sich auf einen Argan oder andere Holzgewächse stützend, ziemlich häufig auf, Aptherantes, hier Drmuss genannt, bildet im Schutze der Holzgewächse polsterartige Gruppen. Man isst davon, wenn die Galle nicht in Ordnung ist. Ephedra altissima, Pfeifenkraut, Smilax, Tamus, Clematis durchranken den Buschwald besonders auf etwas besserem, feuchterem Boden und machen ihn fast undurchdringlich. Es dient dieser Buschwald vorzugsweise als Weidegrund für Ziegen. Doch liefert er auch bedeutende Mengen Holzkohlen, die vorzugsweise in Marokko als Brennstoff dienen. Ich führte immer Holzkohlen mit mir und versah mich stets mit einem reichlichen Vorrathe, wenn wir in das Steppengebiet eindrangen.

Schon während des Aufenthaltes in Aïn-el-Hadschar und später noch sehr oft konnte ich mich diesmal mit der furchtbaren Landplage vertraut machen, von welcher Marokko, wie alle trockenen Erdgegenden oder an solche grenzenden Gebiete zeitweilig heimgesucht werden: die Heuschrecken. Im Jahre 1899 hatte ich nichts von ihnen gesehen, auch 1901 war noch kein besonders schlimmes Heuschreckenjahr, doch waren die Verwüstungen auf ihrem Durchzuge gross genug. Wie bei einem verheerenden Orkane konnte man den Weg, den sie genommen, deutlich erkennen. In ihrer Bahn war alles Grüne verschwunden, die Getreidefelder bis in die Wurzeln abgefressen. Dicht daneben keine Spur von Heuschreckenfras. Von fern hatte man den Eindruck grosser treibender Schneeflocken, in der Nähe hätte man an einen Schwarm kleiner Vögel denken können. Ich habe zwar keine Schwärme gesehen, die so dicht waren, dass sie die Sonne verdunkelten, aber immerhin waren sie zuweilen sehr dicht und gelegentlich 4—5 km breit. Sie flogen den Reitthieren so massenhaft an die Köpfe, dass diese zuweilen scheuten. Wo sie sich niedergelassen hatten, flogen sie vor den Hufen der Thiere auf eine kurze Strecke auf. Anfangs März waren sie dabei, Eier zu legen, und es waren im Buschwald von Schedma ganze Flächen von den Thieren bedeckt. Das Männchen sitzt dabei auf dem Weibchen, das seinen verlängerten Hinterleib etwa 3 Centimeter in den lockeren Sandboden bohrt und dort einen Ballen Eier ablegt. Wo sie dies Geschäft eben besorgt hatten und weitergezogen waren, um bald zu sterben, war der Boden siebartig durchlöchert. Doch schliessen sich die Löcher bald oder der Wind weht sie zu. Anfangs April fand ich schon massenhaft todte alte Heuschrecken und eben ausgekrochene junge. Ich habe genau aufgezeichnet, wo und wie lange ich durch Heuschreckenschwärme ritt und in welcher Richtung dieselben flogen. Im Allgemeinen ging ihr Flug aus dem Innern gegen die Küste. Wenn ich die Gegenden auf der Karte kenntlich gemacht habe, wo Heuschrecken auftraten, so ist diesen Einzelbeobachtungen kaum mehr als ihre Häufigkeit zu entnehmen.

Waren auch die Flächen, die im Frühling 1901 von den Heuschrecken verwüstet wurden, nicht allzugross, die Plage also keine allgemeine, so mussten ihre Verheerungen doch örtlich, als völliger Ausfall der Ernte und Futtermangel für das Vieh, schwer genug empfunden werden. Die armen Bauern suchten sich, wenigstens in Schedma, zu schützen, indem sie mit wehenden Fahnen durch die Felder schritten und die Thiere am Niedersetzen zu hindern suchten. In Schauia suchte man der Entwickelung junger Brut vorzubeugen, indem die Regierung auf Anregung seitens der Europäer Heuschreckeneier zu bestimmtem Preise ankaufte, um sie zu vernichten. Der Preis war bei der herrschenden Armuth hoch genug, um die Leute zum Sammeln zu veranlassen. In Casablanca war die Ankaufsstelle im Hofe der Kaserne eingerichtet, wo auch mein Zeltlager aufgeschlagen war. Da kamen denn Tag für Tag vom frühen Morgen an ganze Züge, besonders Frauen und Kinder, mehrere Hunderte jeden Tag, herein und lieferten Heuschreckeneier ab. Auch die lebenden Heuschrecken werden in ungeheuren Mengen gesammelt und frisch auf Blechpfannen geröstet und gegessen oder als getrocknetes Fleischgemüse aufbewahrt. In Aïn-el-Hadschar, das selbt von Heuschrecken verschont blieb, zogen jeden Tag Karawanen von Frauen und Kindern aus dem Innern an meinem Lager vorbei in das seewärts gelegene heimgesuchte Gebiet und kehrten nachmittags, die mit Heuschrecken gefüllten Ziegenschläuche auf dem Kopfe, wieder heim. Auf allen Märkten, auch in den Städten, wie in Saffi, wurden frisch geröstete Heuschrecken zum Verkauf angeboten. Meine Leute schmausten sie mit Vorliebe und ich selbst habe sie selbstverständlich auch gekostet. Sie schmecken annähernd wie Garnelen.

9. Durch Schedma und Ahmar zum Zyma-See.

Wie schon angedeutet, war es eine meiner Hauptaufgaben die Küstenprovinzen, ihre geographischen Grundzüge, ihre Hilfsquellen, die Verbreitung fruchtbarer Bodenarten, besonders der Schwarzerde, die Grenzen des Kulturlandes gegen die Steppe u. dergl. m. genauer zu erforschen. Ich brach daher, als Dr. Kampffmeyer endlich am 14. März auf der »Ella Woermann« in Mogador angekommen war, so rasch wie möglich in's Innere auf. Herr von Maur geleitete am 15. März Herrn Dr. Kampffmeyer selbst mit Herrn Gerber, einem seiner Angestellten, und Herrn Hermann Marx, dem Inhaber eines deutschen auch in Marrakesch ansässigen Hauses, nach Aïn-el-Hadschar hinaus, um von uns Abschied zu nehmen und führte mir die letzten noch fehlenden Thiere, ein Maulthier und ein Kamel zu. Am 16. März setzte sich so unter der werkthätigen Hilfe der deutschen Landsleute die Karawane in Bewegung. Dieselbe bestand also aus den drei Deutschen, dem Soldaten des deutschen Konsulats in Mogador, Si Mehdi, meinem Koch, meinen zwei Kameltreibern und zwei Leuten Dr. Weisgerber's, also 9 Menschen, zwei Pferden, einem kleinen Berber-Pony, das Dr. Weisgerber von dem verstorbenen Grossvezier Ba Ahmed geschenkt erhalten hatte, und dem alten Schimmel Herrn von Maur's, den der Soldat ritt, 5 Maulthieren, 3 Kamelen und einem Esel. Das nächste Ziel war der Zyma See, der einzige irgendwie nennenswerthe See von Marokko, jenseits des Tensift in Ahmar. Der Weg dorthin führte fast durchaus durch weisse Flecken der Karte. Ich musste dabei, da es meine Absicht war den Tensift möglichst weit nach Osten zu überschreiten, alle Zuflüsse desselben von Süden her queren, vor Allem den Wed Mramer und den Schischaua, deren Mündungen in den Tensift unbekannt und mir 1899 entgangen waren, weil ich gerade an den betreffenden Stellen den Strom auf dem rechten Ufer aufwärts gezogen war.

Ich verfuhr grundsätzlich in der Weise, dass das vor uns liegende Land möglichst genau von den Eingeborenen erkundet wurde, wobei ich Herrn Dr. Weisgerber zu besonderem Danke verpflichtet bin, namentlich um festzustellen, wo am Mittag gerastet, am Abend die Zelte aufgeschlagen werden könnten, um El Grimi, dem Führer der Kamele, Anweisungen geben und überhaupt die Tagemärsche in angemessener Weise eintheilen zu können. Ich miethete auch Tag für Tag einen Eingeborenen als Führer, der zugleich die Aufgabe hatte, uns an dem neuen Lagerplatze zu empfehlen. Ich hielt auch meines ungünstigen Gesundheitszustands wegen darauf, dass die Zelte vor Sonnenuntergang am neuen Lagerplatze aufgeschlagen waren, damit ich vor dem kühlen, feuchten Niederschlage, der sofort bei Sonnenuntergang einzutreten pflegte, unter dem Zelte Schutz fand.

Fast die Hälfte des ersten Tagemarsches bis zur Zauia Sidi Ali Maaschu und dem dabei gelegenen Marktplatze, an dem am Sonntag Markt gehalten zu werden pflegt, Suk-el-Had, war uns schon von einem Ritt bekannt, den wir von Aïn-el-Hadschar aus in der Richtung unternommen hatten. Wir folgten zunächst dem oben geschilderten Trockenthale aufwärts in südöstlicher Richtung lange Zeit an einem Bewässerungsgraben entlang, den man für einen natürlichen Bach hätte halten müssen, wenn er nicht, statt in der Mitte des Thales, sorgsam am Rande des rechten Thalgehänges hingeleitet gewesen wäre und ihm ein anderer an der andern Seite entsprochen hätte. Die Thalsohle war auch hier ähnlich wie bei Aïn-el-Hadschar mit Gärten und Fruchtbäumen bedeckt. Die Dörfer auch hier auf der Höhe des Tafellandes. Durch einen Arganhain steigen wir aus dem Thale empor auf die hier, bei fruchtbarer Rotherde, gut angebaute flachwellige Hochebene, die bereits 200—250 m hoch ist. Sidi Ali Maaschu ist ein malerisch, zwischen Dattelpalmen und Oelbäumen gelegener weisser Kuppelbau, den die beigegebene Abbildung 4 veranschaulicht. Nach Nordwesten begrenzt der Dj.

4. Zauia Sidi Ali Maaschu in Schedma.

Hadid das Gesichtsfeld; nach Osten ein in gleicher Höhe verlaufender, nur etwa 80 m rel. über der Hochebene aufsteigender Höhenzug, thatsächlich, wie ich von vornherein annahm, der Steilrand einer höheren Stufe. Wir steuern einer thorartigen Lücke in derselben zu, einem, wie sich zeigt, der für das Atlasvorland charakteristischen Trockenthäler, dem wir dann kaum merklich ansteigend, folgen. Zuerst ist es ein mit hohen Arganbäumen bestandener Engpass, bald aber wird es breiter und flacher; einige Wasserlöcher sind noch vom Winterregen gefüllt; es zeigen sich Felder und Gärten, die zu den kleinen Dörfern auf der Höhe gehören. Auf der Grenze der Kabylen Dra, deren Gebiet wir von Aïn-el-Hadschar aus durchschnitten haben und El Hanchen, halten wir unter einem mächtigen Argan in lieblicher Parklandschaft, von welcher das beigegebene Bild 5 (Argan-Hain in Schedma) eine Vorstellung verschaffen soll, Mittagsrast. Das Thal ist in durchaus

5. Argan-Hain in Schedma.

wagerechte Schichten eingeschnitten. Wir haben bereits 270 m Höhe erreicht. Ein kühler Westwind lässt das Maximum-Thermometer kaum auf 20° C steigen. Auch weiterhin folgen wir durch El Hanchen dem windungsreichen Trockenthale, das auch daran als wichtiger Verkehrsweg zu erkennen ist, dass in gewissen Abständen durch einfache Dämme kleine Wasserbecken angelegt sind. Ich habe auf der ganzen Reise den Wasservorkommen besondere Aufmerksamkeit geschenkt und jedes natürliche Wasserloch, jeden Sammelteich, jeden Brunnen, jede Cisterne, Quelle oder Wasserlauf auf der Karte verzeichnet und durch besondere Signaturen unterschieden. Man wird danach die Möglichkeit beurtheilen können, in diesen Gegenden mit einer grösseren Zahl von Menschen und Thieren in der Regenzeit oder in der Trockenzeit zu reisen. Natürlich wird man dabei beachten, dass meine Reise gegen Ende eines regenreichen Winters fiel. Die natürlichen Wasserlöcher und auch viele Sammelteiche werden wol zu Beginn des Sommers schon trocken sein.

Der Weg führt bei meist sehr steinigem Boden vorwiegend durch Arganwald mit zahlreichen Ziegenheerden. Doch werden die Bäume bereits niedriger. Hier und da sind Lichtungen in Anbau genommen, Oliven- und Feigengärten, selbst Rebenpflanzungen finden sich vereinzelt. Schliesslich geht das Thal immer flacher werdend in eine wellige Hochebene über. In einer flachen Mulde derselben liegt die Zauia Auntîri, vor derselben ein Brunnen. Das macht diesen Punkt zu einem beliebten Rastorte für Karawanen. Auf blumiger Matte zwischen der Zauia und einem kleinen auf flacher Anhöhe gelegenen Duar schlagen wir das Lager auf. Wir befinden uns bereits im Gebiet der Kabyle Kremat in rein berberischer Gegend. Die Zauia enthält das Grab eines Heiligen Sidi Aïssa, eine Moschee und eine Schule. Es heimelte mich an, die Schulkinder bald nach unserer Ankunft jubelnd aus der engen Thür der Zauia hervorquellen zu sehen. Die Tiefe des Brunnens bestimmte ich zu 10¼ m, die Temperatur des Wassers zu 18,3° C. Besonders auffällig dabei ist aber, dass das Wasser auf dem Grunde des Brunnens, wie die Eingeborenen versicherten und man auch thatsächlich sehen konnte, floss. Dem Geschmack nach war es brackig. Die Eingeborenen schreiben die Bohrung des Brunnens einem Rumi (d. h. Christen, eigentlich Römer) Untir zu.

Hier bei Auntîri in 390 m Meereshöhe, nur 35 km vom Ocean, allerdings im Wind- und Regenschatten des 50 km langen, 500 bis 600 m hohen Walles des Dj. Hadid, macht sich bereits die zunehmende Trockenheit bemerkbar. Die Holzgewächse, besonders die Arganbäume werden immer niedriger, der Buschwald lichter und kümmerlicher, der Anbau mindert sich, Viehzucht auf Ziegen und

Schafe, aber auch noch auf Rinder beginnt zu überwiegen. Wie ich 1899 an der Um-er-Rbia schon wesentliche Unterschiede des dort vorkommenden Argan gegenüber dem botanisch gut untersuchten des Hinterlands von Mogador glaubte annehmen zu müssen, also eine andere Art oder Spielart, so auch hier bei Auntîri. Die Früchte, obwol in der Entwickelung schon weit vorgeschritten, waren wesentlich kleiner und violett gefärbt. Es wird Aufgabe eines Botanikers sein, diese flüchtige Beobachtung zu prüfen. Vielleicht handelt es sich nur um klimatische Einflüsse. Bald tritt der Argan auch nur noch in vereinzelten Exemplaren auf und der Buschwald wird zur niederen Macchia, durch die man überall bequem ohne Weg dahinreiten kann. Auch die Zusammensetzung der Rhaba ändert sich. Rtem, gelbblühender Ginster, Salvien, Cistusrosen, weisse und violette, Zwergpalmen bestimmen den Charakter. Streckenweise tritt wahre Zwergpalmen-Steppe auf. Grosse Ziegen- und Schafheerden zeigen sich. Weite Ausblicke, namentlich nach Südosten und Osten bieten sich allenthalben auf dem hier etwa 450 m hohen Tafellande. Der Boden ist vorwiegend steinig. Die Landschaft erinnert etwas an die Sierra Morena. Wo aber besserer Boden, Rotherde auftritt, ist derselbe auch in Anbau genommen, kleine Olivenhaine, Feigen- und Mandelbäume, selbst Reben sind angepflanzt und bilden Oasen in der öden Macchia, die wir in östlicher Richtung durchschneiden. Im Südosten leuchten die schneebedeckten Höhen des Atlas herüber. Der stattliche Bau einer Kubba in der anscheinend menschenleeren Wildnis ist eine auffallende Erscheinung. Nahe bei einer künstlichen Wasserstelle, im Schatten eines Argan halten wir Mittagsrast. Mehrere Kegel- und kleine Tafelberge, die ich für Ank-el-Djemel und Djerf-er-Rokma nahe dem Karawanenwege nach Marrakesch halte und die danach mindestens 40 km entfernt sein müssten, werden sichtbar. Sie deuten jedenfalls darauf hin, dass wir an der Grenze des Steppenlandes angelangt sind. Näher gegen Nordosten prägt sich die Thalöffnung des Wed Mramer, dem wir nunmehr mit geänderter Richtung zusteuern, schon deutlich aus. Bald macht sich die Annäherung an das Steppenland auch in dem massenhaften Auftreten einer kleinen, Sandboden liebenden Iris bemerkbar, von deren blauen Blüthen ganze Flächen blau gefärbt sind. Auch die für die Steppe charakteristische Schneckenfauna (Helix-Arten) tritt durch stetig wachsende Individuenzahl immer auffallender hervor. Immer häufiger und in immer grösseren Gruppen, in der verschiedensten Weise beritten, aber doch überwiegend zu Fuss, namentlich die Frauen, kommen uns die Besucher des im Mramer-Thale vor uns liegenden

Sonntags-Marktes (Suk-el-Had) entgegen. Diese Märkte sind für die Bewohner ganzer Landschaften die Gelegenheit zum Zusammenkommen und zur Erledigung von Geschäften jeder nur denkbaren Art, von ihnen aus verbreiten sich Nachrichten mit unglaublicher Geschwindigkeit durch's ganze Land. Es sind auch Gelegenheiten zu Volksbelustigungen, wo Gaukler der verschiedensten Art, Märchenerzähler und dergl. ihr Wesen treiben. Auch wer weder etwas zu verkaufen noch etwas zu kaufen hat, lässt sich daher den Besuch eines solchen Wochenmarkts nicht gern entgehen. Der Lärm der Tausende von Menschen, die so zusammenströmen, ist zur Stunde, wo das Markttreiben am lebhaftesten ist, betäubend. Man legt diese Marktplätze möglichst zentral zur Kabyle, aber nicht nothwendig in die Nähe einer Ortschaft. Für gewöhnlich ist die Markstelle unbewohnt. Einige niedrige Verkaufsbuden, roh aus Steinen errichtet, mit Reissig bedeckt, wo solches zu haben ist, einige rohe Herde für die Garküchen, einige astreiche Baumstümpfe in den Boden gerammt, zum Ausschlachten und Aushängen des Schlachtviehs und sehr viel Unrath bezeichnet schon am Abend des Markttages die nun menschenleere Stätte, wo kurz vorher so lautes Treiben herrschte. Den Unrath, so weit er irgendwie geniessbar ist, und als geniessbar gelten in Marokko für Menschen und Thiere Dinge, die bei uns als nicht geniessbar angesehen werden — beseitigen aber sehr rasch Schakale, Geier, Raben und andere Thiere.

Bald eröffnet sich rechts und links der Blick in das wol 100 m tief in das Tafelland eingeschnittene Mramer-Thal bezw. ein sich dort mit ihm vereinigendes, linkes Nebenthal. In steilem, namentlich für die beladenen Kamele schwierigem Abstiege, gelangen wir zunächst zum Suk, auf einer Terrasse des Tahlgehänges, der zu dieser Nachmittagsstunde (3 Uhr) bereits stark ebbt, da viele Besucher 3, 4 und mehr Wegstunden zu ihren Duar haben, die sie vor Sonnenuntergang erreichen müssen, denn wenn irgendwo, so ist in Marokko das Wort wahr: die Nacht ist keines Menschen Freund. Auch wo am Tage Sicherheit herrscht, wimmelt es des Nachts von Raubgesindel. Mein Zeltlager und namentlich mein Zelt hatte jede Nacht eine Wache von 3—4 oder mehr Mann, die der nächste Duar, natürlich gegen Bezahlung von meiner Seite, stellen musste. Die Autorität meines Konsulatssoldaten war gross genug, dass die Leute überall willig Wachen stellten. Vielleicht trug auch der gute Ruf dazu bei, den wir uns von vornherein zu verschaffen und durch die Führer zu verbreiten bemüht gewesen waren. Im Ernstfalle wären wir wol übel daran gewesen, da ich mich ausserhalb des Schutzes der Regierung gestellt hatte und diese nach den Verträgen durchaus nicht zu Schadenersatz verpflichtet gewesen wäre, wenn wir vollständig ausgeplündert worden wären. Freilich war ich selbst, da ich sehr schlecht schlief, ein besserer Wächter als die von mir bezahlten, obwol sich dieselben von Zeit zu Zeit anriefen und unterhielten, wol auch sangen, um sich wachzuhalten. Diese Absicht erreichten sie bei mir vollkommen, sie selbst schliefen schliesslich doch meist ein.

Das Mramer-Thal bietet an dieser Stelle eine eigenartige Scenerie. Wenig unterhalb vereinigt sich noch ein zweites Nebenthal von Westen her mit dem Hauptthale. Es ist dadurch, wol wesentlich in der Pluvialzeit, eine bedeutende Hohlform aus dem Tafellande ausgewaschen worden, welche das beigegebene Bild 6 veranschaulicht. Nur das Hauptthal, das von Südsüdost kommt,

6. Thal des Wed Mramer und Marktplatz.

nach Beaumier von Aïn Umest, einer Quelle und Rastort auf dem Karawanenwege von Mogador nach Marrakesch, scheint dauernd Wasser zu führen, das selbstverständlich nur von starken Quellen geliefert werden kann. Obwol rechts und links ein Berieselungskanal etwa 10 m über dem Bache am Thalgehänge hingeleitet war, führte der Bach selbst, der eine enge Schlucht aus dem diluvialen Schutt der Thalsohle ausgewaschen hatte, bei 5 m Breite und 25 cm Tiefe, doch noch reichlich Wasser. Das Thal war so von Gärten mit Fruchtbäumen und ziemlich üppiger Vegetation gefüllt. Blühende Birnbäume (17. März), blühende Apfelsinenbäume, frisch grüne Granatbüsche mit noch zartem, röthlich angehauchtem Laube, hohe Dattelpalmen, Oelbäume, Feigenbäume, die sich auch schon mit jungen Blättern bedeckt hatten, alles dicht gedrängt, Wipfel an Wipfel zum Schutz gegen die Sonne und um die Feuchtigkeit im Boden festzuhalten, bildeten einen wunderbaren Gegensatz zu den fast kahlen felsigen Thalgehängen, von denen, von Weitem kaum erkennbar, mehrere Duar mit ihren kleinen würfelförmigen Häuschen und gelbbraunen Mauern sich kaum abhoben. Nur die weissgetünchten Kubbas leuchten weithin. Mehrere derselben, theils im Thale, theils am Hange oder auf den Höhen an dieser Stelle vereinigt, kennzeichnen dieselbe auch ihrerseits als eine bedeutungsvolle. Das kostbare Gut, das Wasser, hat hier die Menschen sich in grösserer Zahl ansiedeln lassen. Greller Gegensatz zu der menschenleeren Steppe oben auf dem Tafellande. Einer dieser Duar, der auf einer Terrasse zwischen den beiden Seitenthälern liegt, ist die Mellah der Kabyle Mramer, das Judendorf. Ein Hügel, der mitten im Thale stehen geblieben ist, trägt die Trümmer einer grossen Kasba. Die ersten Betum (Pistacia atlantica L.), in dunklem Grün prangende Schattenspender treten auf. Auch sie kennzeichnen den Steppengürtel und feuchte Stellen in demselben Am unteren Wed Mramer traf ich auch 1899 diese alten Bekannten vom Atlas-Hochlande von Algerien zuerst wieder. Der Saumpfad führt einem Ziegenpfade ähnlich auf und ab am östlichen Thalgehänge an zwei übereinander gelegenen Bewässerungskanälen entlang und überschreitet auf halsbrechenden Brücken einmündende Thalschluchten. Endlich erklettern wir eine steile, vorgebirgsartig vorspringende Höhe des rechten Thalgehänges, um das Ziel des heutigen Tagemarsches, die Ortschaft Suera, die Schöne, zu erreichen. Suera hat in der That eine wundervolle, beherrschende, natürlich feste Lage, wie sie die Berbern für ihre Ansiedelungen lieben. Der Blick schweift auf der einen Seite über das Thal mit seinen Gärten und Fruchtbäumen, auf der andern Seite gegen Norden über den Ausgang des sich von da an rasch weitenden Thales in die breite Thalebene des Tensift, jenseits welches in etwa 20 km Entfernung eine blaue Linie das Tafelland von Ahmar andeutet. Suera ist eine Zauia (Kloster). Schon deshalb sind die Bewohner unfreundlich und sehen es nicht gerne, dass die Christen hier lagern. Aber auch diesen selbst behagt der Platz garnicht. Der Lagerplatz ist klein, der Boden so fest, dass man sieht, es werden die Zeltpflöcke, obwol ich zu ihnen das eisenfeste Arganholz gewählt hatte, nicht fassen und es liegt so, ganz abgesehen von dem Winde selbst, die Gefahr nahe, dass der herrschende starke SW (Stärke 6) der über diese Höhe hinfegt, die Zelte umwirft. So galt es abzusitzen und die steile Höhe wieder hinabzuklettern. Die Kamele, die nicht hatten folgen können, waren zum Glück noch im Thale. Aehnlich wie Suera, nur auf etwas geringerer und weniger steiler Höhe lag in geringer Entfernung ein anderes Berberndorf, Ahal Agadir. Diesem strebten wir nun zu. Hier fanden wir sehr gastliche Aufnahme. Der Lagerplatz war geräumig, ja wir konnten die Zelte auf frischem Teppich von Frühlingsgrün aufschlagen, das meinige sogar im Schutze einer Mauer. Dies und dass wir guten Ankergrund hatten, war recht werthvoll, denn der Wind hatte sich zum Sturme (Stärke 8) entwickelt und es regnete fast die ganze Nacht, sodass an Schlafen wenig zu denken war. Doch bewährte sich das Doppeldach meines Zeltes. Mein Wunsch war es gewesen, nicht in dieser sturmgepeitschten Höhe, sondern unten im Thale im Olivenhain, in völligem Windschutze zu lagern. Doch sollte das der Sicherheit wegen unmöglich sein.

Auch von Ahal Agadir hat man einen herrlichen Blick über das Thal und die Ebene, der wir nun zustrebten. Durch Baumwuchs, namentlich Olivenhaine, kenntlich gemacht, lässt sich der Wed Mramer weit nach NO verfolgen. Durch eine felsige Schlucht getrennt liegt im Südosten in noch grösserer Höhe ein anderer Duar. Zwei andere am entgegengesetzten Thalgehänge. Suera macht von hier aus den Eindruck einer mittelalterlich befestigten Stadt. Es liegt etwa 50 m höher als Ahal Agadir, dessen Höhe ich zu 285 m bestimmte. Die Bewohner von Ahal Agadir hatten Christen offenbar noch nicht gesehen und waren sehr entgegenkommend, namentlich die Frauen und Kinder. Zahlreich sahen sie, selbstverständlich alle unverschleiert, unserm Treiben zu und als Dr. Weisgerber sie ansprach, waren sie nichts weniger als scheu. Wir hatten nämlich gesehen, dass alle Frauen und Kinder Hals-, zum Theil auch Haarschmuck trugen, in welchem uns eigenthümliche rothe Steine auffielen. Der bekannte Afrikaforscher Staudinger hatte mich gebeten, auf derartigen Schmuck zu achten und womöglich für ihn zu erwerben. Das gelang auch ohne Mühe und ohne grosse Kosten, ganz echt, vom Leibe der Trägerinnen weg. Auch im weiteren Verlaufe der Reise war es noch wiederholt möglich, von Frauen und Kindern derartige Erwerbung zu machen.

Des Regens wegen konnten wir am Morgen des 18. März erst spät, um 9¾ Uhr aufbrechen. Wir stiegen in's Thal hinab und folgten der Berieselungsoase, die der Fluss in's Leben gerufen hat. Die Thalsohle ist hier schon 1 km breit. Der Oelbaum herrscht vor, aber Granat-, Feigen-, Apfelsinen- und Aprikosenbäume mit schon grossen Früchten sind zahlreich. Dazwischen mit Mais, Bataten, Bohnen, Möhren und anderen Gemüsen bestellte Rieselfelder. Auch einzelne Betum stehen an den Wassergräben. Die auffälligste Erscheinung aber sind Pappeln, wol Populus Euphratica, die auch sonst in den Atlasländern vorkommt, wie in Syrien gepflanzt, um Bauholz zu liefern. Weiter thalabwärts kann man deutlich zwei Diluvialterrassen unterscheiden. Schon nach einer halben Stunde endigt der Fruchthain und verlassen wir den Wed Mramer, indem wir uns in ostnordöstlicher Richtung näher am Fusse des Tafellandes halten, während der Fluss, an den Olivenhainen kenntlich, die annähernd nordöstliche Richtung beibehält. Ich bin hier meinem Wege von 1899 bis auf 3 km nahe gekommen, erfuhr aber leider erst im Lager am Schischaua, dass das Thal von Aïn Derola, richtiger Aïn Tyghola, dem ich damals bis zur Einmündung in den Tensift gefolgt war, nichts anderes, als das untere Mramer-Thal sei. In der That bestätigte das auch die Konstruktion des Reisewegs, die das ziemlich flache Thal von Aïn Tyghola als die Fortsetzung des Laufes des Mramer erscheinen lässt, der mit der Annäherung an den Tensift mit wieder gesteigertem Gefälle ein Thal erodirt hat. Dass das die Berieselungsgräben dieses untersten Thalstückes füllende Wasser nicht dem Flusse entnommen war, dessen Bett ganz trocken lag, sondern einer Quelle am Fusse des rechten Thalgehänges, also ganz wie im Trockenthale von Aïn-el-Hadschar, kann nicht weiter auffallen. Das Wasser des Mramer, das ja auch Quellen entstammt, wird eben bald zu Berieselungen verbraucht. Hätte ich die Beziehungen des Wed Mramer zum Thale von Aïn Tyghola früher erfahren, so würde ich natürlich etwas weiter nach Norden ausgebogen sein, um schon hier den Anschluss an meinen Weg von 1899 zu gewinnen.

Wir befanden uns im Gebiet der Kabyle Halbart und in einem Uebergangsgürtel zum Steppenlande, den ich als Strauchsteppe bezeichnen möchte. Niedrige, dornige Akazien und Zizyphus (Sodr) waren die Charakterpflanzen derselben. Thirta fand sich in vereinzelten Büschen im Schutz des Sodr, der, mit scharfen Dornen bewehrt, alle Feinde abzuhalten vermag und eben erst anfing seine kleinen frischgrünen Fiederblätter zu entwickeln, sodass er noch wie abgestorben aussah. Die Akazien dagegen trugen schon eine Fülle von Schoten. Die kleine blaue Iris fand sich auch im Schutze dieser Sträucher, neben denen niedrige Arganbüsche und Oleaster des Buschwalds hier ihre innere Grenze haben. Ebenso Asphodelus und Scilla, auch Daucus maximus L. und Ferula comunis L. mit meterhohen Blüthenständen, die in der voll entwickelten Steppe ihre Daseinsbedingungen nicht mehr finden. Weiter nach Osten werden jene Holzgewächse, ausser Zizyphus immer seltener und immer niedriger. Stipa tortilis Desf., die auf der Hochebene von Marrakesch in ganz reinen Beständen gegen Ende des Winters einen grünen Schleier über die steinige Hammada ausbreitet, begann immer häufiger zu werden. Zu ihm gesellt sich bald Artemisia herba alba, sodass man bald von Stipa-, bald von Artemisia-Steppe sprechen kann, ja streckenweise erscheint die Steppe als Blumensteppe (Camomilla, Sinapis, Calendula, Brassica). Aber noch sind hier und da kleine Gerstenfelder, die in regenreichen Wintern auch zur Reife gelangen in die Steppe eingestreut. Bald treten auch die für die Steppe charakteristischen echten Duar auf, einen Ring, in dessen Mitte die Heerden nachts getrieben werden, bildende konische Hütten.

Unsere Richtung ist, nachdem wir das Mramer-Thal verlassen haben, eine im Allgemeinen östliche. Der Weg führt durch die Ebene, aber zur rechten haben wir in langsam wachsendem Abstande den Steilabsturz des Tafellandes, in welches das Mramer-Thal eingeschnitten ist und auf dessen Fläche wir uns von Auntîri her bewegten. An einigen Stellen sieht man auch hier, dass es aus wagerechten Schichten aufgebaut ist. Einige Trockenbäche, die wir überschreiten, und deren Wasser wohl kaum jemals den Tensift erreichen dürfte, haben diesen Steilrand etwas gegliedert, ja an einer Stelle erhebt sich vor demselben ein wunderbar regelmässiger Kegel, als »Zeuge« des langsamen Zurückweichens der Stufe. Auf lange Strecken ist der Boden mit Chalcedonknollen bedeckt, die auch ihrerseits auf Abtragung weicherer Schichten zu schliessen erlauben, alles Formen und Erscheinungen, die den Steppengürtel kennzeichnen. Der Tensift fliesst hier in einem breiten Thale, das er in der Pluvialzeit aus dem Tafellande ausgewaschen hat und in das er seitdem ein neues, engeres Thal eingeschnitten hat. Jenes beginnt nahe dem unteren Ende der Thalebene von Marrakesch unterhalb Sidi Tschicker und endigt an der von mir 1899 erforschten Schlucht von Dar Talemst, durch welche der Tensift in die Küsteebene tritt. Am unteren Mramer mag es etwa 10 km breit und 100 m rel. tief sein. Mitten in der Steppe wurde uns von dem

Führer die Grenze von Schedma und Ahmar, das also noch über den Tensift nach Süden ausgreift, angedeutet. Hier waren wir dem Tensift schon so nahe gekommen, dass man wiederholt die uns zugekehrten steilen, felsigen Uferkonkaven des rechten Ufers erkennen konnte. In das Thal selbst hinabzusteigen war unmöglich, da ich demselben 1899 überhaupt nur hatte folgen können, indem ich immer wieder, wenn es auf dem einen Ufer unmöglich war weiter zu kommen, durch den Fluss ritt und den Weg auf dem andern fortsetzte. Das würde jetzt sehr viel schwieriger gewesen sein, da der Wasserstand ein wesentlich höherer war. Der mich damals begleitende Soldat, der sehr wol wusste, dass in geringer Entfernung, ebenda, wo wir jetzt ritten, ein Weg wie auf dem Tische zur Verfügung stand, konnte sich sehr schwer dareinfinden, sich seiner Ansicht nach in so thörichter Weise Anstrengungen und Gefahren auszusetzen. Denn in der That war auf der ganzen 40 km langen Strecke zwischen dem Mramer und dem Schischaua kein einziges zum Tensift gehendes Thal zu überschreiten. Erst 6 km westlich vom Schischaua stiegen wir in ein kleines dort beginnendes Thal hinab und folgten demselben auf eine kurze Strecke. Es verdankt seine Entstehung einer starken Quelle Aïn Bu Said, die einem Bache Ursprung giebt, der sich nach 5 km langem Laufe in den Tensift ergiesst. Der kleine Bach hat einen Saum von Gärten in's Leben gerufen. Eine Kubba, Sidi Hamed Ben Abd el Kerim, am linken Thalrande und ein von hohen Lehmmauern umgebener Duar sind die ersten festen Bauwerke, die wir seit Ahal Agadir sahen. Kaum sind wir wieder auf der Hochfläche angelangt, als sich der Blick in ein neues, weit grösseres Thal aufthut, das quer zu unserer Wegrichtung liegt und in das wir hinabsteigen, das des Schischaua, des grössten linken Nebenflusses des Tensift, der diesem von Süden her die Gewässer eines grossen Gebiets des hohen Atlas zuführt. Bald waren wir am Ufer des Flusses, wo ein wenig unterhalb der zu benutzenden Furth ein kleiner Tamariskenhain auf einer sandigen länglichen Erhöhung, die bei hohem Wasserstande wol eine Insel bildet, mitten in üppigstem Graswuchs einen entzückenden Lagerplatz zu bieten schien. Da wir fast 6 Stunden ohne Rast, rascher wie gewöhnlich geritten waren, auch der Punkt, wo wir nach Ansicht des Führers übernachten sollten, die mir von 1899 bekannte Zauia Sidi Tschiker noch sehr weit zu sein schien — wir sahen sie am folgenden Tage von fern — und offenbar für unsern Weg nach dem Zyma-See zu weit nach Osten lag, so beschloss ich hier das Lager aufzuschlagen und im Nothfalle selbst die Nachtwachen auszustellen. Die Gefahr war nur, dass uns die Kamele, die weit zurück sein mussten, nicht finden würden. Doch noch ehe die Nacht einbrach, sahen wir sie auf der Höhe des Thalgehänges erscheinen und langsam zu uns herabsteigen. Schon vorher waren einige Eingeborene vom andern Thalgehänge herabgestiegen und den Fluss durchwatend zu uns gekommen, um uns auszukundschaften. Als sie befriedigende Auskunft erhalten hatten, luden sie uns ein, das Lager doch der Sicherheit wegen, neben ihrem Duar aufzuschlagen, der, wie wir am nächsten Tage sahen, ganz nahe auf der Halbinsel zwischen dem Tensift und dem Schischaua lag. Ich lehnte dies aber ab, und so erboten sie sich freiwillig für die Nacht Wachen zu stellen. Auch lieferten sie, so ärmlich der kleine Hütten-Duar aussah, alles was wir an Nahrungsmitteln für Menschen und Thiere brauchten, selbstverständlich gegen anständige Bezahlung. In der ersten Nacht wurde das Lager durch einen Schuss alarmirt. Einer der Wächter hatte ihn, wie er sagte, auf einen sich heranschleichenden Räuber abgegeben.

In der Nacht und am Morgen regnete es derartig, dass an Aufbruch nicht zu denken war, und da nach allen Erkundigungen in einem halben Tagemarsche kein guter Lagerplatz zu erreichen war, so beschlossen wir den Weitermarsch erst am nächsten Tage vorzunehmen und den Aufenthalt beim Aufhören des Regens gegen Mittag zu benutzen, um die Mündung des Schischaua in den Tensift zu erforschen. Unsere Thiere schwelgten den ganzen Tag in dem üppigen, fast meterhohen Grase. Es stellte sich heraus, dass unser Lager 2,5 km oberhalb der Mündung des Schischaua in den Tensift lag. Das Schischaua-Thal verläuft hier in nahezu nördlicher Richtung, nahe der Mündung macht der Fluss eine Wendung nach rechts, offenbar weil er auf festeres Gestein getroffen ist, das auch der Tensift noch nicht völlig zu durchnagen vermocht hat, denn er bildet unmittelbar unterhalb der Mündung des Schischaua Stromschnellen. Wie ich das vom Tensift schon festgestellt hatte, ist auch das Schischaua-Thal ein reines Erosionsthal in wagrechten Schichten. Der Fluss fliesst streckenweise über die glatten Felstafeln von Sandstein hin. Wo festeres Gestein ihn zum Ausbiegen nach rechts zwingt, hat er das Schichtensystem in einer 40 m hohen senkrechten Felswand aufgeschlossen, wie ich 1899 deren mehrere, eine etwa 4—5 km stromab von dieser Stelle, in den Thalkonkaven des Tensift beobachtet hatte. Es sind abwechselnd mit festen Bänken von Sandstein und Kalksandstein vorwiegend weiche thonige und mergelige Schichten; die Oberfläche bilden bis 1 m mächtige Bänke von Kalkstein. Dass die Felswand noch langsam zurückweicht, indem die weichen Schichten weggeführt werden, zeigten frische Abstürze, deren Blockwall dann der Fluss bei Hochwasser abträgt. Augenblicklich war der Schischaua sehr niedrig und wasserarm, sodass man ihn überall ohne weiteres durchreiten konnte, aber nach im Atlas niedergegangenen Regen schwillt er oft furchtbar an und bildet, da selbstverständlich keine Brücken vorhanden sind, ein ernstes Hindernis für den Verkehr von Mogador nach Marrakesch. Im Frühjahr bis in den Sommer hinein hat er monatelang durch die Schneeschmelze im Atlas, die noch nicht begonnen hatte, einen hohen Stand. Die weichen Schichten der Felswand waren vielfach ausgewittert und in den Höhlungen hatten sich Schaaren von Tauben und Falken, auch Geier, wie ich das sehr häufig in Marokko auch in alten Gemäuern gesehen habe, namentlich aber auch Bienen angesiedelt. Die Bienenstöcke hatten sich die Eingeborenen durch urwüchsige Leitern aus Baumästen zugänglich gemacht. Diese Scenerie veranschaulicht das Bild 7. Oleander,

7. Steile Thalwand nahe der Mündung des Schischaua in den Tensift.

Tamarisken und Vitex agnus castus, die gewöhnlichen Begleiter aller Wasserläufe in Marokko, umsäumten den Fluss. Die augenblicklich sehr schmale Mündung des Flusses (s. Bild 8) war förmlich unter Tamarisken, stattlichen Bäumen, versteckt, sodass sie einem vielleicht selbst vom andern Ufer des breiten und reissenden, augenblicklich geschwollenen und trüben Tensift entgehen könnte. Mir war sie 1899 entgangen, weil ich etwa 2 km entfernt über die flache Halbinsel der nach Süden gerichteten Flussschlinge geritten war. Auch war das rechte Ufer des Tensift hier zu steil und felsig, dass es schwer gewesen wäre, an demselben entlang zu reiten. Das Tensiftthal ist hier sehr eng und unbewohnt, das Schischaua-Thal ist breiter und nur an der Mündung eng. Aber auch da waren auf der

8. Mündung des Schischaua in den Tensift.

flachen Halbinsel des rechten Ufers Maisfelder angelegt. An unserm Lager war die Thalsohle schon 300 m breit und angebaut und stromauf wurde es noch weiter. Dort sah man in der Ferne zwei Kubba (Heiligengräber) und ausgedehnte Olivenhaine. Selbst Berieselungskanäle hatte man zur Anlegung von Melonenfeldern am rechten Ufer abgeleitet. Unser Lagerplatz am Schischaua hatte eine Meereshöhe von 205 m. Der Spiegel des Tensift an der Mündung des Schischaua mag daher etwa rund 200 m hoch liegen. Diese Bestimmungen passen recht gut zu meinen 1899 am Tensift vorgenommenen Höhenmessungen. Nach denselben liegt nämlich die von der Mündung des Schischaua etwa 20 km entfernte Furth bei dem damaligen Dar El Amri 236 m hoch, während ich im Mramer-Thale nahe seiner Einmündung in den Tensift 164 m fand.

So setzten wir erst am 20. März den Marsch fort. Wir gingen zunächst wieder stromauf bis zur Furth, überschritten dort den Schischaua und waren bald wieder auf der Hochfläche. Diese ist hier von einem vielgewundenen Giessbache zerschnitten, dem wir eine Strecke weit folgen. Auf der Höhe eröffnet sich wiederholt ein Einblick in das Tensiftthal und den den Fluss begleitenden Tamariskenhain. Der Steppencharakter tritt immer mehr hervor. Die ersten Peganum harmala und Rhims treten auf, doch überwiegen abwechselnd Stipa tortilis und Artemisia herba alba. Bei der Annäherung an den Tensift, als eine Folge der grösseren Luftfeuchtigkeit bilden Rhims, Rschtik, Zizyphus, Akazien, Getaf (Atriplex Halimus) und Thirta wahre Strauchsteppe. In dem Thale des Wadi dagegen, das Spuren gelegentlicher Wasserführung zeigte, fanden sich hohe Büsche, ja Bäume vereinzelt und in Gruppen, nicht nur Oleander, Vitex und Tamarisken, sondern selbst Oleaster und Ricinus. Bald steigen wir in das hier breite und flache Thal des Tensift hinab, das erst von hier an, am unteren Ende der Hochebene von Marrakesch, zum vielgewundenen Engthale wird. Wir folgen dem Strome längs dem Tamariskenhain eine Strecke aufwärts, um die Furth (Meschra) Uled Aïsch, nach einem nicht weit vom Flusse am linken Thalgehänge gelegenen Duar dieser Kabyle genannt zu benützen. Bei dem augenblicklichen Stande ist der Fluss 40 m breit und 80 cm tief, dabei ziemlich reissend. Der Uebergang, auch der Kamele, vollzog sich ohne jeden Zwischenfall.

War unsere Richtung bisher eine im Allgemeinen östliche gewesen, so war sie von nun an bis zum Zyma-See eine beinahe nördliche, allerdings mit einer bedeutenden Ausbiegung nach Osten. Wir befanden uns nunmehr in der vollentwickelten Steppe, die nach Osten hin nur noch wenig an Intensität zunimmt. Namentlich lernte ich hier eine Form der Steppe kennen, die ich bisher nur andeutungsweise kennen gelernt hatte und die ich geradezu Blumensteppe nennen möchte. Nördlich vom Tensift bis gegen den Zyma-See namentlich im Gebiet der Uled Aïsch und der Uled Brahim waren nämlich ungeheure Flächen der weiten Ebenen fast mit völligem Ausschluss aller andern Gewächse mit bunt blühenden Blumen bedeckt. Bald überwog eine Farbe, namentlich gelb oder weiss, bald gelb, weiss, blau, roth, bunt unter einander gemischt: das Vorbild der marokkanischen Teppiche. Namentlich von El Gara, einem kleinen Duar der Uled Aïsch, aus überblickte man unabsehbar diese Blumensteppe, die noch wiederholt, auch in den Küstenlandschaften von Abda und Dukkala auftrat, aber nirgends in so wundervoller Pracht. Die gelben Thöne lieferte Cladanthus arabicus (L.) Coss., das ausserordentlich üppig in 25 cm hohen Exemplaren den Boden bedeckte. Darunter gemischt mehr orangegelb die kleinere Calendula stellata Cav. Ein lichteres Gelb lieferte eine Brassica (arvensis?). Weiss bezw. weisslich blüthe eine Sinapisart, auch Eruca sativa var. stenocarpa Coss.; violette und blaue Thöne gaben Lavendula multifida L. und Erodium cicutarium L'Hér., das überreich behaarte Echium tuberculatum Lk. und E. angustifolium Lam. Auch eine weitverbreitete kleine violette Linaria war häufig. Aber all diese Pracht, die die reichlichen Winterregen hervorgezaubert haben, ist nur zu vergänglich. Kommt man einen Monat später, so ist sie verschwunden, und noch einen Monat später hat der Wind selbst ihre Spuren verweht.

Auch nach den Oberflächenformen hat diese Gegend ihr eigenes Gepräge. Sie ist nämlich durch zahlreiche, meist kleine Tafelberge gekennzeichnet, die mir schon 1899 hier auffielen, wenn ich vom Tensift-Thale aus auch nur die dem Tensift nächsten sehen konnte. Solche Tafelberge fand ich zahlreich auch im Steppengebiete der Umer-Rbia. Sie kennzeichnen bekanntlich auch den Bereich der Kreidetafeln der nördlichen Sahara. Wie dort möchte ich sie auch hier vorzugsweise als Erzeugnisse subaerischer Denudation ansehen, als Zeugen einer sehr bedeutenden Denudation. Diese hat in diesem Steppengebiete auch vorwiegend die Bloslegung des alten Grundgebirges bewirkt. Für subaerische Denudation spricht namentlich auch, dass die schützende Decke dieser Tafelberge gelegentlich vorspringende Gesimse bildet.

Nach dem Uebergang über den Tensift folgten wir zunächst eine Zeit lang dem flachen Thale eines Wadi, das ich auch 1899 nahe seiner Mündung in den Tensift überschritten hatte und hielten mitten in dieser Gegend der Tafel- und Kegelberge bei dem Duar El Gara der Uled Aïsch Mittagsrast. El Gara, ein kleiner Duar, theils aus niederen Lehmhäuschen, theils aus konischen Hütten bestehend, liegt ca. 50 m über dem Tensift in einer Nische am Fusse eines langgestreckten Tafelbergs und in der Nähe eines abgestumpften, etwa 25 m hohen Kegels von wunderbarer Regelmässigkeit. In Deutschland hätte ihn sicher eine Burgruine gekrönt, hier trug er eine

Opuntienpflanzung. Diese heute überall in Marokko vorkommende Pflanze ist ähnlich wie in den trockensten Gegenden Süd-Tunesiens ein Segen für das Land. Sie gedeiht auch in den trockensten Steppen und ihre Frucht ist wahrscheinlich das einzige Obst, was viele Bewohner derselben zu kosten bekommen. Die Lage von El Gara ist eine eigenartige. Vor uns der wunderbare bunte Teppich der Blumensteppe, aber kein Baum, kein Strauch, auch nur von Meterhöhe, so weit das Auge reicht. Nach Norden und Osten schweift das Auge über die unbegrenzte Ebene. Gegen Norden sahen wir schon den Punkt angedeutet, wo wir unser Nachtlager aufschlagen wollten, obwol er noch fast 9 km entfernt war. Die hohen Schneeberge des Atlas, von dessen Fusse wir kaum vier Tagemärsche entfernt waren, zwei von Marrakesch, schlossen den Horizont nach Südosten ab. Gegen Osten begrenzte auf eine Strecke der schon durch seine gezahnte Profillinie seinen andersartigen Aufbau verrathende Djebilet das Gesichtsfeld. Südlich davon erkannte ich mit bewaffnetem Auge sehr deutlich das Haus meines Gastfreundes von 1899, des Kaid El Amri, bei dem ich gelagert hatte und weiterhin am hohen Ufer des Tensift das hochragende Minareh der Zauia Sidi Tschiker, an der ich vorbeigekommen war. Ich konnte so hier meinen Weg an den von 1899 anknüpfen. Der Kaid El Amri war inzwischen seines Amtes entsetzt, seiner Güter beraubt worden und sass in Marrakesch im Gefängnis. So liebenswürdig er mich, der ich ihm von einem Geschäftsfreunde, dem deutschen Vize-Konsul in Saffi, empfohlen worden war, aufgenommen hatte, so soll er doch ein arger Leuteschinder gewesen sein. Nun hatte ihn, wie früh oder spät jeden dieser Blutsauger, das Schicksal erreicht.

Bis zum Abend ritten wir durch tischgleiche Ebene, wenn auch oft nahe an niedrigen Tafelbergen vorbei, vorwiegend durch Blumensteppe, an deren Stelle zuweilen armselige Büsche von Getaf, Rhims und Rschtik traten. Plötzlich haben wir an Stelle des bald sandigen, bald kiesigen Bodens des Deckgebirges, das diese Tafelberge bildet, fast saigere Schichten alter Schiefer unter den Füssen, wie sie den Djebilet und seine Umgebung aufbauen. Sie erklären auch die kleinen Gärten mit niedrigen Oel- und Feigenbäumen, an denen wir kurz vor Uled Brahim, wo wir das Nachtlager aufschlagen, vorüberkommen. Uled Brahim ist ein grosser, weit über die Steppe verstreuter Duar, der aus einzelnen Höfen besteht, deren jeder hinter einer festen, undurchdringlichen Umzäunung aus Zizyphus, die Nachts die grossen Schafheerden, den Hauptbesitz der Bewohner, aufnimmt, 3, 4 und mehr niedrige konische Hütten enthält. Wir schlagen unser Lager auf frühlingsgrüner Matte auf einem grossen freien Platze zwischen den Höfen nahe bei der Djemaa auf, d. h. in diesem Falle einer niedrigen Hütte aus Holzstäben mit Lehm verschmiert und konischem Strohdach, die als Moschee und Unterkunft für gläubige Reisende dient.

Auch am folgenden Tage bewegten wir uns fast bis zum Zyma-See auf dem alten Grundgebirge und durch flachwellige Ebene. Dunkle Schiefer, nahezu saiger, herrschten vor, nicht selten in feinen Gruss zerfallend. Abwechselnd traten Grauwacken auf, dann war der Boden mit kantigen Brocken, hier und da sogar Blockanhäufungen, überstreut, oder Quarzite bildeten Klippenzüge. Der Djebilet mit seiner gezahnten Profillinie in OSO steht in grellem Gegensatze zu einem niedrigen Tafelrücken im NW. Derselbe wird mir als Dj. Muiset bezeichnet. Dort verlaufe die Grenze zwischen Ahmar und Abda. Wie ich das allenthalben auf diesem Schieferboden beobachtet habe, ist derselbe Holzgewächsen günstiger als andern Pflanzen. Das Pflanzenkleid desselben ist allerdings ein sehr dürftiges und besteht aus vereinzelten niederen Büschen von Zizyphus, Getaf, Rschtik, Thirta, die ihre Wurzeln in den Felsboden getrieben haben. Ganze Flächen, hier und da bis 80 % der Bodenfläche, sind überhaupt völlig kahl. Daher sind hier auch für Nomaden die Bedingungen ungünstige. In der That sahen wir nur wenige ärmliche Duar durch die Steppe verstreut. Nur hier und da, wo sich etwas Nährboden unter den Büschen angesammelt hat, finden Asphodelus und Stipa, auch die kleine blaue Iris, ihre Daseinsbedingungen. Zwei Meter hohe Akazien in flachen Einsenkungen bezeichnen hier die höchste Leistungsfähigkeit der Natur. In solchen sind gelegentlich auch Feigenbäume gepflanzt und Brunnen angelegt. Dazu bestimmte wol das Vorkommen natürlicher Wasserlöcher in Vertiefungen. Wir kreuzten sogar ziemlich genau unter dem 32. Parallel nördlicher Breite, 9 km südsüdöstlich vom Zyma-See, zwei Wadis, die in mehreren Löchern noch Wasser enthielten und sich offenbar in kurzer Entfernung vereinigten. Das grösste wurde mir als Wadi Lubilat bezeichnet, nach der Kabyle. Dasselbe schien mir, wo ich es überschritt, nordwestlichen Lauf zu haben. Doch könnte dies nur auf eine kurze Strecke der Fall sein, jedenfalls möchte ich erwähnen, dass, wol nach Beaumier, ungefähr 7 km SSO vom Zyma-See in den Karten von Schnell und Flotte de Roquevaire ein Wadi verzeichnet wird, allerdings mit südwestlicher Richtung zum Tensift. Ich habe im Jahre 1899, wo ich dem Tensift folgte, in der fraglichen Gegend kein Wadi in den Tensift münden sehen.

Doch wäre es möglich, dass ich mich an der betreffenden Stelle gerade auf dem linken Ufer befand. Thomson, der 1888 nördlich vom Zyma-See vorbei nach Marrakesch reiste und dies Wadi auch überschritten haben müsste, erwähnt es nicht. Wadi Lubilat hatte jedenfalls vor Kurzem Wasser geführt und könnte schon gelegentlich den keine 30 km in südwestlicher Richtung entfernten Tensift erreichen.

Auf einer kurzen Strecke etwa 6 km südöstlich vom Zyma-See war noch das Deckgebirge erhalten, was seinen Ausdruck auch darin fand, dass sofort an Stelle der dürftigen Gebüsche ein bunter Blumenteppich und Felder auftraten, ja sogar ansehnliche Opuntienpflanzungen bei einem Duar, deren hier mehrere bei einander lagen. Als wir die Passhöhe (ca. 450 m) eines etwa 50 m rel. hohen, felsigen Rückens von Schiefern, Grauwacken und Quarziten überschritten hatten, sahen wir den Zyma-See mitten in einer weiten, flachen Mulde vor uns liegen. Sobald wir im sanften Abstieg zum Seebecken wieder das Deckgebirge erreicht hatten, betraten wir auch wieder die Blumensteppe und waren Felder in derselben angelegt. Zur Mittagsrast langten wir am See selbst an und lagerten nahe am Suk-el-Khemis (Donnerstagsmarkt), dessen buntes Menschengewühl wir schon von ferne gesehen hatten. Wir benützten die Gelegenheit unsere Vorräthe zu erneuern. Wie erstaunlich billig, wol zum Theil in Folge der Ausfuhrverbote, hier im Innern die Lebensmittel sind, möge die Thatsache beleuchten, dass mein Koch einen halben, wenn auch nicht sehr grossen Hammel, etwa 5 Kilo schwer, für 1,20 ℳ., 40 süsse Limonen, die vermuthlich von Marrakesch, 2 starke Tagemärsche weit, gebracht worden waren, für 15 Pfennig einkaufte!

Der Zyma-See ist ein ganz flaches, zum Theil von Binsendickichten umgebenes Becken, das sich in einer Länge von 6 km, bei einer grössten Breite von nur 3 km, also mit annähernd ovaler Form, richtiger Birnenform in SO—NW Richtung erstreckt. Der See liegt 325 m hoch und ist so seicht, dass wir schon von fern Esel und Kamele weit vom Ufer im Wasser stehen bezw. liegen sahen, die mit Salz beladen wurden, das man vom Boden des Sees in die Doppelkörbe schöpfte, die die Thiere trugen. Auch am Strande lagen Haufen dieses grob krystallinischen, röthlichgrauen, in trockenem Zustande weisslichen Salzes. Wer an die Regierung einen Betrag von etwa 40 ₰ für die Kamelladung (2—3 Zentner) zahlt, kann laden soviel er will. Es wird dies Salz bis nach Saffi verfrachtet. Im Sommer schrumpft der See, wie man erkennen konnte, ausserordentlich zusammen, und es bleibt eine etwa 10 cm mächtige Salzkruste zurück. Auch die Wasserfläche bedeckt sich dann mit einer Salzschicht, die so mächtig ist, dass man den See mit einiger Vorsicht an gewissen Stellen, die man genau kennen muss, überschreiten kann, also ganz wie bei den Schotts Süd-Tunesiens. Es sind lediglich die Winterregen, die den See speisen und deren Gewässer ihm vorwiegend durch ein Wadi zugeführt werden, das an der Nordostseite einmündet. Andere kleinere mögen an andern Stellen einmünden. Jedenfalls füllt der See das Tiefste eines flachen, vermuthlich durch subaerische Denudation entstandenen Beckens. Er ist rings, aber in beträchtlichem Abstande, von Höhen umgeben. Es wurde mir ausdrücklich von einem der Anwohner versichert, dass er keine Quelle habe. Mehrere Brunnen von geringer Tiefe nahe dem See liefern brackiges, aber trinkbares Wasser.

In geringer Entfernung vom See gegen Osten sahen wir ein grösseres Gehöft, Dar Sidi Abbas, wo die jüngeren Brüder des Sultans, wie uns gesagt wurde »die Schule besuchen«, d. h. gefangen gehalten werden, in furchtbar öder Steppengegend, wo man weit und breit keinen Baum sieht.

Eine auffallende Erscheinung auf dem Wochenmarkte, in lebhaftestem Verkehr mit den Eingeborenen, war ein Europäer, von dem ich hier und später in Saffi hörte, ein Engländer namens Witmore. Derselbe war als Kaufmann in Saffi nicht vorwärtsgekommen und war schlieslich auf den Gedanken gekommen, sich hier im Innern, fern von allem Verkehr mit Europäern, niederzulassen und Viehzucht und Ackerbau mit Hilfe von Eingeborenen zu treiben. Er bewohnte, angeblich mit einem arabischen Haushalte, ein Haus am Südostende des Sees, das ich von fern gesehen habe. Er soll grossen Erfolg mit seinem Unternehmen haben. Jedenfalls sah ich nördlich vom See Felder, die sofort durch ihre sorgsame Pflege auffielen, die rein von Gestrüpp und Unkraut und von tiefen Gräben umhegt waren und die mir als Mr. Witmore gehörig bezeichnet wurden. Bei einem Schutzbefohlenen desselben in dem Duar Zera, wo wir übernachteten, fanden wir auch sehr gastliche Aufnahme. Es zeigt dies Beispiel, dass ein mit Land und Leuten vertrauter Europäer auch im Innern von Marokko leben und wirthschaftlich vorwärtskommen kann.

---

10. Vom Zyma-See nach Saffi.

Wir folgten eine Strecke weit dem Nordostufer des Sees, zum Theil durch Blumensteppe, die eine sich dort an den See anschliessende Ebene bedeckt, überschritten den schon erwähnten Wadi und bogen dann in nördlicher Richtung vom Wege ab, um den nächsten Duar zu erreichen, da nicht festzustellen war, ob der nächste für das Nachtlager zu benutzende Duar vor uns 1, 2 oder 3 Reitstunden entfernt sei. Zum ersten Male seit El Dra in Schedma stiessen wir wieder auf dunkelrothen tiefgründigen, offenbar sehr fruchtbaren Boden mit üppigen Weizen- und Gerstenfeldern, ein Vorposten des Schwarzerdegebiets von Abda. Ein grosses Mauerviereck, 4 m hoch, etwa 100 m zu 80 m messend, an dem wir vorüber kamen, beleuchtet die Zustände von Marokko: ein reicher, mächtiger Kaid hatte vor wenigen Jahren begonnen, hier eine Kasba zu bauen, natürlich durch Frohndienste der armen Bauern. Ehe dieselbe fertig wurde, fiel er in Ungnade, seine Güter wurden eingezogen, er starb im Gefängnis, der begonnene Bau wurde Ruine. Mit derartigen modernen Ruinen ist Marokko übersäet.

Bei dem Duar Zera auf einem von einer Opuntienhecke umschlossenen Platze schlugen wir das Lager auf. Zahlreiche Matamoren, deren Oeffnungen nicht geschlossen waren und die anscheinend nicht mehr in Benutzung und in Verfall waren, zeugten auch ihrerseits für die reichen Ernten, die hier gelegentlich erzielt werden, widerriethen aber nächtliche Spaziergänge dringend.

Unser Weg verlief am 22. März von Zera aus zunächst in annähernd nordwestlicher Gesammtrichtung, anfangs noch ansteigend bis wir auf der etwas über 400 m hohen welligen Hochfläche waren, die auch hier, zuweilen dem von grossen Wellen bewegten Meere gleichend, dem Deckgebirge entspricht. Aufschlüsse zeigten fast wagrechte, nur ganz wenig, vielleicht auch nur ganz örtlich, nach NNO geneigte Schichten, vorwiegend von Kalkstein; Kalkgerölle bedeckten den Boden. Asphodelus und eine weissblühende Brassica, die von fern an ein Buchweizenfeld denken liess, kennzeichnete das dürftige Pflanzenkleid. In flachen Vertiefungen hatte etwas feuchterer Boden kleine Gärten mit Mandelbäumen und Opuntien anzulegen erlaubt. Weiterhin aber trat in grosser Ausdehnung Rotherde auf, feinerdig, ziegelroth, dementsprechend auch sofort mehr Anbau, zum Theil üppige Weizenfelder, aber völlige Baumlosigkeit, höchstens streckenweise neben Asphodelus niedriges Citusgebüsch auf Kalkboden. Das Gelände wird hügelig, wir folgen einem flachen Thale und steuern gegen Mittag einem Tafelberge zu, der El Gara, die umgebende Hügellandschaft El Gerat genannt wird. Bald blicken wir zwischen den Hügeln hindurch auf die unabsehbare, mit dem Horizont verschwimmende Ebene von Abda hinab, wenig später steigen wir auch selbst durch einen Engpass in die Ebene hinab und halten am Fusse des Tafelberges El Gara, am Ausgange des Engpasses, Mittagsrast.

Der Tafelberg ist völlig kahl und aus regelmässig wechselnden weissen und dunkeln Schichten, die eine ganz flache von wagrechter Lagerung nur wenig abweichende Synklinale bilden. Das weisse Gestein erweist sich als Gyps. Hier ist die Grenze von Ahmar, dem Steppenhochlande, und Abda, dem schwarzerdebedeckten Fruchtgefilde. Der Blick schweift von unserm noch immer etwa 30 m über der Ebene gelegenen Standpunkte über die tischgleiche Ebene, auf deren grünem Teppich nur weiss leuchtende Kubba und Duar in grosser Zahl als Rastpunkte für das Auge erkennbar sind. Ein grosser Feigen- und Olivengarten nahe an unserm Lagerplatze deutet auch seinerseits darauf hin, dass wir nun das Steppenland hinter uns haben. Der Rastplatz liegt in 275 m Höhe. Die Ebene von Abda steigt also von ihrem etwa 100 m hohen Steilrande, mit dem sie gegen den Ocean abbricht, nach innen um etwa 150 m an und das Tafelland von Ahmar erhebt sich um 100—150 m über Abda.

Nach der Mittagsrast stiegen wir vollends in die Ebene hinab und schlugen nord-nordwestliche Richtung ein, um den Duar eines deutschen Schutzbefohlenen, Hamed Ben Said Bel Haffian zu erreichen, bei dem wir Nachtquartier nehmen wollten. Zunächst ist der Boden noch von Rotherde gebildet, bald feinerdig, bald mit grösseren und kleineren Kalkgeröllen bedeckt, ja streckenweise reiten wir über die geschlossene Kalkkruste dahin. Dementsprechend wechseln üppige Felder, in denen die Gerste schon in Aehren steht und der Weizen solche zu bilden beginnt, mit bunten Blumenbeeten und fast kahlen Flächen. Es sind dieselben Arten, die den Blumenteppich bilden, wie oben in Ahmar, nur üppiger. Ganze Flächen gleichen einem blühenden Irisbeete, auch Stipamatten[1]) treten noch auf. Grosse Heerden von Rindern, Schafen und Pferden, wie wir sie weder in Schedma noch in Ahmar gesehen haben, weiden auf dem nicht in Anbau genommenen Boden. Als höhere, ziemlich steil ansteigende Stufe liegt Ahmar hinter uns: wol die ehemalige Meeresküste, ehe Abda in quartärer Zeit gehoben wurde. Etwa 6 km vom Rande der höheren Stufe tritt zum ersten Male Schwarzerde auf, auch hier von den Bewohnern als solche (Tirs) bezeichnet. Aber sie bildet keine ganz geschlossene Decke, immer wieder tritt unter derselben, wenn auch nur auf kurze Strecken, flache Schwellen bildend die Kalkkruste

---

[1]) Die Beschreibung, welche Desfontaines, der sie zuerst im östlichen Atlasgebiete kennengelernt hat, von Stipa tortilis gegeben hat: „flores decidui, numerosissimi vestimentis adhaerent, perforant cutimque incommode tintillant et pungunt" ist ausserordentlich zutreffend.

zu Tage, die jeden Anbau unmöglich macht, ja selbst als Weideland fast werthlos ist, hier und da aber sehr geschickt zum Sammeln von Regenwasser verwendet wird. Diese Kalkkruste, deren Entstehung ich früher zu erklären versucht habe[1]), bedeckt ungeheure Flächen in Marokko, mehr wie in den übrigen Atlasländern und ist namentlich geradezu als ein Fluch der sonst so fruchtbaren Küstenlandschaften zu bezeichnen, denen die ganze folgende Darstellung gewidmet sein wird. Man sieht allerdings häufig und wir sahen auch sehr bald nach dem Herabsteigen von Ahmar, dass die Bauern gegen diese Kalkkruste ankämpfen, aber doch nur wo sie durch andere Einflüsse gelockert und zersprengt ist, d. h., wo ihre Mächtigkeit eine geringe gewesen ist. Da kann man sehen, dass sie die Brocken mühsam zu Haufen aufgthürmt haben, um steinfreies Ackerland zu gewinnen. In einzelnen Gegenden ist da in der That wol von vielen Generationen eine gewaltige Kulturarbeit geleistet worden. Ich sah vor Jahren in Katalonien, in der Gegend von Tarragona, dass man eine Kalkdecke — ich weiss nicht, ob es eine ähnlich gebildete Kalkkruste war, die nach den klimatischen Verhältnissen sich dort ebensogut bilden könnte, wie ich sie in Ligurien sich habe bilden sehen — mit Pulver sprengte und die Brocken mit Hämmern zermalmte und mit der darunter liegenden fruchtbaren Erde mischte, um neues Kulturland zu gewinnen. Auch hier ist vielfach, wie ich oft an Aufschlüssen gesehen habe, weicher, fruchtbarer Boden unter der Kalkkruste und diese selbst von geringer Mächtigkeit. Es würde also nicht schwer sein, die Kruste zu zertrümmern und das Land aufzuschliessen. Doch wer soll im heutigen Marokko solche Arbeit ausführen? Ist doch fruchtbares, sofort in Anbau zu nehmendes Land in Fülle vorhanden! Dergleichen muss einer besseren Zukunft vorbehalten werden.

Ich glaube zahlreiche neue Beobachtungen gemacht zu haben und an mitgebrachten Handstücken belegen zu können, dass die Anschauung, welche ich mir über die Bildungsweise dieser Kalkkruste gebildet hatte, richtig sein dürfte. Es handelt sich um eine travertin- oder tuffartige Bildung. Man erkennt deutlich die dünnen übereinander lagernden Schichten und wie die feste Kruste nach unten hin in lockeres, weiches Gestein übergeht. Ich schreibe den plötzlichen, heftigen Güssen, in denen hier meist die Winterregen niedergehen, und der dann sofort wieder eintretenden intensiven Besonnung, die in dem trockenen Klima rasche Verdunstung hervorruft,

[1]) Wissenschaftliche Ergebnisse (Ergänzungsheft No. 133 zu Petermann's Mitthl.) S. 85.

den grössten Einfluss auf Bildung dieser Kalkkruste zu. Doch mag daneben auch durch die grosse Sonnenhitze aus der Tiefe emporgesogenes mit löslichem kohlensaurem Kalke beladenes Wasser die gleiche Wirkung haben, indem es verdunstend an der Oberfläche Schicht um Schicht niederschlägt.

Auf die Schwarzerde werde ich später im Zusammenhange und an der Hand der mineralogischen und agrikulturchemischen Untersuchung der mitgebrachten Proben einzugehen haben, ebenso wie auf die Rotherde. Beide, aber namentlich erstere ist von erstaunlicher Fruchtbarkeit, und sobald man ihren Bereich betritt, ist alles angebaut und überblickt man die üppigsten Felder von Weizen, Gerste, Saubohnen, Kichererbsen und Mais oft in ungeheurer Ausdehnung. Die breiten Wege zwischen den Feldern gleichen bunten Blumenbeeten. Noch sind hier und da die Bauern am Pflügen, wol für Mais, und gelegentlich sieht man auch genau wie in der Magdeburger Börde in langer Reihe Frauen und Kinder Unkraut aus dem Weizen jäten. Und wie bei uns, ist nicht selten, obwol hier meist nur die Aehren abgeschnitten werden, bei den Dörfer das Stroh der letzten Ernte in grossen konischen Hügeln mit Erde bedeckt angehäuft, um allmählich verbraucht zu werden. Da Tirsboden fast durchaus tischgleiche Ebene bildet, was mir auch für eine subaerische Entstehung zu sprechen scheint, so waren mir diese Strohhügel als einzige 2—3 m hohe Erhebungen, von denen aus man die Gegend überblicken und peilen konnte, äusserst werthvoll. Nahe bei dem Duar des Hamed Ben Said Bel Haffian ragte allerdings auch aus der Decke von Schwarzerde eine etwa 3 m hohe Kalkklippe auf, deren Bedeutung die Eingeborenen durch Errichtung einer Kubba, angeblich das Grab eines heiligen Abd el Kader, gekennzeichnet haben. Die Meereshöhe dieses Duar beträgt nur noch 185 m.

Die Aufnahme, die wir als Landsleute seines Schutzherrn bei dem wohlhabenden Bauern fanden, war eine äusserst liebenswürdige. Diese Leute legen auf einen solchen Besuch nicht nur aus angeborener Gastfreiheit grossen Werth, sondern auch, weil durch denselben vor aller Welt ihr Schutzverhältnis, das ihnen Sicherheit für ihre Person und ihr Eigenthum gegenüber dem raubgierigen Kaid gewährleistet, anerkannt wird. Wir mussten leider das Anerbieten, im Hause selbst zu übernachten, annehmen. Was das bedeutete, wusste ich aus reicher Erfahrung. Immerhin gewährte reichliche Verwendung von Insektenpulver einigen Schutz. Der Duar, wie fast alle in dieser fruchtbaren Gegend, war theils aus Pisé, theils aus Stein erbaut, dem hier anstehenden pliocänen oder quartären Kalksandsteine, der, überwiegend aus Trümmern von Muscheln bestehend, gleichartig und gleichhaltrig mit dem zu sein scheint, der die alte Düne von Mogador bildet, bei Rabat an der Küste ansteht und mehrfach bis tief in's Innere vorkommt, also hier bis 60 km vom nächsten Küstenpunkte.

Die Schwarzerde trägt auch hier, wie überall eine für Marokko sehr dichte Bevölkerung. Die kleinen Duar liegen dicht beieinander. Ich bin bemüht gewesen, dieselben möglichst vollständig in die Karte zu bringen. Der Rand des Tafellands von Ahmar liess sich weithin verfolgen. Auch der Pass, durch welchen wir herabgestiegen waren, war zu erkennen; der Dj. Achdár, der in den Ebenen von Abda und Dukkala in ähnlicher Weise das Gesichtsfeld des Reisenden beherrscht, wie der Athos im nördlichen ägäischen Meere das des Seefahrers, wurde zuerst sichtbar.

Während des Vormittags des 23. März verlief unser Weg quer durch Abda in vorwiegend westlicher Richtung nahe dem Parallel von 32° 30′ nördlicher Breite stets durch tischgleiche Ebene, soweit die Decke von Schwarzerde reichte, unter der hier und da, eine ganz flache Bodenwelle von höchstens 5 m rel. Höhe bildend, die Kalkkruste zu Tage trat. Sie bedingt sofort Steppenbildung. Wie überall im Bereich der Schwarzerde herrscht völlige Baumlosigkeit, nur hier und da sieht man angepflanzte niedrige, kümmerliche Feigenbäume und Opuntien, noch seltener Oelbäume. Auch nicht ein Holzgewächs, auf deren Verbreitung ich besonders geachtet habe, sei es auch nur der dürftigste Busch, kommt vor. Erst 55 km von der Küste treten die ersten Zwergpalmen auf, die dann immer häufiger werden. Stellenweise zeigt sich, wie auch anderwärts auf Tirsboden eine üppige Distelflora. Den Wasserbedarf decken hier fast durchweg Cisternen. Brunnen, Ziehbrunnen, sind selten und sehr tief. Ihr Wasser soll warm sein. Ich war nicht in der Lage hier in Abda einen solchen zu messen, obwol ich an mehreren vorüber kam. Vereinzelt kommen auch natürliche Wasserlöcher vor. Gegen Mittag kreuzten wir einen 10 km breiten, ganz flachen Hügelwellengürtel, der durch seine Kalkkruste wenig anbaufähig, zum Theil als Steppe dalag.

Die Mittagsrast hielten wir im Schatten eines mächtigen Bauwerks, das schon von fern unsere Blicke auf sich gelenkt hatte, Dar Uld el Hadsch Ajaschi genannt. Es war die Ruine einer grossartigen Cisterne in einem 10 m hohen Thurme, der das Wasser in einem hohen gemauerten Kanale zugeführt wurde. Sie gehörte zu einer etwa 500 m entfernten Kasba, deren Trümmer eine grosse Fläche bedeckten und von der man noch sah, dass sie vor nicht langer

Zeit absichtlich zerstört worden war. Nur ein Brunnen war erhalten geblieben, wie ich das oft bei zerstörten Zwingburgen gesehen habe. Der war den Bewohnern zu werthvoll. Wieder ein Bild marokkanischer Zustände: Der vorletzte Kaid hatte die Kasba und die riesige Cisterne gebaut, natürlich durch Frohnarbeit, bei seinem Sturz wurde die Kasba zerstört, die Cisterne verfiel. Das Baumaterial, alles Pisé, war unmittelbar dem Boden entnommen und so in tiefen Löchern ein Aufschluss geschaffen worden, in welchem man sah, dass unter der dünnen Kalkkruste weicher, konglomeratartiger Kalkstein liegt. Von der Höhe der Cisterne hat man einen weiten Blick über das Land.

Von Dar Uld el Hadsch Ajaschi ritten wir ununterbrochen durch reiches Schwarzerdegebiet in südwestlicher Richtung bis zur Hauptstadt von Abda, wie man sagen könnte, der Kasba des mächtigen Kaid Aïssa Ben Omar, eines der wenigen Kaids, der im Gegensatz zu dem herrschenden System, das Land in lauter kleine Verwaltungsbezirke zu zerlegen, durch Beseitigung aller andern Kaids, fast unumschränkter Herr von Abda geworden ist. Daher ist Abda vielleicht noch reicher an modernen Ruinen wie andere Landschaften Marokkos. Diese Machtstellung hat dieser Kaid dadurch erlangt, dass er sich bei dem letzten Interregnum nach dem Tode des Sultans Mulay Hassan 1894 für den von demselben zu seinem Nachfolger ernannten jüngeren Sohn Abdul Aziz erklärte und durch Verrath sich der meisten andern Kaids, die sich, wie die Stadt Saffi für den älteren Bruder erklärt hatten, bemächtigte, und so dem jetzigen Sultan in der ganzen Provinz Abda zur Anerkennung verhalf. Die Kasba des Kaid macht den Eindruck einer ziemlich regelmässig angelegten kleinen Festung, ein Mauerviereck mit hohen äusseren und inneren Mauern, befestigten Thoren, Eck- und anderen Thürmen, weiten Plätzen im Innern. Sie liegt noch 145 m hoch am Rande und am Hange einer vielleicht 30 m hohen Terrasse, sodass man von derselben einen weiten Blick über die Küstenebene bis an's Meer hat. Die Lage ist eine beherrschende. Selbstverständlich handelt es sich auch hier um Pisébau, zu dem der Stoff an Ort und Stelle entnommen ist: derselbe konglomeratartige Kalktuff mit einer mehr oder weniger mächtigen Kalkkruste wie bei Dar Uld el Hadsch Ajaschi.

Wir ritten in die Kasba ein und wurden, da ich meinen Soldaten zur Anmeldung vorausgeschickt hatte, durch den Khalifa, den Stellvertreter und Sohn des Kaid, sehr liebenswürdig empfangen und in eine hohe, luftige Halle geführt, die uns als Gastraum überlassen wurde. Der Kaid selbst war des bevorstehenden Hammelfestes,

Aid el Kebir, wegen bereits am Hofe des Sultans in Marrakesch. Ich hörte später, dass auch er, trotz der grossen Verdienste, die er sich um den augenblicklichen Herrscher erworben hat, in Ungnade gefallen und in's Gefängnis geworfen, aber doch nach einiger Zeit, vermuthlich nachdem er die Machthaber in landesüblicher Weise durch grosse Geldopfer von seiner Unschuld überzeugt hatte, wieder in Gnaden aufgenommen worden war. Die Bewirthung und Aufnahme war die eines vornehmen Hauses. Bald nach unserer Ankunft brachten Diener erst warmes Waschwasser, dann als Willkommen-Imbiss eine grosse Schüssel mit Taschin, ein Gericht, das in diesem Falle ausgesucht aus Nieren und Testikeln von Hammeln mit Eiern, Oliven und Rosinen, alles in Oel schwimmend, hergestellt war. Bald kam auch Thee, der in silberner Kanne von einem Vertrauten des Kaid, anscheinend eine Art Sekretär, hergestellt wurde, der uns zusammen mit dem »Hofjuden« des Kaid eine Zeit lang Gesellschaft leistete. Wir machten dann noch einen Spaziergang durch und um die Kasba und besahen namentlich den Marstall des Kaid, der in ganz Marokko berühmt ist. Dieser Marstall bestand aus einem grossen Hofe am Berghange, dessen Pflaster die natürliche Kalkkruste bildete. Die Pferde, zum Theil sehr schöne und werthvolle Thiere, die noch am meisten reines arabisches Blut in Marokko darstellen sollen, standen angepflockt im Freien, wie stets in Marokko. Die Pferdeknechte wohnten in einem Zelte mitten im Hofe. Auch schöne Slugi, grosse marokkanische Windhunde, waren zahlreich vorhanden, da der Kaid ein eifriger Jäger ist. Ich hatte längst den Wunsch einen solchen Slugi zu erwerben und mit nach Deutschland zu nehmen. Es war aber unmöglich einen zu kaufen. Diese Thiere sind auch in Marokko nicht sehr häufig und meist nur im Besitz reicher Leute, daher sehr theuer. Man verkauft sie auch nicht gern an Christen. Da sie auch als sehr wild und schwer abzurichten gelten und das Klima von Deutschland dem Thiere voraussichtlich auch nicht zugesagt haben würde, so nahm ich es nicht tragisch, als alle Versuche fehlschlugen.

Am Abend wurden die üblichen Gastgeschenke, 3 kleine Hüte Zucker, wie sie in Marokko allein marktfähig sind, Kerzen und Thee hereingebracht, auch unsere Thiere reichlich mit Gerste versehen, die aus einer Matamore auf dem Platze vor dem Hause heraufgeholt wurde. Dann wurde ein reiches Mahl aus Kuskussu mit Hammelfleisch, gebackenen Hühnern mit Eiern und Tunke aus spanischem Pfeffer, Hammelragout, Taschin in noch reicherer Zubereitung wie bei der Ankunft und süssem Kuskussu bestehend aufgetragen.

Der letzte Marschtag bis Saffi, am 24. März, begann mit einem Zwischenfall. Mein Maulthier, das bis dahin sehr gut gegangen war, begann bald, nachdem wir abgeritten, zu tanzen und zu bocken, bis wir schliesslich auf den Gedanken kamen, es werde von dem ihm nicht recht passenden arabischen Sattel wund gedrückt sein. So war es in der That und es blieb mir nichts übrig, als das Thier ledig laufen zu lassen und den Esel der Kameltreiber zu reiten. Der Esel ist namentlich bei einer wissenschaftlichen Reise in Marokko das angenehmste Reitthier, da man leicht auf- und absteigen kann, während es unmöglich ist ein Maulthier mit arabischem Sattel ohne Hilfe zu besteigen. Ich hatte mich daher häufig eines Esels bedient, nur sind diese Thiere für längere Reisen doch nicht leistungsfähig genug.

Unsere Richtung war im Allgemeinen eine südwestliche. Tirsboden und Anbau überwog auf der ganzen Strecke, zuweilen mit Rotherde, mehr oder weniger steinig, wechselnd, die dann gegen Saffi hin allein herrschte. Dementsprechend wechselte auch das Ackerland mit Steppe. In einem Abstande von 15 km (Luftlinie) vom Meere trat das erste Holzgewächs wieder auf: Rtem, auf steinigem sandigem Thonboden, erst vereinzelt, dann häufiger. Noch näher zum Meere gesellte sich ihm zu ein dorniger Asparagus, dann als 3. Holzgewächs Rschtik, als 4. noch weiterhin Thirta, dann Zizyphus und Calicotome spinosa, ja die Mittagsrast hielten wir in einer Art dürftiger Rhaba, kaum 10 km vom Meere. Das Gelände wurde mit der Annäherung an das Meer bewegter, man konnte es als flachwelliges Hügelland bezeichnen. Auch Gärten mit Opuntien, Feigen- und Oelbäumen traten öfter auf. Ungeheure Mengen von Kalkbrocken waren zu Haufen und Wällen aufgethürmt und zeugten von dem Fleisse der Bewohner. Aber noch immer nichts, was man ein Thal hätte nennen können, wie ganz Abda auch kein fliessendes Wasser kennt, ausser den kurzen, vorübergehend gefüllten Rinnsalen, die unmittelbar an der Küste in den etwa 100 m hohen Steilrand eingeschnitten sind, mit dem hier das Land vom Meere aufsteigt. Bei etwa 10 km geraden Abstands vom Meere sah ich die letzte Schwarzerde. Bald kamen einige Landhäuser in Sicht, welche in Saffi ansässigen europäischen Kaufleuten gehören, schliesslich auch der Sultanspalast von Saffi, während man die tief unten um eine kleine Bucht gelegene Stadt erst erblickt, wenn man fast darin ist. Der Weg führte zuletzt durch ein vielgewundenes Thal, in welchem Wasserlachen davon zeugten, dass der Bach, der es geschaffen hat, noch zuweilen gefüllt ist. Schliesslich kamen rechts und links durch Norias, die das Grundwasser des Thälchens emporheben, bewässerte Gärten, die bis an's Stadtthor reichten.

11. Die Stadt Saffi.

Wir fanden in Saffi sehr liebenswürdige Aufnahme seitens des deutschen Vize-Konsuls Herrn Junker, Vertreters des Hauses Weiss & Maur, der mir von früher her bekannt war, und stiegen in einem kleinen, aber ganz guten, von einem Gibraltarmanne gehaltenen Gasthause ab. Es war ganz angenehm wieder einmal ein festes Dach über dem Kopfe zu haben. Unsere Thiere wurden auf dem Platze vor dem Konsulat untergebracht und nachts von Wächtern des Kaid bewacht. Es hinderte dies nicht, dass mein Eselchen gestohlen wurde, der einzige Zwischenfall dieser Art auf allen meinen Reisen in Marokko. Der Kaid verstand sich schliesslich dazu annähernd den Werth desselben zu ersetzen.

Die Stadt Saffi hat sicher ihrer Lage wegen ein hohes Alter. Sie erscheint auch schon auf italienischen Seekarten des 14. Jahrhunderts. Der Umstand, dass am Seethore eine römische Inschrift eingemauert ist, berechtigt nicht, namentlich beim Fehlen irgend welcher anderer Belege, darauf zu schliessen, dass es auch eine römische Siedelung gewesen sei. Denn von einer Marmorsäule an einer Strassenecke wissen wir, dass sie von einem Gouverneur im 18. Jahrhundert herbeigebracht worden ist. Saffi ist thatsächlich der einzige Punkt, an welchem sich in Abda und überhaupt auf der langen Küstenstrecke von Mazagan bis Mogador Seeverkehr entwickeln konnte. Es öffnet sich an dieser Stelle in der mindestens 100 m hohen Steilküste, mit welcher die Ebene von Abda zum Meere abfällt, eine kleine Bucht, die namentlich dem von Norden kommenden, das hohe Kap Saffi umfahrenden Seefahrer auffallen musste. Gegen Süden fehlt ein derartiges die Bucht scharf begrenzendes Vorgebirge. Es unterliegt für mich keinem Zweifel, dass die Bucht ein Werk der Meereserosion ist, der hier die Mündung eines kleinen Baches einen Angriffspunkt bot. Ein bei Ebbe zugänglicher kleiner Inselfelsen in der Bucht, der bisher der Abtragung noch widerstanden hat, ist als ein »Zeuge« aufzufassen. Auch bei völlig ruhigem Wetter herrscht in Folge der Dünung vom offenen Meere her, gegen das sich die Bucht nach Westen hin weit öffnet, eine mächtige Brandung, die jeder Zeit das Landen hier sehr erschwert und gefährlich macht. Zwischen dem auf der Rhede in tiefem und ganz ruhigem Wasser ganz nahe am Land, in gutem Ankergrunde ankernden Schiffen und dem Lande liegt der gefährliche Brandungsgürtel. Ein Landesteg, den man bis über denselben hinaus verlängerte, würde den Verkehr von Saffi ausserordentlich heben, während jetzt viele Dampfer hier nicht anlaufen. Bei meiner Anwesenheit lagen zwei Dampfer auf der Rhede, die auf den günstigen Augenblick warteten, wo sie durch die Brandung mit dem Lande in Verbindung treten konnten. Saffi gilt als einer der gefährlichsten Küstenplätze von Marokko. Dazu kommt, dass die Stadt im Sommer von Malaria heimgesucht ist, von der die meisten Küstenstädte von Marokko, wie der bei weitem grösste Theil des Landes frei sind. Das erklärt sich daraus, dass der Bach und die Gärten stagnierndes Wasser erzeugen und der Passat die im Schutze des hohen Kap Saffi im Hintergrunde der Bucht, zum Theil in dem engen Thale gelegene Stadt nicht luftreinigend bestreichen kann. Um so malerischer aber ist die Lage der Stadt. Sie steigt die Höhen empor bis zu dem sie beherrschenden Sultanspalaste, der auf einem Vorsprunge des Tafellandes wie auf einem Vorgebirge thront. Aus dem Innern kommend, erblickt man ihn, aber auch ihn allein von ganz Saffi, schon aus grosser Entfernung und erreicht ihn ebenen Weges, während man aus der Stadt steil zu ihm emporsteigt. Es ist ein grossartiger Bau (s. Bild 9), der offenbar auf

9. Sultanspalast von Saffi.

portugiesischer Grundlage ruht, portugiesische Baureste enthält und an portugiesischen Baustiel erinnert. Auch Anklänge an die

Alhambra machen sich geltend. Wie diese war er zugleich Palast und Citadelle. Der ganze Bau als solcher ist aber marokkanischen Ursprungs und vielleicht der schönste, der aus besseren Zeiten erhalten ist. Freilich ist er heute bereits eine raschem Verfalle entgegengehende Ruine, da nichts zu seiner Erhaltung geschieht. Nur die Mauern und ein beständig verschlossenes Thor, dessen Schlüssel der Kaid verwahrt, schützen vor muthwilligen Zerstörungen. Die hohen Zinnenmauern sind noch leidlich erhalten, sodass man auf denselben hingehen und den wundervollen Blick sowol in's Innere des Landes, südwärts bis zum Dj. Hadid, wie über die Stadt und das Meer geniessen kann. Auf einer Bastion lagen noch zum Theil der Laffetten entbehrende Geschütze. Eines derselben, das noch auf einer Laffette ruht, trägt die Jahreszahl 1625 und (arabisch) 927 nebst der Inschrift „Willem Wagewaert me fecit Hagae". In einem der weiten Höfe steht eine kleine, zierliche Moschee mit glasirten Dachziegeln. Die Hallen und Kuppelbauten haben schöne Portale mit überaus reicher, mannigfaltiger, stetig wechselnder Ornamentik in Gyps, reichgeschnitzte bunte Holztäfelungen u. desgl. m. Aber alles fällt in Trümmer. Unverschlossene Cisternenlöcher in den von jetzt fast mannshohem Unkraut überwucherten Höfen, vielfach eingestürzte Decken machen es sehr gefährlich durch diese vergangene Pracht zu wandeln. Buschwerk ist überall emporgewachsen und Tauben und Falken nisten in solcher Zahl und seit soviel Jahren in den Mauerlöchern, dass ihr Dünger grosse Haufen bildet.

Saffi ist nicht nur das Seethor der reichen Provinz Abda und des dahinterliegenden Steppenlandes von Ahmar, es ist auch einer der Häfen von Marrakesch, dem es näher liegt als Mogador. Seine Handelsbeziehungen reichen so auch bis in die Atlasthäler. Von dort kommen besonders Mandeln, während Abda die Erzeugnisse seiner Schwarzerde in regenreichen Jahren in grossen Mengen liefert, vor Allem Saubohnen, Kichererbsen und Mais, die fast nur zur Ausfuhr gebaut werden. Doch dient Mais auch zur Nahrung, besonders wenn die Gerste nicht gerathen ist. Auch hier schreibt der Bauer dem Thau den entscheidenden Einfluss auf das Gedeihen von Mais und Kichererbsen zu. Auch Kanariensamen, Fenugrek (die Leguminose Trigonella foenum graecum L., arab. Holba), Kümmel, Schaffelle, Ochsenfelle, Wachs, Schafwolle kommen im Grossen zur Ausfuhr. Unter den Einfuhrgegenständen spielt merkwürdigerweise altes Eisen, Wagenräder u. dergl. aus Deutschland eine Rolle. Die einheimischen Schmiede verfertigen daraus die urwüchsigen einheimischen Pflüge, Sicheln u. dergl. Deutsche haben sich erst um 1870 hier niedergelassen, heute zählt man ihrer aber bereits 11 und 5 deutsche Handelshäuser, die zu den englischen, den ältesten angesessenen, die mit den grössten Geldmitteln arbeiten und noch immer das Uebergewicht, besonders in der Einfuhr haben, in immer erfolgreicheren Wettbewerb treten.

Nach einer Zusammenstellung, für welche ich dem kaiserlichen Vize-Konsul Herrn Junker zu danken habe, betrug der Gesammtwerth der Ausfuhr von Saffi im Mittel der 7 Jahre 1894—1900: 2166883 ℳ. In dieselbe theilen sich jetzt fast nur England und das deutsche Reich. Letzteres hatte mit 46% den Antheil Englands mit 47,8% im Jahre 1897 fast erreicht. Doch ist von da an die deutsche Ausfuhr wieder stetig bis auf 26% im Jahre 1900 gesunken, während Englands Antheil 61% ausmacht. Noch 1894 hatte England fast die gesammte Ausfuhr von Saffi in der Hand gehabt. Frankreich mit 5,5% und Spanien mit 7,5% stehen jetzt weit zurück. Eine Zunahme der Ausfuhr ist auch hier nicht zu bemerken.

Die Einfuhr betrug im Mittel derselben 7 Jahre 1894—1900 jährlich 1606371 ℳ. Da es sich auch hier vorzugsweise um Baumwollenwaaren und Zucker handelt, so hat England mit 62% (1900) den Löwenantheil, da es die ersteren liefert, demnächst kommt Belgien mit 28% (1900), das neuerdings vorzugsweise den Zucker liefert. Im Mittel der 7 Jahre kamen 87,5% der Zuckereinfuhr auf Belgien. Die deutsche Einfuhr ist ganz belanglos und hat im Jahre 1900 nur 5,6% erreicht. Eine Zunahme der Einfuhr findet nicht statt.

In Saffi besteht auch eine deutsche meteorologische Station, die von der deutschen Seewarte in Hamburg eingerichtet ist und von dem deutschen Kaufmanne Herrn Werner Schrader geleitet wurde. Früher lag sie in der Stadt, dann in dem von Herrn Schrader sogenannten Landhause Johannisberg, nördlich von der Stadt am Rande des Tafellandes, etwa 95 m über dem Meere. Nach Herrn Schrader's Tode (1902) übernahm der Vize-Konsul, Herr Junker die Beobachtungen, die nun leider wieder in die Stadt verlegt wurden.

12. Von Saffi durch Abda und Dukalla zur Um-er-Rbia. Marokkanische Zelte.

Nur einen Tag hatten wir in Saffi gerastet. Am 27. März brachen wir wieder auf, um noch einmal Abda in seiner ganzen Breite bis an den Fuss der höheren Stufe zu durchmessen und dann längs demselben durch Dukalla die Um-er-Rbia und womöglich den Punkt unterhalb Meschra esch Schaêr zu erreichen, an dem ich 1899 nach Norden abbiegen musste. In ziemlich starken Tagemärschen querten wir in im Allgemeinen nordöstlicher Richtung Abda und Dukalla bis Sidi Rehal, wo der Karawanenweg von Mazagan nach Marrakesch unsern Weg schnitt.

Die erste Wegstrecke gaben uns der deutsche Vize-Konsul, Herr Junker und zwei andere deutsche Herren zu Pferde das Geleit bis zum 6 km entfernten Asib Pruss, dem von den Eingeborenen so genannten Landhause des Herrn Junker, das dieser vor Kurzem erworben hatte und zu einem Ertrag bringenden Landgute auszugestalten bemüht ist. Ein ummauerter Garten mit jungen Oelbäumen, grosse Flächen mit Saubohnen, die durch Urbarmachungen stetig vergrössert werden, liessen erkennen, dass man in der That berechtigt ist, Hoffnungen auf die Zukunft zu setzen. Bald nachher wurde auch als unerlässliche Bedingung die Bohrung eines Brunnens in Angriff genommen. Aber erst in grosser Tiefe wurde Wasser erreicht, das als wohlschmeckendes, gesundes Trinkwasser zu bezeichnen ist. Der Wasservorrath scheint bedeutend zu sein und der nächste Schritt sollte die Aufstellung eines Windmotors sein, um das Wasser in ein erhöhtes Sammelbecken zu heben, von welchem aus es überall hingeleitet werden kann. Wind, als Kraftquelle ist ja an der Oceanküste von Marokko das ganze Jahr, aber besonders im Sommer täglich und reichlich, ja überreichlich vorhanden. Und mit Wasser lässt sich hier bei der natürlichen Fruchtbarkeit des Bodens in kurzer Zeit ein Paradies schaffen. Bezeichnend ist dabei, dass bei Saffi, im grellsten Gegensatz zu Mogador, die Europäer Landgüter erwerben können, wie thatsächlich auch eine ganze Anzahl solcher europäischer Landhäuser in der Umgebung von Saffi vorhanden sind, ohne von der Feindseligkeit der Eingeborenen zu leiden zu haben.

Bald nachdem wir aus dem Thore von Saffi heraus waren, erreichten wir nahe am Sultanspalaste die Höhe des Tafellandes, über welches wir uns in ost-nordöstlicher Richtung an der Zauia Sidi Abd Errhaman vorüber bis zu dem nahe dabei gelegenen Asib Pruss, theils über Kalkkruste und durch Steppe, theils und überwiegend über fruchtbare Rotherde bewegten. Auch die unmittelbare Umgebung von Saffi ist als sehr fruchtbar zu bezeichenen, namentlich ist es möglich, selbst an stark geneigten Hängen im Anhauche des Meeres Getreide zu bauen. Nach einem Abschiedstrunk im Asib kehrten die deutschen Herren zu ihren Geschäften in die Stadt zurück, während wir unsern vorausgezogenen Kamelen folgten. Da es viel geregnet hatte, so war der Weg auf dem schlüpfrigen Thonboden für die Lastthiere recht beschwerlich. Auch hier war das

Gelände, wie auf dem Herwege im Bereich der Küste als flachwelliges Hügelland zu bezeichnen, namentlich traten öfter sehr regelmässige flachen Halbkugeln ähnelnde Hügel, Denudationserscheinungen, auf und waren Holzgewächse, wenn auch nur in der Form niedriger Büsche, zunächst nicht selten, ja Rtem bildete gelegentlich kleine Dickichte. Auch waren beträchtliche Flächen mit Zwergpalmen bestanden. Jeweiter landeinwärts um so besser wurde der Boden, um so grösser der Prozentsatz der in Anbau genommenen Fläche. Bei der Mittagsrast hatten wir die Grenze des Tirsbodens erreicht. Wir rasteten im Schutze des einzigen, weithin sichtbaren Baumes der Gegend, eines Oleaster, eigentlich mehr ein etwa 8 m hoher Busch, der Lella Zebbûdscha (Herrin wilder Oelbaum) genannt wird und als heilig gilt. Echt berberisch. Eine verfallene, von Zaunrübe überrankte Hütte liegt unter demselben. Der am regelmässigsten gebildete unter den halbkugeligen Hügeln der Gegend, etwa 30 m hoch und 1½ km vom Lagerplatze, trägt die Kubba Sidi Embarek. Cerinthe major L. üppig wuchernd und in reicher Blüthe ist hier neben der Zwergpalme Charakterpflanze der Steppe. Bei dem Versuche die Mittagsbeobachtung mit dem Aspirations-Psychrometer vorzunehmen, stelle ich fest, dass dasselbe, offenbar bei der Abreise von Saffi, trotz der peinlichen Sorgfalt, mit der ich es verpackt hatte und überwachte, Schaden gelitten hatte. Alle an den folgenden Tagen immer von Neuem gemachten Versuche es wieder gebrauchsfähig zu machen, erwiesen sich als erfolglos. Ich musste also von Saffi an auf diese Beobachtungen verzichten. Da ich auch 1899 ähnliche Erfahrungen gemacht habe, so würde ich in Zukunft doch darauf verzichten, ein solch heikles Instrument, so brauchbar und werthvoll es auch ist, bei solchen Reisen mitzunehmen. Man müsste in der Lage sein, eigens einen zu Fuss gehenden Mann damit zu betrauen.

Auch während des Nachmittagsmarsches halten wir im Allgemeinen nordöstliche Richtung und bewegen uns somit unserm Wege vom 23. März in einem Abstande von etwa 5—8 km parallel, nur in umgekehrter Richtung. Wie dort herrscht auch hier durchaus Tirsboden und tischgleiche Ebene vor, ausser wo die Decke von Schwarzerde von besonders geringer Mächtigkeit ist und man die Unterlage, den weichen bröckeligen weissen Kalktuff zu Tage treten sieht. Da zeigen sich wol flache, von einer Kalkkruste gebildete Bodenwellen. Der Umstand, dass die Felder häufig ausser durch Trockenmauern durch tiefe Gräben umhegt sind, lässt die Mächtigkeit der Schwarzerde erkennen. Gelegentlich hatte dieselbe frisch aufgebrochen die Farbe der Chokolade. Feigenbäume und einzelne

Dattelpalmen bringen allein etwas Abwechselung in das einförmige Landschaftsbild. Dass auch hier Grossgrundbesitz herrscht, war daraus zu schliessen, dass ich einmal 10 Gespanne Ochsen zu gleicher Zeit auf demselben Felde pflügen sah, zum Anbau von Mais. Dem entsprechen auch die riesigen Felder von Weizen, Gerste oder Saubohnen. Vielleicht handelte es sich um Besitz des Kaid von Abda, da wir bald nachher an einem ihm gehörigen kastellartigen Wirthschaftshofe vorüber kamen. Noch vor Ende des ersten Tagesmarsches von Saffi aus, in etwa 24 km direktem Abstande vom Meere war die innere Grenze der Holzgewächse erreicht. Unser Nachtquartier schlugen wir im Duar El Hadsch Mohammed Bu Ghdera auf und nahmen das Anerbieten der uns freundlich entgegenkommenden Leute in einem Hause zu übernachten, des eisigen Nordwindes wegen, gerne an. Freilich war das Haus halb Ruine, aber es enthielt doch noch einen mit vollständigem Dache versehenen Raum, in welchen wir unsere Feldbetten aufstellten. Der Duar besteht aus lauter einzelnen Höfen, die rings von hohen, undurchdringlichen Opuntienhecken umschlossen sind. Die niedrigen, hinter den Opuntien versteckten würfelförmigen Häuser, dessen Räume sich auf einen kleinen Hof öffnen, sind Pisébauten. Ein Loch, welchem man das Material zu einem solchen entnommen hatte, war ein willkommener Aufschluss. Unter der nur 20 cm mächtigen Schicht Schwarzerde kam eine noch weniger mächtige Kalkkruste und unter dieser der schon erwähnte Kalktuff. Die Kalkkruste giebt so die feste Decke für die im Kalktuff ausgehöhlten Matamoren. Da der Boden fast überall denselben Aufbau zeigt, so ist begreiflich, dass, abgesehen von der Ebenflächigkeit, Quellen und fliessendes Wasser in Abda überhaupt unbekannte Dinge sind und dass selbst die Anlegung von Brunnen schwierig ist, nicht nur weil man meist erst in grosser Tiefe Wasser findet, sondern es auch an Steinen zum Ausmauern derselben meist fehlt. Die Bewohner sind daher fast ausschliesslich auf Cisternen angewiesen, die allerdings zahlreich, auch an den Wegen angelegt sind. Die Kalkkruste ist da sehr werthvoll zum Sammeln des Wassers.

Da unsere Richtung am Vormittag des 28. März eine im allgemeinen nordöstliche war, so schnitten wir unsern Weg vom 23. März annähernd beim Ueberschreiten des Parallels von 32° 30′ nördlicher Breite im Gebiet des Kabyle Uled Yahia. Abgesehen von einer durch Bildung einer Kalkkruste steppenartigen welligen Strecke, bewegten wir uns fast durchaus über reiche Ernten tragenden Tirsboden und durch tischgleiche Ebene. In einem Duar der Uled Yahia machten wir einen kurzen Halt, weil unser neuer in Saffi eingetretener

Soldat des dortigen deutschen Vize-Konsulats, der biedere alte Abd es Slam, dort seine Angehörigen begrüssen wollte. Hier traten zuerst wieder neben niedrigen Pisé-Häusern konische Hütten und niedrige Zelte aus Geweben, zu welchen die Zwergpalme die Fasern geliefert hat, auf. Weiter in's Innere bestanden die Duar nur aus konischen Hütten und Zelten. Eine Stunde lang ritten wir durch dichte Heuschreckenschwärme. Die Mittagsrast hielten wir bei einem Duar der Uled Saif in einer Opuntienpflanzung, deren mächtige, 4—5 m hohe Stämme noch einzelne reife Früchte trugen, während sie zugleich eine Fülle von Blüthen angesetzt hatten, von denen einzelne schon aufgeblüht waren. Es war möglich, nach Osten hin den Dj. Achdár anzupeilen, dem wir uns immer mehr näherten, nach Südsüdost den Pass von El Gara, durch den wir nach Abda herabgestiegen waren. Hier liegt auch die innere Grenze der Zwergpalme.

Die Gegend von Uled Saif an bis zur Grenze von Dukkala zeichnete sich durch verhältnissmässigen Wasserreichthum aus. Wasserlöcher, ja kleine Teiche und Sümpfe zeigten sich häufig am Wege. Zu ihnen gesellten sich aber nun an der Grenze von Abda ganz eigenthümliche, künstliche Sammelteiche, auch als Dayas bezeichnet, die für Dukkala charakteristisch sind und von J. Thomsen zuerst beobachtet, merkwürdigerweise aber mit vulkanischer Thätigkeit in Beziehungen gebracht sind. Es sind kreisrunde kleine Becken, sicher von geringer Tiefe und höchstens 20—30 m Durchmesser. Sie sind von flachen Wällen umschlossen. Mit ihnen zusammen kommen häufig auch flache konische, höchstens 5 m hohe Hügel vor. Ich hatte schon bei der ersten dieser Dayas den Eindruck, ein Gebilde von Menschenhand vor mir zu haben, bei einer anderen sah ich aber, dass sie ganz neu angelegt war, bei wieder einer anderen, dass der sie umgebende niedrige Wall aus rothem kiesigen Thone bestand, der dort den Boden bildet und somit offenbar zur Bildung des Beckens ausgehoben worden war. Sie hielten alle noch Wasser, ich bin vielleicht nur an einem einzigen vorübergekommen, das trocken dalag. Einzelne entbehrten des Ringwalles, einzelne aber waren ringförmige, einen kleinen Hügel umschliessende Teiche. Es besteht so für mich nicht der geringste Zweifel, dass diese Dayas nur ausnahmsweise natürliche Wasserlöcher, meist künstlich ausgehobene Sammelteiche sind, die mit vulkanischer Thätigkeit durchaus nichts zu thun haben.

Nach kurzem Nachmittagsmarsch schlugen wir das Lager bei dem Asib Beni Idgho, einer Viehstation des Kaid Aïssa Ben Omar von Abda, an der Grenze von Abda und Dukkala, auf, die von ungeheuren Feldern in tischgleicher Ebene umgeben ist. Nahe dabei liegt die Kubba Beni Idgho, aber auch ein grosser, verfallender Hof, dessen Besitzer, wie uns mitgetheilt wird, unter irgend einem Vorwande in's Gefängnis gesteckt worden ist, wahrscheinlich weil der Kaid sich seines Besitzthums bemächtigen wollte. Auch das halbverfallene Haus, in welchem wir die letzte Nacht verbracht hatten, war in diesem Zustande, weil der Besitzer unter irgend einem Vorwande ausgeplündert und in's Gefängnis geworfen worden war. Wie viele solcher Fälle haben wir beobachtet, wie viele Leute gesehen, die noch die Spuren der Eisenketten zeigten, die sie als Gefangene hatten tragen müssen! Es giebt in Marokko überhaupt nicht viele Leute, ausser gänzlich besitzlose, die nicht zu Erpressungszwecken im Gefängnis gesessen haben. Die fluchwürdigste Misswirthschaft lastet auf dem unglücklichen Lande.

Auch hier bot ein 2½ m hoher mit Erde bedeckter Strohhaufen einen erhöhten Standpunkt zu Rundpeilungen, namentlich nach dem Rande des Tafellandes von Ahmar, dem wir bereits wieder sehr nahe gekommen waren. Fast in wagerechter Linie hob er sich gegen den Horizont ab. Am Morgen des 29. März war es bitter kalt. Das Minimum-Thermometer zeigte nur $+ 2^0$ C.

War unsere Richtung von Saffi an im Allgemeinen eine nordöstliche oder ostnordöstliche gewesen, so war sie von der Grenze von Dukkala an eine fast durchaus östliche. Wir steuerten auf den Dj. Achdár und den Rand der höheren Stufe zu. Mit dem Ueberschreiten der Grenze von Dukkala mehren sich die, wie ich annehme, künstlich angelegten Dayas. Sie mögen zu vielen Hunderten über das Land verstreut sein. Nahe bei Beni Idgho sah ich eine solche, die einen Wasserring um einen kleinen zentralen, kaum 2 m hohen Hügel bildete von 4 m hohem kreisförmigem Ringwalle umschlossen. Nicht selten war übrigens mit diesen Dayas ein Ziehbrunnen verbunden, der augenblicklich nicht benutzt wurde und wol erst in Benutzung genommen wird, wenn im Sommer das Wasser der Daya theils aufgebraucht, theils verdunstet, theils in die Tiefe gesunken ist. Wo die vorherrschende, stellenweise etwas sandige Schwarzerde nicht angebaut war, war sie bald mit einem kleinen rothblühenden Rumex, bald mit einem zierlichen Grase, Lamarckia aurea Moench, bedeckt, die erst im Innern von Abda, etwa 50 km von der Küste, auftrat. Dieses fruchtbare, steinlose, ebene Land erscheint wie für Grossbetrieb mit allerhand Maschinen wie geschaffen. Aber wann werden einmal solche hier in Gebrauch genommen werden? Wo heute üppig grüne Felder sind, breitet sich in 3 Monaten, wo hier alle Vegetation in Staub zerfällt, eine sonnenverbrannte Steppe aus.

Mit der Annäherung an den Rand des Tafellandes von Ahmar steigen wir eine etwa 10 m hohe Stufe hinab und bewegen uns von da an auf vorwiegend kiesigem und sandigem Boden, dem die Decke von Schwarzerde fehlt, was sofort eine Minderung des Anbaus und Auftreten der Blumensteppe bedingt. Doch sieht man häufig kleine Feigengärten. Schliesslich queren wir sogar ein trockenes Bachbett, welches das Tafelland von Ahmar herabsendet. Es ist der Wed Bu Schan. Nur 5 m breit und 0,5 m tief, mit tiefem Sand gefüllt, ohne eine Spur von Thalbildung, zeigt dieser Trockenbach, dass er, auch wenn er einmal nach heftigen Regen, die sich am Rande des Tafellandes niederschlagen, so weit fliesst, in ganz erschöpftem Zustande ankommt. In der That hat er in geringer Entfernung am Fusse jener oben erwähnten höheren Stufe, die vielleicht, ja wahrscheinlich nichts anderes ist, als der Rand seines breiten, flachen, diluvialen Thales, in einer zuweilen wassergefüllten Daya seine Verdunstungspfanne.

Die Mittagsrast hielten wir in einem grossen mit niedrigen Feigenbäumen und Reben bepflanzten Garten, der rings von einer undurchdringlichen Opuntienhecke umschlossen war. Den Weizen, mit dem er bestellt war, hatten die Heuschrecken bis in die Wurzeln abgefressen. Zahllos lagen todte Heuschrecken umher und der Sandboden war ganz von den Löchern durchbohrt, in welche die Weibchen ihre Eier abgelegt hatten. Ich fand hier in 80 km (Luftlinie) Abstand vom Ocean neben zahlreichen Bruchstücken solcher, eine wohlerhaltene Patella der gleichen Art, die in ungeheuren Mengen die Felsen an der Küste bedeckt. Stellt man daneben das Auftreten des oben erwähnten vermuthlich quartären Kalksandstein von Dar Hamed Ben Said Bel Haffian 21 km nach SW, der sich in nichts von dem sich noch heute an der Küste bildenden unterscheidet, so liegt die Vermuthung nahe, dass diese unterste Stufe des Atlas-Vorlands, die Tiefebene von Abda, sehr jung gehobener Meeresboden ist. Es herrscht hier sog. Remelboden vor, ein leichter sandiger Boden, der aber durch beträchtlichen Thongehalt ziemlich fruchtbar ist. Aufschlüsse, welche eingestürzte Matamoren boten, liessen aber erkennen, dass auch hier in geringer Tiefe die feste Kalkkruste vorhanden ist. Stellenweise war dieser sandige Thonboden intensiv roth gefärbt, namentlich wo er die Wälle einer Daya bildete, das Sammelbecken eines Ziehbrunnens. Auch die frischgepflügten Felder zeigten intensiv rothe Färbung. Ebenso die Pisébauten in den Duar und die erdbedeckten Strohhaufen. Das Auftreten kiesigen, sandigen, streckenweise intensiv rothgefärbten Bodens in dieser Gegend ist wol am besten auf diluviale

Ablagerungen des Wed Bu Schan zurückzuführen, der die Verwitterungsstoffe der alten Gesteine des Hochlands von Rehamna herbeiführte. Wo der Boden nicht angebaut war, herrschte Grassteppe, die nur von 2 Gräsern gebildet war, nämlich Bromus maximus Desf. und Br. madritensis L. Im Allgemeinen minderte sich die Fruchtbarkeit des Bodens und der Anbau mit der Annäherung an die obere Stufe, und trug das Land mehr und mehr Steppencharakter. Zwergpalmen und Asphodelus herrschen vor, aber auch Ferula und Thapsia garganica, eine Wolfsmilch, eine Camomilla und besonders auf sandigem Boden dicke Polster bildend die silberglänzende niedrige Paronychia argentea Lam. Ich schreibe dies aber lediglich dem weniger fruchtbaren Boden zu, denn dass hier die Zwergpalme wieder auftritt, erst in vereinzelten, verkümmerten Exemplaren, dann immer häufiger, glaube ich lediglich aus einer, wenn auch noch so geringen Zunahme der Niederschläge am Rande der oberen Stufe erklären zu sollen. Dieser letztere erscheint übrigens, wie ich auch auf der Karte dargestellt habe und ausdrücklich betonen möchte, als geschlossen und oben gradlinig abgeschnitten. Nur in grösseren Abständen öffnen sich Thäler und bilden die natürlichen Zugangswege von den Küstenlandschaften zu den höheren Steppenlandschaften von Ahmar und Rehamna. Der wichtigste derselben ist derjenige, durch welchen der namentlich seitens der europäischen Gesandtschaft benutzte Karawanenweg von Mazagan nach Marrakesch, der kürzeste Landweg zur Hauptstadt, emporsteigt. Am Eingange in dies breit und tief eingeschnittene Thal, an der Stelle, wo sich in einer glücklicheren Zukunft sicher einmal ein ansehnlicher Ort entwickeln wird, liegt die Zauia Sidi Rehal und ein Duar, neben welchen ein vielbesuchter Freitagsmarkt der Kabyle Uled Bu Zrara abgehalten wird, dessen Besucher uns heimkehrend in Schaaren entgegenkamen, da gerade Freitag war. Hier schlugen auch wir unser Lager auf. Zahlreiche Kubba auf den Höhen und an den Hängen geben der Bedeutsamkeit auch dieser Gegend Ausdruck.

Das Bett des Flusses, der hier in die Ebene tritt und diesen Zugang zu der oberen Stufe geschaffen hat, hatte dort, wo wir es überschritten, eine Breite von 10 und eine Tiefe von 3 m, aber es lag trocken. Selbst ein am linken Ufer abgeleiteter Bewässerungskanal zeigte nur kleine Wasserlachen. Vermuthlich versiegt auch dieser Fluss von Sidi Rehal ähnlich dem Wed Schan, der wol früher einmal sein Zufluss gewesen ist (oder umgekehrt), in der Ebene draussen sehr bald. Tief im Hintergrunde des Thales lenkte eine Gruppe hoher Dattelpalmen und ein weissleuchtende Kubba die Blicke auf sich. Dort finden sich mehrere wasserreiche

Brunnen, bei denen daher die Karawanen zu rasten pflegen. Mtal heisst diese Oertlichkeit. Dieselbe liegt auf dem Gebiete des Kabyle Fathnassa, nach welcher auch der gebirgsartig aufsteigende Rand der höheren Stufe südlich vom Thale von Mtal, Dj. Fathnassa genannt wird. Die Höhen zu beiden Seiten des Thales zeigen durchweg wagerechte Lagerung der Schichten. Sie sind nur sehr dürftig mit Vegetation bedeckt, ja fast kahl, dienen aber als Weideland. Dagegen muss die Ebene von Dukkala, die man weithin überblickt, fruchtbar und dicht besiedelt sein, da man zahlreiche Duar und von Opuntienhecken umhegte Gärten sieht. Einer dieser Duar, Dar Bel Mehdi, an dem wir in geringer Entfernung vorübergekommen sind, ist der Sitz des Kaid dieser Gegend und soll einen 110 m tiefen Brunnen haben. Es wurde uns erzählt — ich gebe das Gehörte hier wieder, weil es durchaus glaubhaft erscheint und die marokkanischen Zustände kennzeichnet — dass die bei Mtal lagernden Karawanen fast regelmässig bestohlen werden und Diebereien in der Gegend womöglich noch häufiger sind, wie anderwärts. Es ist aber immer möglich, die gestohlenen Gegenstände zurück zu kaufen. Das Lösegeld müssen die Diebe mit dem Kaid theilen, der sie daher ihr Gewerbe ungestört betreiben lässt. Dieser Erwerbszweig steht übrigens auch in Algerien in grosser Blüthe. Die Franzosen vermögen ihn nicht auszurotten.

Während eines ganzen Tagemarsches, am 30. März, folgten wir zuerst in östlicher, dann in nordöstlicher Richtung dem Rande des Tafellandes, ja wir überschritten nahe bei Sidi Rehal eine durch ein Erosionsthal abgegliederte Vorhöhe desselben. Auf der ganzen Strecke hebt sich derselbe scharf von der vorliegenden Ebene von Dukkala ab, wenn auch nicht mehr so scharf wie weiter nach Südwesten gegen Abda. Nur östlich von Sidi Rehal hat der hohe Dj. Achdár mehrere Giessbäche in's Leben gerufen, die den Rand des Tafellandes in einen Gürtel von Hügelland, aber durchaus mit gerundeten Formen, zerschnitten haben. Auch zahlreiche Gärten mit Feigenbäumen und Reben, ja selbst Oelbäumen an den Hängen und in den Thälern lassen auf eine geringe Zunahme der Niederschläge schliessen. Die Reben hatten schon 10 cm lange Ranken getrieben. Es herrscht ein äusserst feinerdiger, fast staubartiger rother Thonboden vor.

Von Sidi Rehal überstiegen wir zunächst eine niedere Bodenwelle, die gegen die Ebene ausgehend das Thal von Sidi Rehal von dem nächsten, dem eines vom Dj. Achdár herabkommenden Trockenbaches scheidet. Diesem folgen wir eine Strecke aufwärts, um dann in einem niederen Sattel einen zweiten, schärfer ausgeprägten, gegen die Ebene in westlicher Richtung verstreichenden Rücken zu überschreiten und zum breiten Ausgange des Thales eines andern vom Nordhange des Dj. Achdár herabkommenden Trockenbaches hinab zu steigen, wo wir, etwas früh, bei den Trümmern einer Kasba, deren Name uns als Djbili angegeben wurde, kurze Mittagsrast hielten. Man sah, dass diese Trockenbäche, die in dem weichen Gestein breite Thäler ausgewaschen haben, vor Kurzem noch Wasser geführt hatten; zahlreiche Wasserlöcher in ihrem Bett waren noch gefüllt. In der trockenen Zeit geben anscheinend nicht sehr tiefe Brunnen, die nahe den Ausgängen der Thäler in geringem Abstande von den Bächen gebohrt sind, reichlich Wasser, der eine innerhalb der Trümmer von Kasba Djbili. Bei beiden waren zahlreiche Wäscherinnen und Wasser schöpfende Männer beschäftigt. Doch riethen uns unsere Leute dringend, denselben lieber nicht zu nahe zu kommen. Eine gewisse Erregung schien nämlich durch die Bevölkerung zu gehen, da wir uns am Fusse des Dj. Achdár, eines heiligen Berges befanden, zu dem gerade in diesen Tagen, zur Zeit des Aid el Kebir, zu wallfahrten als besonders verdienstlich und als ein gewisser Ersatz der Wallfahrt nach Mekka gilt. Es begegneten uns in der That ganze Züge von Wallfahrern, die vom heiligen Berge herabkamen, namentlich Frauen, die sich, wenn wir an ihnen vorüberkamen, entweder verhüllten oder uns in weitem Bogen auswichen. Ein sehr auffallendes Benehmen. Wir mussten deshalb, weil unsere Anwesenheit in eine für uns so ungünstige Zeit religiöser Erregung fiel, auf die Besteigung des Dj. Achdár, die wir beabsichtigt hatten, verzichten und uns den Berg, den wir schon so lange von fern gesehen hatten und bis Azemur noch täglich sehen sollten, von unten ansehen. Da noch kein Europäer diesen merkwürdigen Berg bestiegen hat, ja keiner ihm auch nur so nahe gekommen ist, wie wir, so war dieser Verzicht sehr schmerzlich. Der Berg wird bei einer künftigen Landesaufnahme eine grosse Rolle spielen.

So sehr der Dj. Achdár von der Ebene von Abda und Dukkala aus, von Saffi bis Azemur die Blicke auf sich lenkt, da er sich beträchtlich über den Rand des Tafellandes erhebt, so ist doch seine Grösse und Höhe unbedeutend. Es ist ein kurzer, nur etwa 10 km langer Rücken, der annähernd in SW—NO, also auch annähernd in der Richtung des Djebilet streicht und eine Höhe von etwa 400 m rel., also wenig über 700 m abs., sicher keine 1000 m haben dürfte. Er ist aber rings aus der Umgebung scharf ausgesondert und erschien so von allen Punkten aus, von denen ich ihn gesehen und angepeilt habe. Sein Name, grüner Berg, schien mir nicht recht begründet zu sein, da er jetzt wenigstens genau so dürftig mit Vegetation bedeckt ist, wie die übrigen Berghänge der Gegend. Die Ursache seines Vorhandenseins habe ich nicht ergründen können, so sorgsam ich ihn von allen Seiten mit dem Glase abgesucht habe. Er zeigt überall gerundete Formen, nur gegen SO tritt eine felsige Kuppe hervor, die vielleicht aus gefalteten Schichten des alten Grundgebirges besteht. Auch der Umstand, dass er Quellen enthalten soll, aus deren einer, Maber (kaltes Wasser) genannt, der Wed Faregh entspringen soll, lässt darauf schliessen. Dann wäre der Berg ähnlich wie solche weiter nach Nordosten im Gebiet der Um-er-Rbia, wie ich 1899 feststellen konnte, als eine auf grössere Widerstandsfähigkeit des Gesteins zurückzuführende Aufragung des Grundgebirges zu erklären. Dass Badia [1]) in dieser Gegend von zersetztem Granit spricht, fällt weniger in's Gewicht, denn seine geologischen Kenntnisse gingen nicht sehr tief. Er hatte schon bei Tanger Granit gesehen. Er spricht aber auch von Thonschiefer. Jedenfalls steht das alte Grundgebirge in der Nähe zu Tage an, und da ich sowol 1899 wie 1901 an verschiedenen Punkten feststellen konnte, dass Aufragungen desselben, am auffälligsten im Djebilet, sowol Höhenzüge wie einzelne Höhen bilden, so scheint die Vermuthung nicht zu gewagt zu sein, dass dieser aus der Umgebung scharf ausgesonderte, von allen Seiten weithin sichtbare kurze Höhenrücken, auf eine Aufragung des Grundgebirges zurückzuführen ist. Sonst schien der Berg aus denselben ungestörten Schichten des Deckgebirges zu bestehen, wie die Umgebung, und dürfte als ein, allerdings scharf individualisirter Theil des Terrassenrandes von Rehamna aufzufassen sein. Er soll reich an Höhlen sein, in denen Einsiedler wohnen, die, ursprünglich wol sämmtlich Flüchtlinge, sich dem Arme der irdischen Gerechtigkeit d. h. hier wol häufiger Ungerechtigkeit entzogen haben, da der Berg als Asyl gilt — das Vorhandensein solcher Zufluchtsstätten kennzeichnet den Kulturzustand von Marokko ebenfalls — und allmählich in den Geruch der Heiligkeit gekommen sind. Sie leben von den Geschenken, die ihnen die Bewohner der Umgebung machen. Manche dieser Einsiedler sollen verheirathet sein.

War schon vor Sidi Rehal die Zwergpalme wieder aufgetreten, so kam hier im Bereich des Dj. Achdár auch ein Holzgewächs nach dem andern wieder zum Vorschein, aber durchaus solche des Steppengebiets. Zuerst Zizyphus, der bei Djbili, auf etwas fruchtbarerem

[1]) Ali Bey el Abbassi (der Spanier Badia y Leblich): Voyages en Afrique et en Asie, Paris 1814. T. I p. 243.

Boden, wahre Bäume von 3—4 m Höhe und ganze Gruppen solcher bildete, an andern Stellen dagegen in kaum einen halben Meter hohen polsterartig sich ausbreitenden, bis 5 m im Durchmesser haltenden Dickichten auftrat. Dann Gummi-Akazien, meist in ganz verkümmerten Exemplaren. Doch sah ich bei Dar Msaddek, gegen Ende dieses Tagemarsches einige 5 m hohe Exemplare, die ganz auffällig die schirmförmige Krone entwickelt hatten. Dann sah man vereinzelte Exemplare des dornigen Asparagus und als 4. Holzgewächs, wenn wir sie dazu rechnen dürfen, Ephedra altissima im Schutze von Opuntien. Als 5. Thirta, aber auch nur selten und nur im Schutze von Zizyphus, ganz wie in der Steppe. In der Nähe des Wed Faregh sah ich dann vereinzelt und in Gruppen Rtem, im Bette des Wadi Vitex agnus castus. Aber diese 7 Holzgewächse waren nur auf den Rand der höheren Stufe und auf eine Strecke von etwa 15 km beschränkt und traten in geringer Individuenzahl auf. Oertlich ziemlich zahlreich kamen jedoch Thapsia garganica und Ferula comunis vor, deren bis 1 ½ m hoch werdender starker Stengel in dem holzarmen Lande die verschiedenartigste Verwendung findet. Das Land trägt vorwiegend Steppencharakter und ist öde. Nur in den Thälern traten Felder und einzelne Duar auf.

Auch die Kasba Djbili ist eine der zahlreichen, für Marokko charakteristichen moderen Ruinen, vermuthlich die Zwingburg eines blutsaugerischen Kaid, die die geknechteten Umwohner dann in einem der zahlreichen Aufstände mit Wollust und gründlich zerstört haben. Ich vermuthe, dass Badia im März 1804 das hier in die Tiefebene von Dukkala ausmündende Thal zum Aufstieg auf die Hochfläche von Rehamna benutzt hat. Er kam also am Nordfusse des Dj. Achdár vorbei. Den Dj. Achdár wird jeder umgehen, der ihn nicht absichtlich besteigen will. Von Kasba Djbili hielt sich unser Weg in etwas grösserem Abstande von der höheren Stufe, auf deren Rande eine Kubba weithin das Gesichtsfeld beherrschte: Sidi Ahmed es Sahraui. Zunächst überwog noch die Steppe mit Asphodelus und Zwergpalmen, bald aber Grassteppe. Eingestreut Feigen- und Opuntiengärten. Ziehbrunnen sind an Stelle der Dayas getreten. An einem, dessen Tiefe ich auf 40 m schätzte, verrichteten 4 Frauen die Arbeit, die sonst meist Kamelen obliegt: sie zogen auf schiefer Ebene vom Brunnen weglaufend den Wasserschlauch empor.

Aehnlich wie der Fluss von Sidi Rehal hat auch der Wed Faregh den Rand der oberen Stufe in breitem und tiefem Thale, das aber als Verkehrsweg bedeutungslos zu sein scheint, aufgeschlossen. Wir querten dasselbe am Nachmittag. Er schien schon lange kein

Wasser geführt zu haben und erreicht auch die Um-er-Rbia niemals, denn wir haben auf dem Wege von Bu-el-Awân nach Azemur auf dem linken Ufer kein einziges Flussthal gekreuzt. Er verliert sich also, ähnlich dem Wed Bu Schan, dem Fluss von Sidi Rehal und anderen, offenbar unfähig ein Thal zu bilden, bald auf der Ebene. Immerhin zeigte soeben die ersten Blätter entwickelndes Gebüsch von Vitex agnus castus, dass in geringer Tiefe in seinem Bett Feuchtigkeit vorhanden ist. Auch dienten mehrere grosse Norias im Thale Bewässerungszwecken. Durch ausgedehnte Gärten am nördlichen Thalgehänge stiegen wir wieder auf die Hochfläche empor, die von da an mit fruchtbarer Rotherde bedeckt und unabsehbar in Anbau genommen ist. So erreichten wir die Kasba Dar Msaddek, den Sitz des Kaids dieser Gegend, wo ich den nächsten Tag, mit Rücksicht auf unsere Leute, die an dem hohen Feiertage nicht gerne reisten, des Hammelfestes wegen zu rasten beschlossen hatte. Auch war nach 4 angestrengten Marschtagen ein Rasttag geboten. Uebrigens regnete es auch soviel, dass der Zelte wegen ein Weitermarsch garnicht möglich gewesen wäre. Dar Msaddek, nach dem Vorgänger des jetzigen Kaid benannt, ist eine der modernen Raub- und Zwingburgen, wie sie das heutige Marokko kennzeichnen, Europa im Mittelalter kennzeichneten: Ein grosses Viereck von Pisé-Mauern mitten in die Ebene hingestellt, nur durch ein Thor zugänglich, im Innern weite Plätze und Gruppen von Häusern und Höfen, ein Ziehbrunnen, einige Matamoren, alles mehr oder weniger in Verfall bezw. absichtlich mehr oder weniger zerstört. Diese Zerstörung datirte vom letzten Interregnum, 1894 nach dem Tode des Sultans Mulay Hassan, her. Jede Thronerledigung pflegt in Marokko bei dem Fehlen einer geregelten Erbfolge, die lediglich der Willkür des Sultans anheimgegeben ist, von einem mehr oder weniger allgemeinen Aufstande gefolgt zu sein, in welchem jeder gewaltsam mit seinen Feinden, namentlich aber die geknechtete Bevölkerung mit ihren nächsten Peinigern, den Kaids abrechnet. Verstärkt wird dieses Drunter und Drüber noch dadurch, dass sich die Thronbewerber bekämpfen und die eine Kabyle für den einen, die andere für die andere Partei ergreift. Erst der Sieg der einen, wobei meist entscheidend ist, auf welche Seite sich die Bevölkerung von Fâs schlägt, bahnt wieder geordnete Zustände an, soweit überhaupt in Marokko von solchen gesprochen werden kann. Hier gab das Interregnum das Zeichen zum allgemeinen Aufstande gegen den Kaid, der 4 Monate lang in seiner Burg belagert wurde. Einer der Leute des Kaid, der dabei gewesen war, zeigte uns noch die Spuren der Kugeln. So schwach die Mauern auch sind, sie waren für die schlechten Waffen der armen Bauern unbezwinglich, da es den Belagerten auch nicht an Vorräthen und Wasser fehlte, bis dieselben auf den glücklichen Gedanken kamen, die alten Kanonen des zerstörten Kastells von Bu-el-Awân an der Um-er-Rbia, das wir gleich unten schildern werden, herbei zu schleppen. Wir sahen noch eine, die ihnen wol zu schwer gewesen war, in der Nähe von Bu-el-Awân in der Steppe liegen. Da machte der Kaid plötzlich mit seinen Leuten einen Ausfall und schlug sich durch, während die Belagerer ihre Wuth an dem Raubneste ausliessen und dasselbe zerstörten. Da der neue Kaid noch nicht Zeit und Mittel gefunden hatte, das Zerstörte, bis auf die ganz unentbehrlichen Baulichkeiten, wieder herstellen zu lassen, obwol inzwischen 6 Jahre vergangen waren, so hatten wir noch den vollen Eindruck der verübten Greuel. Wir hatten unsere Zelte möglichst abseits auf einem grossen Hofe im unmittelbaren (Wind-) Schutze der Umfassungsmauer, dicht neben dem Ziehbrunnen und der Ruine des Palastes aufgeschlagen, in welcher der frühere Kaid wie ein kleiner Fürst gewohnt hatte. Es war ein hoher Bau, aus Pisé natürlich, der einen grossen inneren Hof umschloss, welcher zum Ziergarten mit Blumenbeeten, Apfelsinen- und andern Fruchtbäumen, Wasserbecken u. dergl. ausgelegt war. Hohe Hallen umgaben denselben, ein Prachtthor führte in den Bau hinein. Alles, Thüren, Wände, Decken war reich mit bunten Gypsornamenten verziert und, wie die Spuren erkennen liessen, zum Theil mit Holzgetäfel versehen gewesen. Koransprüche waren allenthalben angebracht. Heute ist alles Holzwerk, das ja in dem holzarmen Lande besonders kostbar ist, verschwunden. Man sieht noch die Spuren der Axthiebe, mit denen die Ornamente gewaltsam zerstört wurden. Wenn der Bau nicht bald wieder hergestellt wird, wird er bei der Mangelhaftigkeit des Materials bald ganz in Trümmern sinken. In ähnlicher Weise sind damals viele dieser mittelalterlichen Zwingburgen zerstört worden. So die von Tifsist am Fusse des Atlas bei Demnat, in der ich 1899 übernachtete, die von vielen Reisenden geschilderte von Beni Meskin auf dem Wege von Casablanca und Rabat nach Marrakesch, in deren Nähe ich auch 1899 vorüber kam. Auch die Burgruinen, an denen Abda so reich ist, mögen z. Thl. auf jene Zeit zurückzuführen sein.

Als wir in die Burg einritten, wurde uns sofort gemeldet, dass der Kaid krank sei. Derselbe liess auch Dr. Weisgerber bald rufen, als er gehört hatte, dass einer von uns ein Arzt sei, ja er wünschte Dr. W. möge einige Zeit bei ihm bleiben, um ihn zu heilen. Dr. W. fand den armen Mann schwer und seit langem krank, wol an einem Leberleiden, für das er schon einen im Dienste des Sultans in

Marrakesch lebenden englischen Arzt befragt hatte. Dr. W. gab ihm aus meiner Apotheke schmerzstillende Mittel, hegte aber keine Hoffnung auf Wiederherstellung, weil nach seinen Erfahrungen kein Marokkaner dazu zu bringen sei, eine längere Kur folgerichtig durchzuführen. Doch war die Aufnahme eine durchaus gastliche. Nicht nur wurde uns sofort ein Imbiss vorgesetzt, auch die üblichen Gastgeschenke, Zucker, Thee, Kerzen wurden gebracht, am Abend ein reichliches Mal, am Morgen 2 Sorten Honigkuchen. Dazu liess der Kaid fragen, ob er uns den Festhammel in natura oder zubereitet schicken solle. Ich zog ersteres vor und spendete am nächsten Tage meinen Leuten, als dieselben erklärten zur Befriedigung ihrer religiösen Bedürfnisse sei es nöthig, dass sie selbst einen Hammel opferten, noch einen Hammel. Die Fähigkeit der Marokkaner, ganz staunenswerthe Mengen Nahrung auf einmal zu sich zu nehmen, bewährte sich auch diesmal glänzend. Das Hammelfest ist ein grosses Fressfest.

Uebrigens hatten auch unsere Thiere einen Ruhetag dringend nöthig. Ein Maulthier Dr. Weisgerbers hinkte, das andere hatte sich die Beine wundgestossen und musste bandagirt werden. Das Thier meines Kochs war wundgedrückt und mein eigenes Reitthier noch nicht völlig geheilt, sodass Dr. Kampffmeyer dasselbe mit seinem europäischen Sattel ritt und ich das seinige mit dem arabischen. Derartige Vorkommnisse spielen eine grosse Rolle bei solchen Reisen. Die Ruhe, welche in der Nacht in unserm Lager herrschte, war sehr wohlthätig, da wir innerhalb der Kasba keine Wächter brauchten. Auch das Ungeziefer, welches sich beim Uebernachten in arabischen Häusern in unsern Betten angesammelt hatte, konnten wir mit Hilfe von Insektenpulver endlich beseitigen. Mein Gesundheitszustand hatte sich in Folge der kalten Nächte noch verschlechtert. Es war noch Rheumatismus hinzugekommen, der mich fast steif machte.

Zwei werthvolle Beobachtungsgegenstände befanden sich auf demselben Hofe, auf dem wir unsere Zelte aufgeschlagen hatten: der Ziehbrunnen und das Gefängnis. An dem Ziehbrunnen war ein Pferd von früh bis spät ohne Unterbrechung in Thätigkeit, Wasser in einem Schlauche herauszuheben, indem es auf ebener, festgetretener Bahn das Seil, an welchem der Schlauch befestigt war, über eine Rolle zog. Nicht nur die Bewohner der Kasba allein, nein, die der weitern Umgebung, eine ganze Landschaft ist auf diesen einen Brunnen angewiesen! Und doch ist sein Wasser so schlecht, dass es unsere Pferde nicht saufen wollten und der damit bereitete Thee ungeniessbar war! Ich bestimmte die Tiefe des Brunnens zu 61 m, die Temperatur des Wassers zu 24,8° C. Letztere, indem ich das

Normal-Thermometer in den eben heraufgezogenen grossen Lederschlauch tauchte. Dies schien mir zuverlässiger als das Quellen-Thermometer, das auch nur einen geringen Wasservorrath fasst, in die grosse Tiefe hinabzulassen, ganz abgesehen von der Gefahr, das Instrument zu verlieren. Die Abkühlung, welche das Wasser in der grösseren Menge beim Heraufziehen erfahren haben kann, ist jedenfalls eine verschwindend geringe gewesen. Die Temperatur der Luft betrug gleichzeitig 16,6° C. Das Wasser war also warm.

Das Gefängnis besteht aus einem 5 m tiefen rechteckigen Loche, das auf einer Treppe zugänglich, einfach aus dem Felsboden ausgehoben und im Niveau des Bodens mit einem der landesüblichen flachen Dächer versehen ist, in welchem zwei Löcher die Zufuhr von Luft und Licht vermitteln sollen. Einige alte Strohmatten auf dem Boden und einige Halseisen bildeten die ganze Einrichtung. Eine konische Strohhütte am oberen Ende der Treppe gewährte dem Wächter Unterkunft. Die vorhandenen 3 Gefangenen befanden sich tagsüber oben im Hofe neben dem Gefängnis, in ähnlicher Weise wie man hier Pferde und Maulthiere fesselt, um sie am Davonlaufen zu hindern, mit eisernen Fesseln an den Füssen, die ihnen nur erlaubten einen Fuss vor den andern zu setzen. Die Vergünstigung, sich oben aufhalten zu dürfen, war vielleicht auf das hohe Fest oder unsere Anwesenheit zurückzuführen. Jedenfalls wird der Aufenthalt in diesem Loch im Sommer, wo sich eine furchtbare Hitze entwickeln muss, qualvoll sein. Ich stieg in das Gefängnis hinab, da es einen werthvollen Aufschluss bot, und entnahm aus 3 m Tiefe der Wand ein Handstück. Bis zum Boden herrscht derselbe weiche, weisse, abfärbende Kalktuff, den ich schon 1899 in Schauia, jetzt schon mehrfach in Abda und Dukkala, die Unterlage des Tirsbodens bildend, gefunden hatte. An der einen Seite war er mehr konglomeratartig und enthielt wallnussgrosse Rollsteine.

Das ausgehobene Material bildete neben dem Gefängnis einen kleinen, die Höhe der Mauern erreichenden Hügel, der mir einen sehr erwünschten Punkt zum Aufstellen der schmalkalderschen Bussole zu Rundpeilungen, namentlich auch rückwärts nach Sidi Rehal und dem Dj. Achdár bot.

Von einer Feier des Festes war nicht viel zu bemerken. Der kranke Kaid liess unter Tags vor dem Thore der Kasba Zelte aufschlagen, offenbar, um sich dem Volke zu zeigen. Daheim feierte man Palmsonntag. Ich hatte so hier und bei anderen Gelegenheiten die verschiedenen hier im Lande gebrauchten Zeltformen kennen zu lernen und möchte daher, da eben ein beträchtlicher Theil der Bevölkerung dauernd oder längere oder kürzere Zeit unter Zelten wohnt, auf diese Zeltformen eingehen.

Man unterscheidet nach Form und Grösse 6 verschiedene Arten von Zelten. Die einfachste Art, Gibun genannt, ist das Marktzelt, meist nur ein Sonnen- oder Regendach. Von regelmässiger Kegelform ist die Bukra, durch die mittlere, oben mit einem Knopf endigende Zeltstange getragen. Aus dieser Form hat sich die Terachia entwickelt, indem durch in der Mitte angebrachte Zeltschnüre die untere Hälfte weiter auseinander gezogen wird, also ein unterer, oben abgestumpfter Kegel, auf dem ein kleinerer aufgesetzt ist. Die Terachia ist stets etwas grösser als die Bukra und bietet namentlich an den Seiten mehr Raum. Eine vierte Form ist die Kubba: ein Cylinder mit aufgesetztem Kegel. Eine fünfte Form ist der Utak, eine in die Länge gezogene Kubba, also mit 2 Zeltpflöcken, senkrechten Wänden und einem an beiden Enden konischen, in der Mitte nach beiden Seiten abfallenden Dache. Bei Kubba und Utak besteht das Zeltdach stets aus zwei Stücken, einem für das Dach und einem für die Seitenwände. Auch hat der Stoff abwechselnd weisse und blaue Streifen, wol auch Figuren. Eine sechste Form schliesslich ist die Chaima, das Zelt der Nomaden, aus Kamel- oder (schwarzen) Ziegenhaaren, nicht selten aus Zwergpalmen- oder Bruak-Fasern. Bruak müsste nach der Beschreibung Asphodelus sein, doch ist mir das unwahrscheinlich. Die Chaima ist so niedrig, dass auch in der Mitte ein Mann kaum aufrechtstehen kann. Es ähnelt einem umgestülpten Boote. Ich habe die gleiche Zeltform auch bei den Nomaden des Hochlands von Algerien und bei denen des südtunesischen Schottgebiets gefunden.

Am Morgen des 1. April brachen wir auf, um annähernd in der gleichen nordöstlichen Richtung die Um-er-Rbia und das fast sagenhafte Kastell Bu-el-Awân zu erreichen. Wir folgten zunächst noch immer dem Rande der oberen Stufe, wenn auch in schon grösserem und stetig wachsendem Abstande, da derselbe mehr und mehr nach Osten abwich: die Thalöffnung der Um-er-Rbia im Rande der oberen Stufe. An einer niederen vorgelagerten Bodenwelle zog sich östlich von Dar Msaddek ein langgestreckter Saum von Gärten hin; wir kamen zunächst noch mehrfach an Gärten vorüber und durch gut angebautes Land. Rotherde herrschte vor. Aber nach einer Stunde änderte sich das, der Anbau minderte sich, dürftige Steppenvegetation trat an Stelle der Felder. Wir sahen grosse Schafheerden in der Steppe. Bald herrschten Zwergpalmen vor, bald

Asphodelus. Weiterhin die in Marokko weitverbreitete Artischokendistel (Cynara cardunculus L.), die auch auf den Märkten feilgeboten wird und wichtiges Nahrungsmittel ist. Ebenso die Knollen von Arisarum vulgare L., nach denen der Boden häufig durchwühlt ist. Keine Spur eines Holzgewächses. Wir bewegen uns durch tischgleiche Ebene. Niedrige Höhen, die vor uns auftauchen, liegen schon jenseits der Um-er-Rbia in Schauia. Bald tritt vor ihnen graues Mauerwerk eines Kastells, wenn auch noch in grosser Ferne, in das Gesichtsfeld, unser Ziel, Bu-el-Awân. Wir brauchen noch 3 Reitstunden, um es zu erreichen. Weithin menschenleere, öde Steppe. Der Boden ist bald mit kantigen Kalkbrocken überstreut, bald röthlicher, steinloser, sandiger Thonboden.

Das erste Holzgewächs, das mit der Annäherung an den Strom wieder auftaucht, ist Zizyphus, der höchstens 30 cm hoch polsterartige Dickichte auf flachen Erhöhungen bildet. Auch die Zwergpalmenbüsche stehen auf solchen Erhöhungen, die jedenfalls als „Zeugen", nämlich der subaerischen Abtragung, aufzufassen sind. Beide Gewächse zeichnen sich ja durch sehr tiefgehende Wurzeln aus, sind daher fast unausrottbar und recht geeignet, den Boden fest zu halten. Die Blätter der Zwergpalme hatten übrigens hier ganz augenscheinlich durch Frost gelitten! In einem Abstande von etwa 2 km vom Strome liess gleichzeitig ein Gerstenfeld, das erste, das wir seit Stunden wiedersahen, und das Auftreten immer zahlreicherer und höherer Holzgewächse auf günstigere klimatische Bedingungen, namentlich grössere Luftfeuchtigkeit schliessen. Zunächst allerdings nur kümmerliche Gummiakazien und Asparagus, in deren Schutze aber in Menge 4 in ganz Süd-Marokko häufige einjährige Pflänzchen in Fülle ihrer Blüthen entfaltet hatten: Linaria bipartita Willd., Anagallis collina Schousb., Celsia cretica var. Cavanillesii Willk. und Matthiola tristis R.-Br. Auch die schön violett blühende Statice sinuata L. war häufig.

Gegen Mittag stellten wir fest, dass unser Führer im Begriff war, uns nicht nach Bu-el-Awân, das ganz nahe vor uns zu liegen schien, sondern nach der Meschra-el-Kerma, der Feigenbaum-Furth, unterhalb Bu-el-Awân zu führen, wie uns schien mit Absicht, vielleicht im Auftrage des Kaid. Wir machten daher mitten in der kahlen Steppe, wo weder Wasser noch irgend welcher Schutz zu finden war, Rast, um die Kamele abzuwarten und nöthigten dann den Führer uns nach Bu-el-Awân zu führen. Dazu galt es eine kurze Strecke zurückzureiten und dann nach Südosten auszubiegen, wo wir sofort, ohne bisher eine Ahnung gehabt zu haben, dass wir dem Strome so nahe waren, da dieselbe tischgleiche Ebene, die wir durchmessen hatten, auch vor uns zu liegen schien, einen Einblick in das tiefeingeschnittene Thal der Um-er-Rbia gewannen und in ein kleines, kurzes Nebenthal hinabstiegen, das eine kleine krystallklare Quelle gebildet hat. Dies kleine Thal ist bis in das Grundgebirge eingeschnitten, dessen gefaltete Schichten, Thonschiefer, sich scharf von den ungestörten des Deckgebirges unterscheiden. Auf dem undurchlässigen Grundgebirge tritt das Wasser der Quelle zu Tage, also genau in der gleichen Weise, wie ich es 1899 weiter stromaufwärts an der Um-er-Rbia vielfach beobachtet habe und weiter stromab noch mehrfach beobachten sollte. Es ist daher wahrscheinlich, dass man auch in Dar Msaddek das ganze wenig mächtige und äusserst durchlässige Deckgebirge durchsunken und erst auf dem undurchlässigen Grundgebirge Wasser gefunden hat. Das Thälchen ist flach muldenförmig und greift nicht weit in's Land ein. Sehr auffallend war, dass auf dem alten Gebirge, gewiss aber auch mit in Folge der grösseren Stromnähe, also der grösseren Luftfeuchtigkeit, und wegen des Windschutzes, Holzgewächse zahlreicher und als stattliche Büsche auftraten. Sogar Arganbüsche kamen vor. Sobald wir wieder auf der Hochfläche waren, verminderte sich sofort Zahl und Höhe der Holzgewächse, ja streckenweise blieb Thirta allein, allerdings in 1½ m hohen Büschen übrig. Auch Bestände von Stipa tortilis und Blumensteppe traten abwechselnd auf. Wir umgingen, uns immer auf tischgleicher Hochebene fortbewegend eine weit nach Süden ausgreifende Schlinge des Stromes und eine ganze Anzahl kleiner Nebenthäler an ihren Enden, bis wir das mächtige Kastell unmittelbar vor uns sahen und durch die dem Halse der Schlinge entsprechende Einsattelung zu demselben emporstiegen.

---

13. Bu-el-Awân.

Wir sind wahrscheinlich die ersten Europäer gewesen, die diesen wichtigen Punkt erreicht haben. Die Eingeborenen, die sofort zahlreich aus dem kleinen hinter der Burg gelegenen Duar herbeikamen, versicherten uns auch, dass noch niemals Christen hier gewesen seien. Sie kamen uns, wenn auch mit Vorsicht, so doch ganz freundlich entgegen und versprachen alles zu liefern, was wir brauchten, allerdings erst nachdem sie sich die ausdrückliche Versicherung hatten geben lassen, es werde alles anständig bezahlt werden. Wir sassen ab und drangen durch das halboffene Thor in das Kastell ein, da wir der Sicherheit wegen lieber hinter schützenden Mauern lagern wollten. Leider überzeugten wir uns, dass das Innere alles derartig von Trümmern erfüllt war, dass kein freier Platz vorhanden war, um auch nur ein Zelt aufschlagen zu können. Wir mussten daher das Lager auf einem leidlich ebenen Platze unmittelbar vor dem Thore aufschlagen, an der Südfront des Kastells, deren hohe Mauern sehr erwünschten Windschutz boten.

Der einzige Europäer der Bu-el-Awân (Bulauan) gesehen und kurze Mittheilungen über dasselbe gemacht hat, ist der englische Arzt W. Lemprière[1]), der 1789 von Gibraltar zu dem Lieblingssohne des Sultans, Mulay Absulem, der damals als Statthalter des Sus in Tarudant wohnte, berufen wurde. Derselbe bereiste damals 6 Monate lang die Küstenlandschaften von Marokko, landeinwärts bis Marrakesch und kam auf der Heimreise auf dem kürzesten Wege von Marrakesch nach Rabat-Sla auch an Bu el-Awân vorbei, indem er dort im Februar 1790 den Strom, den auch er Morbeya nennt, überschritt. Er hat ganz augenscheinlich das Kastell nicht selbst betreten, sondern nur von unten beim Uebersetzen über den Strom gesehen. Es war auf dem 3-tägigen Marsche von Marrakesch her, das erste feste Bauwerk, das er sah. Von dort bis Sla hatte er noch 4 Tagemärsche, 110 Miles. Er beschreibt es als auf einem, namentlich an der Nordseite steil aufsteigenden Hügel gelegen, an deren Fusse der tiefe und reissende Strom fliesst. Er hebt nur die Stärke der Mauern hervor. Es war von einigen Negern bewohnt, die hierher verbannt worden waren, zur Zeit, als Sidi Mohammed es für nöthig erachtete, einen grossen Theil dieser schwarzen Truppe (gemeint sind die Buaker) aufzulösen. Die Wildheit und Grossartigkeit der Scenerie erfüllte ihn mit Bewunderung und Schrecken. Er beschreibt auch eines der (Schlauch-) Flösse, auf dem er hier den Strom überschritt.

Etwas anders, aber augenscheinlich nicht auf Grund von Selbstsehen, beschreibt Graberg de Hemsö[2]) Bu-el-Awân, „Vater der bequemen Uebergänge". Es sei eine kleine Stadt mit altem Kastell in einer Schlinge des Flusses, den man hier auf dem Wege von Marrakesch nach Rabat auf Flössen überschreite. Am andern Ufer liege ein Tabulauant d. h. Land von Bulauan genanntes Dorf (gemeint ist das Troglodytendorf), wo die Fährleute, meist Juden, wohnen.

---

[1]) A tour through the dominions of the emperor of Marocco. Newport 1813, 3. Aufl. S. 351.

[2]) Specchio geografico e statistico dell' Impero di Marocco. Genova 1834, S. 55.

Ich habe den Tag, den wir in Bu-el-Awân lagerten, möglichst ausgenützt, um das Kastell selbst, (s. Bild 10) seine Lagenverhältnisse und Umgebung zu erforschen und auf der Karte festzulegen. Diese beruht hier ausser auf der Wegaufnahme auf 50 Winkelmessungen mit der Schmalkalderschen Bussole von 6 verschiedenen Standpunkten in dem wild zerschnittenen Gelände, sowie Skizzen des Flusslaufs. Das Kastell wurde zum Theil mit dem Bandmaass ausgemessen. Seine Lage erinnerte mich sofort an die Marienburg an der Mosel oberhalb Kochem. Ein beigegebener Ausschnitt aus der Reichskarte in 1:100000, also dem gleichen Maassstabe meiner Nebenkarte, lässt die Uebereinstimmung erkennen. Die Morbeya bildet von Meschra esch Schaêr an, von wo sie ihr Thal durch das Deckgebirge bis tief in das Grundgebirge eingeschnitten hat, bis fast an ihre Mündung auf 65 km (Luftlinie) ein ausserordentlich windungsreiches Thal, ähnlich dem der Mosel zwischen Trier und Koblenz, nur alles grösser. Sie durchbricht auf dieser Strecke einen breiten Gürtel, in welchem das Grundgebirge, dieselben Gesteine wie im Moselthale, vielleicht dieselbe Formation, eine Aufragung bildet, die von dem Deckgebirge in ganz geringer Mächtigkeit verhüllt, ja im Flussthale und in den Seitenthälern blosgelegt ist. Es ist ein reines Erosionsthal. Das Gefälle des Stromes auf dieser Strecke ist ein sehr bedeutendes, trotzdem sich der Lauf in Folge der Windungen auf 88 km verlängern dürfte. Wie ich unterhalb Meschra esch Schaêr beim Eintritt in dies gewundene Engthal die ersten Stromschnellen sah, so traten auch hier dicht bei Bu-el-Awân und unterhalb, dann weiter stromab bei Meschra Mgern, ja noch oberhalb Mheula, 30 km von der Mündung, Stromschnellen auf. Die Morbeya bildet daher auf dieser Strecke ein bedeutendes Verkehrshindernis, da man nur an wenigen Punkten durch Seitenthäler von der freien Hochfläche an den Strom hinab gelangen und an noch weniger Punkten denselben überschreiten kann. Jeder dieser letzteren hat daher besondere Wichtigkeit. Da Bu-el-Awân auf der geraden Linie von Marrakesch nach Casablanca und Rabat liegt, so musste es ein besonders wichtiger Uebergangsort sein. Dazu kam, dass sich hier ein Punkt von ausserordentlicher natürlicher Festigkeit fand, von dem aus man den Uebergang beherrschen konnte. Das hat wol die Erbauung des Kastells veranlasst. Aber noch mehr, eine für Marokko der neueren Zeit staunenswerthe Thatsache, es war sogar der Bau einer Brücke über den Strom unmittelbar unter dem Kastell an der Ostseite nicht nur geplant, sondern sogar in Angriff genommen. Es führt dort ein verfallener gedeckter Gang zum Strome hinab, der augenscheinlich und in erster Linie der Besatzung die Verbindung mit dem Wasser sichern sollte. Man kann aber Mauerwerk, welches sich dort am Strome findet, recht gut als den Anfang einer Brücke deuten. Ich erfuhr leider erst in Uled Said in Schauia, 5 Reitstunden von Bu-el-Awân, von den Resten einer Brücke, sonst hätte ich wol nähere Untersuchungen angestellt. Wie die Brücke nicht fertig geworden ist, so ist möglicherweise auch das Kastell selbst im Innern nicht ganz ausgebaut worden.

10. Kastell Bu-el-Awân an der Morbeya.

Bu-el-Awân liegt also im Niveau der Ebene auf dem engen Halse einer Flussschlinge. Von zwei Seiten bespült der Strom einen bereits bis auf 200 m an der Basis, 112 m oben verschmälerten steilen Felsrücken, dessen Höhe über dem Flussspiegel am Thore des Kastells 67 m, auf dem höchsten Punkte innerhalb des Kastells wol nahe an 75 m beträgt. Unmittelbar vor dem Thore ist der Hals bis auf etwa 50 m eingekerbt, so dass man auch an dieser einzigen Stelle, an der man sich überhaupt dem Kastell nähern kann, erst hinab, dann wieder steil zum Thore empor steigen muss. Auch das erhöhte die Festigkeit. Das Kastell nimmt die ganze Breite des Halses ein, nur an der Westseite bietet eine schmale, durch hohe Stützmauern geschaffene Terrasse einen Zugang zu dem hinter dem Kastell gelegenen kleinen Duar und der Halbinsel in der Schlinge des Flusses, dem einzigen, da das Kastell nur ein Eingangsthor, kein zweites auf der Rückseite besitzt. Zu beiden Seiten stürzen die Felsen steil zum Strome ab. Das Kastell ist ein Mauerviereck, das die eine schmale Seite von 112 m Länge mit dem Thore in der Mitte und mächtigen Eckthürmen dem Süden, der Landseite, die andere der Halbinsel zukehrt, die langen Seiten, die 150 m messen, dem Flusse. Die Mauern haben eine Höhe von 10 m und sind aus Steinen, nicht aus Pisé erbaut. Es sind vorwiegend die weichen, aber an der Luft erhärtenden pliocänen oder

11. Aus den Ruinen von Bu-el-Awàn.

quartären Kalksandsteine verwendet, sorgsam behauen, namentlich an Thüren und Fensteröffnungen. Dieser Stein muss also und soll in der Nähe vorkommen. Daneben ist aber auch die in der nächsten Nähe anstehende Nagelfluh des Deckgebirges, ja selbst die Thonschiefer des Grundgebirges und Backsteine zur Verwendung gekommen. Der Baumeister und die Arbeiter dürften wol europäische Renegaten bezw. Sklaven gewesen sein, da der ganze Bau nicht den Eindruck macht, als sei er rein marrokkanischen Ursprungs. Im Innern liegt rechts vom Eingange ein ehemaliger Prachtbau, links eine Moschee und eine Kubba Sidi Mansur, das einzige noch erhaltene und unterhaltene Bauwerk. Doch ist noch vielfach das Holzwerk der Decken erhalten. Eine mächtige Rebe umrankt die Trümmer der Moschee. Auch in der Nordwestecke des Mauervierecks finden sich noch Reste eines ansehnlichen Bauwerks. An der Ostseite waren cisternenähnlich grossartige Matamoren errichtet, in die man das Getreide aus den Taschen der Kamele direkt schütten konnte. Ihre Decken sind jetzt zum Theil eingestürzt. Dr. Weisgerber gelang es, wenn auch nicht ohne Lebensgefahr, einen weithin sichtbaren hohen Wartthurm, der sich dicht am Thore erhebt, zu ersteigen und von dort einige Punkte der Umgebung anzupeilen. Augenblicklich war im Innern alles von üppigem Unkraut überwuchert. Geschütze, die man sonst in Marokko, wenigstens in den Küstenstädten häufig umherliegen sieht, sind nicht mehr vorhanden. Eines ist in der Nähe liegen geblieben, als die anderen nach Dar Msaddek geschleppt wurden. Auch eine schöne Marmorsäule lag dort, ähnlich den in Saffi verwendeten. Sie war offenbar für den Bau bestimmt und von der Küste herbeigeschleppt worden. Die Eingeborenen erzählten, die (Frohn-) Arbeiter hätten sie liegen lassen, als die Nachricht vom Tode des Sultans gekommen sei. Nach gewissen Spuren hatte ich den Eindruck, als würde die Ruine zeitweilig als Viehstall benützt. In der That erfuhr ich von den Eingeborenen, dass gestohlenes Vieh dort häufig verborgen gehalten werde. Das Thor kann zur Noth auch noch geschlossen werden. Störche, denen der Strom reichlich Nahrung bietet, Falken, Raben und Tauben hausen in den Trümmern in Menge. Letztere lieferten uns gute Suppen und Braten. Auch der Fluss trug das Seine dazu bei, uns noch andere lukullische Genüsse zu verschaffen. Er wimmelt im Frühling von einem aufsteigenden vortrefflichen Fische, dem Schebbel, Clupea alosa. Ein Eingeborener kam bald mit 3 frisch gefangenen Prachtexemplaren an, die ich für wenig Geld erstand.

Ueber die Erbauung des Kastells giebt eine Inschrift über dem Thore Auskunft, deren Entzifferung ich Herrn Dr. Kampffmeyer und

Herrn Dr. Weisgerber verdanke. Sie lautet: „Sieg und Macht und herrliche Eroberung ist unserm Herrn Ismael, welcher auf dem Wege des Herrn der Welt thätig ist, der Gottes Sache führt. Und Gott hat ihm den Sieg gegeben durch den siegreichen Pascha Abu Osman Said Ben el Chabat, den Glücklichen, dem von Gott geholfen ist, dem Rechtschaffenen. Möge Gott ihm helfen. Im Jahre 1122." Das Kastell ist also im Jahre 1710 oder 1711 unter Mulay Ismael, wol dem thatkräftigsten Herrscher der jetzigen Dynastie, erbaut worden. Ob es gewaltsam zerstört worden ist oder wegen mangelhafter Unterhaltung allmählich in Trümmer gesunken ist, wobei natürlich die Umwohner weg schleppten, was ihnen zusagte, wage ich nicht zu entscheiden. Nach marokkanischen Verhältnissen ist gewaltsame Zerstörung durchaus das Wahrscheinlichere, das Normale. Doch kommt dabei in Betracht, dass der Hauptzweck der Erbauung, Sicherung dieses Uebergangspunktes, später wegfiel. Der Verkehr hat sich nämlich andere Linien und Uebergangspunkte, viel weiter stromauf gesucht, in der Meschra Ben Challû, wo man bequem an und über den Fluss gelangen kann, jetzt Fährboote aufgestellt sind und auch ich 1899 mit meiner Karawane übersetzte. Der Strom ist bei Bu-el-Awân so reissend, dass man das Brausen der Stromschnellen oben am Kastell hört und der Uebergang sehr beschwerlich und gefährlich ist. Nicht einmal Schlauchflösse sind hier mehr vorhanden. Die Eingeborenen überschreiten den Fluss einzeln mit Hilfe von Schläuchen schwimmend, wobei sie aber von der Strömung weit abwärts gerissen werden. Es mag sich wol das Strombett geändert haben. Jedenfalls sind jetzt hier besonders gefährliche Stromschnellen vorhanden, zum Theil mit im Flussbett aufragenden Felsen. So oberhalb des Troglodytendorfs selbst bei dem augenblicklich hohen Wasserstande. Auch Ansätze zu Inselbildung sind vor den den Strom durchsetzenden Felsriffen vorhanden. Die Aehnlichkeit des Stromthales mit den Thälern des rheinischen Schiefergebirges ist, soweit es in das Grundgebirge eingeschnitten ist, auffallend. Am Kastell stehen bröcklige Thonschiefer an, die im Winkel von 10° nach Norden einfallen. Doch wechselt Streichen und Fallen häufig, und streckenweise sind die Ufer von 10–15 m hohen Felswänden gebildet. So ist Bu-el-Awân heute bedeutungslos, es liegt abseits der Verkehrswege, und da es auch schwer zu erreichen ist, so erklärt es sich, dass es bisher unbekannt geblieben ist.

Das Landschaftsbild von Bu-el-Awân ist ein grossartiges. Es liegt das Kastell auf dem Deckgebirge und ganz in gleichem Niveau mit der Ebene von Dukkala, die man daher über das tief eingeschnittene

Flussthal hinweg weithin in südlicher und südwestlicher Richtung überblickt. Der obere Rand des Thalgehänges ist von einer völlig wagrechten Linie begrenzt. Dagegen ist gegen Schauia in nördlicher Richtung die Grenzlinie eine wellige und der Blick beschränkt, da das Tafelland von Schauia um 50—80 m höher ist. Fast in allen Richtungen eröffnen sich Einblicke in das windungsreiche Flussthal, dem man sich in tischgleicher Ebene ohne eine Ahnung von seinem Vorhandensein nähern kann, bis man unmittelbar in dasselbe hinabschaut. Dasselbe entbehrt der Thalsohle durchaus. Die Gehänge des Thales sind entsprechend der steilen Aufrichtung der Schichten des alten Gebirges ziemlich steil, nur gegen Norden flacht sich die in der Flussschlinge gelegene Halbinsel zungenförmig ab. Dieselbe ist in ganz kleinen Flecken mit Saubohnen und Melonen angebaut, überwiegend und überall, wo das Grundgebirge blosgelegt ist, mit vereinzelten Büschen, namentlich Akazien und Thirta bedeckt. Ein kleiner halbverfallener Duar liegt unmittelbar hinter dem Kastell, weiterhin die Kubba Sidi Amara. Auf dem rechten Ufer, gegen Nordwesten, liegt am Thalgehänge ein wahres Troglodytendorf, anscheinend auch in Verfall. Dort wohnten früher die Fährleute. Mit der Verlegung des Flussübergangs und dem Verfall des Kastells, dessen Besatzung naturgemäss auch den Umwohnern günstigere Erwerbsgelegenheit bot, mögen sich auch diese Duar entvölkert haben. Grosse Opuntienpflanzungen umgeben dieselben. Neben den grossen Ziegen- und Schafheerden tragen sie offenbar wesentlich zur Ernährung der armen Bevölkerung bei. Auch Gruppen von Dattelpalmen, freundliche Züge in dem ernsten Landschaftsbilde, sieht man der Halbinselzunge gegenüber.

Die Sinkstoffführung des Stromes ist, wie schon seine gelbrothe Farbe zeigt, sehr gross. Die Gewinnung von reinem Wasser zum Trinken, zum Thee, zum Waschen war daher recht mühsam und zeitraubend, denn der Cylinder meines kleinen Asbest-Filters, der sich auf diesen Reisen ausgezeichnet bewährt hat, war wenn einige Liter filtrirt waren, mit einer Schmutzkruste überzogen und musste gereinigt werden. Aber das Wasser kommt krystallklar aus dem Filter und ist sehr wolschmeckend. Die Eingeborenen versicherten auch, dass es sehr gesund sei, so dass wir es gelegentlich in geringen Mengen ungekocht getrunken haben.

War der Aufenthalt in Bu-el-Awân auch für mich nichts weniger als ein Rasttag, da von Höhe zu Höhe zu klettern mir sehr schwer wurde, so war er es umsomehr für unsere Leute und unsere

Thiere, die, allerdings stets unter den Augen eines der Leute, mitten unter den Ziegen- und Schafheerden der Umwohner sich den ganzen Tag dem Genuss der frischen Frühlingsweide hingaben.

Neben den topographischen Arbeiten gingen immer erneute Besprechungen mit Gruppen der Eingeborenen einher, die die Neugier in unser Lager trieb. Es galt die Möglichkeiten der Fortsetzung unsers Wegs zu erkunden. Meine Absicht war, noch weiter stromauf zu gehen bis Meschra-esch-Schaêr, dort über den Fluss zu setzen und somit an meinen Weg von 1899 anzuknüpfen, um dann dem Strome auf dem rechten Ufer bis zur Mündung zu folgen. Die Eingeborenen riethen davon durchaus ab. Bei dem jetzigen hohen Wasserstande — man sah, dass der Strom vor Kurzem einen noch höheren Stand gehabt hatte — sei es sehr gefährlich, wenn nicht unmöglich, bei Meschra-esch-Schaêr überzusetzen. So gut wie dort sei es auch hier möglich. Auch bei Meschra-esch-Schaêr stehen, wie ich 1899 selbst gesehen hatte, nur die gebrechlichen Schlauchflösse zur Verfügung: aufgeblasene Ziegenfelle, die nothdürftig mit einigen dünnen Aesten zu einem Flosse vereinigt sind. Man benutzt den Uebergang von Meschra-esch-Schaêr thatsächlich auch nur im Sommer bei niedrigem Wasserstande. Im Winter ziehen es die Handelskarawanen vor, grosse Umwege zu machen und sei es weiter oberhalb die Fährboote von Bu Challû oder die bei Azemur an der Mündung des Stromes zu benutzen, sodass die Morbeya thatsächlich auf mehr als 150 km ein unübersteigliches Verkehrshindernis ist. Schon in Dar Msaddek hatte man uns dringend abgerathen, den Uebergang bei Meschra-esch-Schaêr zu versuchen. Ich trug namentlich Bedenken einige schwere Gepäckstücke den gebrechlichen Schlauchflössen anzuvertrauen.

Ich musste also nothgedrungen auf dem linken Stromufer bleiben. Auch ein zweiter Plan erwies sich als schwer durchführbar, nämlich das Lager hier zu lassen, in einem Gewaltmarsche bis Meschra-esch-Schaêr vorzudringen und wieder zurück zu kommen. Der Strom beschreibt auch zwischen Bu el-Awân und Meschra-esch-Schaêr grosse Schlingen und durchfliesst, da das Deckgebirge auf eine lange Strecke abgetragen ist, eine felsige, unwegsame Wildnis. Diese hatte ich schon 1899 hinreichend kennen gelernt. Es war unmöglich gewesen, den Strom auch nur in Sicht zu behalten und der jämmerliche Zustand, in welchen in kürzester Zeit die Reit- und Lastthiere geriethen, zwang sehr bald nach Norden abzubiegen. Auf dem linken Ufer ist das, wie die Eingeborenen versicherten und mir auch von vornherein wahrscheinlich schien, noch schlimmer, weil dort die höhere Landstufe von Rehamna mehrere Wadi herabsendet, deren Thäler man überschreiten muss. Und kleine Seitenthäler, wie wir solche eben selbst bei Bu-el-Awân beobachtet hatten, sollten in grosser Zahl vorhanden sein und unablässig zu weiten Ausbiegungen nach Süden zwingen. Der Weg verlängere sich daher ausserordentlich und sei namentlich für Kamele kaum gangbar. Meine Kameltreiber waren schon über das felsige Gelände bei Bu-el-Awân unglücklich. Wie weit es thatsächlich bis Meschra-esch-Schaêr sei, konnte ich nicht erfahren, die Eingeborenen haben von Zeit und Entfernung nur sehr unklare Vorstellungen. Dass es in Luftlinie nur etwa 30 km ist, darüber war ich mir klar. Aber das nützte wenig. Ich hätte sicher darauf rechnen müssen, 3 Tage zu brauchen. Die zwei Nächte aber ohne die Zelte zu verbringen, war bei den häufigen Regen, der Kälte und meinem kläglichen Gesundheitszustande unmöglich. Auch auf diesen Plan musste ich also verzichten. Es blieb somit nichts übrig, als dem Strome auf dem linken Ufer bis zur Mündung zu folgen.

---

14. Längs der Morbeya von Bu-el-Awân bis zur Mündung. Mheula.

So traten wir am 3. April den Marsch am linken Ufer der Morbeya an. Diese Namensform fand ich nicht nur in Bu-el-Awân, sondern bis zur Mündung und allenthalben in Dukkala im Gebrauch. Auch Lemprière bedient sich ihrer. Der Gedanke liegt nahe, dass die Araber diese berberische Namensform, die ihnen unverständlich war, in Um-er-Rbia, was Mutter der Frühlingskräuter bedeutet, umgewandelt, sich mundgerecht und verständlich gemacht haben.

Zunächst legten wir nahezu den gleichen Weg zurück wie am 1. April, nur querten wir das kleine Quellthal etwas weiter südlich und erreichten die Hochebene etwas weiter südlich von dem Mittagsrastplatze. Von da schlugen wir im Allgemeinen nordwestliche Richtung ein. Es zeigte sich sofort die Unmöglichkeit, immer dicht am Flusse zu bleiben. Das Gelände wäre zu schwierig, die Umwege zu zahlreich und lang gewesen. Dagegen ging der Weg, den wir wirklich einschlugen, durch tischgleiche Ebene, bald Blumensteppe, bald mit wilden Artischoken, Asphodelus und Zwergpalmen bedeckt. Weiterhin aber herrschte Rotherde vor und begann sich wieder Anbau zu zeigen. Namentlich Feigen- und Opuntiengärten, gelegentlich auch kleine Rebenpflanzungen, waren häufig, auch eine von flachem Walle umschlossene Daya, in welcher eine

Kuhheerde ein Fussbad nahm, zeigte sich, ein Schauspiel, das sich noch mehrfach wiederholte. Der Strom lag in geringer Entfernung zur rechten, wie an dem überragenden rechten Ufer zu erkennen war. Gegen Süden beherrscht der Dj. Achdár das Gesichtsfeld. Wir befanden uns im Gebiet der Kabyle der Uled Ferdj. Bald kamen wir durch, in ihrer ganzen Ausdehnung in Anbau genommene Flächen mit zahlreichen Duar und Kubba. Ziehbrunnen und Cisternen finden sich auch häufig am Wege, erstere meist neben einer Daya. Streckenweise bedingt auch sandiger Boden Grassteppe. Erst am Mittag zeigt sich das erste und einzige Holzgewächs, Zizyphus. Die Mittagsrast halten wir unter dem einzigen Baume weit und breit, einem Johannisbrotbaume, der, selbstverständlich angepflanzt, 7 m hoch, nach Süden umgebogen ist und die Gewalt und Richtung anzeigt, in welcher hier die Winde über die freie Ebene zu fegen pflegen. Die Bewohner des kleinen Duar bringen uns willig, was sie an Milch haben, freilich in recht unsauberen Holzgefässen.

Der Nachmittagsmarsch ging in annähernd nördlicher Richtung, stets in einem Abstande von 3—4 km vom Flusse. Zunächst kamen wir noch durch gut, etwa zur Hälfte der Fläche, angebautes Land und an mehreren Duar, auch einem Suk el Had und den 3 Kubba von Sidi Msaud vorüber. Der Boden war allerdings meist etwas sandig. Nahe bei Sidi Msaud hatte ein Ziehbrunnen 50 m Tiefe, wol die Mächtigkeit des Deckgebirges an dieser Stelle. Um dem Flusse nahe zu bleiben, ritten wir schliesslich ganz ohne Weg nach dem Kompass in nördlicher Richtung durch die unabsehbar vor uns liegende Steppe, bis nach etwa 6 km das Gelände flachwellig, der Boden besser zu werden beginnt und man wieder Spuren von menschlicher Kulturarbeit im Aufsammeln der Steine zu Haufen und Wällen sieht. Namentlich war Mais und Foenum graecum angebaut. Aber weit und breit ist kein Duar zu sehen. Einzelne Dattelpalmen sind in dieser menschenleeren Gegend auffallende Erscheinungen. Zu Zizyphus kommt Calycotome spinosa hinzu, bald sogar in zahlreichen Exemplaren. Unser Suchen nach einem Duar der Uled Ferdj, der nach Erkundigungen, die wir bei einigen uns begegnenden Eingeborenen eingezogen hatten, vor uns liegen sollte, war schliesslich mit Erfolg gekrönt, denn ohne solchen Schutz und ohne Wächter, ohne Wasser in der öden Steppe zu lagern, wäre doch nicht angenehm gewesen. Ein kleiner Duar, vorwiegend aus Zelten bestehend, aber von einer etwa 1½ m hohen Mauer aus Feldsteinen umschlossen, liegt mitten in der freien Steppe. Die Bewohner sind Halbnomaden, Viehzüchter, die etwas Ackerbau treiben. So erstaunt dieselben über unser

Erscheinen waren, so bereitwillig gestatteten sie neben ihrem Duar das Lager aufzuschlagen. Sie lieferten auch bereitwillig Kuskussu, das Nationalgericht der Nordafrikaner, für unsere Leute, Futter für die Thiere, ja, ein Mann stellte uns seinen ganzen kostbaren Wasservorrath zur Verfügung, der weither aus der Morbeya geholt werden muss. Alles natürlich gegen anständige Bezahlung von unserer Seite.

Am Morgen war gegen Süden nicht nur der Dj. Achdár, sondern auch der Djebilet und der Atlas, wenn auch undeutlich, bei ziemlich dunstiger Luft zu erkennen. Ueber das Ziel und den Verlauf des heutigen Tagemarsches (4. April) hatten wir in eifrigem Hinundherreden mit den Männern des Duar volle Klarheit erlangt. Wir wollten den Apfelsinenhain von Mheula an der Morbeya erreichen, aber nicht nur dem Strome nahe bleiben, sondern ihn mindestens an einer Stelle berühren. Um das möglich zu machen, blieb nichts übrig als die Karawane zu theilen und die Kamele auf geradem, ebenem Wege nach Mheula vorauszuschicken. Wir waren von der Sicherheit der Gegend und der Zuverlässigkeit meiner Kameltreiber so überzeugt, dass ich keinen Augenblick bedenken trug, mich von meiner Habe zu trennen. So schlugen wir, unter Führung einer der Duarmänner, eine nordöstliche Richtung ein, um den nächsten Punkt zu erreichen, an welchem die Morbeya zugänglich und überschreitbar ist, Meschra Mgern.

Der Weg führte zunächst über steinige, von grossen Kalkbrocken überstreute, flachwellige Hammada, Steppenland mit hier und da eingestreuten Feldern und Flächen, von denen man sah, dass sie früher angebaut gewesen waren. Dieselben glichen jetzt wundervollen, bunten Blumenteppichen, während dicht daneben, wie mit dem Messer abgeschnitten, der Boden ziemlich dicht mit niedrigen Büschen von Calycotome spinosa bedeckt war. An andern Stellen herrschten Gräser vor, wieder an anderen, Zwergpalmen und Zizyphus. Auch Akazien, Thirta, Asparagus horridus L., Lavendula dentata L. kamen vor, und je näher wir an den Strom herankamen, um so dichter und höher wurde diese Buschvegetation. Namentlich war dies der Fall, als wir in ein flachanhebendes, sich aber rasch vertiefendes Thal hinabstiegen, das bald auch einen erkennbaren Wasserriss zeigte, der vor Kurzem noch Wasser geführt hatte. Zwei Kubba, Sidi Brahim und Sidi Mussa, gaben auch ihrerseits dem Thale einen gewissen Anstrich. In einer kesselartigen Ausweitung desselben brach eine starke krystallklare Quelle an der Sohle des Deckgebirges aus dem Felsen hervor, die das ganze Thal mit der üppigsten Vegetation erfüllte. Aïn Tellemst ist der echt berberische Name dieser Quelle. Binsen,

Rohr, Typha füllten und umstanden die Quelle, aus welcher ein starker Bach, noch von einer zweiten Quelle ein wenig oberhalb verstärkt, zur Morbeya abfloss. Oleander, Granatbüsche, Feigenbäume, vielfach von Geisblatt und Zaunrübe überrankt und von einzelnen hohen Dattelpalmen überragt, bilden ein fast undurchdringliches Dickicht, in welchem zahlreiche Vögel Schutz gefunden haben. Aber das Wasser der Quelle wird von einem Eingeborenen und dem Führer als ungesund bezeichnet. Das erklärt, das dies kleine Paradies in der Steppe menschenleer und kein Versuch gemacht ist, das Wasser zur Berieselung von Gärten zu verwerthen. Aïn Tellemst ist wieder eine der zahlreichen Quellen, welche durch das tiefe Einschneiden des Thales der Morbeya erschlossen worden sind. Nach 1½ km erreichen wir, dem Bache folgend, den Strom.

Durch dieses Thal ist also der Zugang zum Flusse ein sehr bequemer. Dieser selbst bildet hier eine Schlinge. Meschra Mgern, die Uebergangsstelle, liegt ein wenig von der Bachmündung abwärts und hatten wir Gelegenheit zu sehen, wie die Eingeborenen hier auf einer sog. Madia, einem gebrechlichen Schlauchflosse, das ihre Habe, unter Umständen auch Menschen trägt und von den Fährleuten gestossen wird, den Strom überschritten (s. Bild 12). Ein

12. Meschra Mgern der Morbeya. Schlauchfloss (Madia).

kleiner Esel musste, an das Floss angebunden, nachschwimmen. Die Strömung war eine reissende, ja, wenig unterhalb bildete der Strom eine Schnelle. Man sah, dass er vor Kurzem einen weit höheren Stand gehabt hatte. Die Eingeborenen hatten sofort auf dem so durchfeuchteten Boden eines kleinen Vorlands an der Mündung des Baches, Mais gesäet. Die Breite des Stromes betrug gegenwärtig 60 m. Tamarisken und Vitexbüsche rahmten die Ufer ein. Auch hier überragte das rechte Ufer das linke um etwa 50 m. Das Flussthal war so eng, die Hänge so steil, dass es auch hier unmöglich war, dem Flusse zu folgen. Es blieb nichts übrig als in dem Bachthale bis zur Quelle von Aïn Tellemst zurück zu reiten und von dort durch ein Seitenthälchen in westlicher Richtung wieder auf die wellige Hochfläche emporzusteigen. Auch hier trug dieselbe bei sehr steinigem, von faust- bis kopfgrossen Kalkbrocken übersäeten Boden, nahe dem Strome, den Charakter der Strauchsteppe. Mit der Entfernung vom Strome wurde aber die Vegetation rasch dürftiger. Die Mittagsrast hielten wir in einem von einer Trockenmauer umschlossenen Feigengarten mit üppigem Frühlingsgrün.

Am Nachmittag war unsere Richtung zunächst eine nordnordöstliche. Das Land wurde grosswelliger, aber ohne eine Spur wirklicher Thalbildung, und trug ausgeprägten Steppencharakter mit hier und da eingestreuten Feldern und Feigengärten, für die man aber auch den Boden durch Aufsammeln der Steine erst künstlich vorbereitet hatte. Bald herrscht mit Kalkbrocken übersäete Hammada, bald leichter rother Sandboden. Wasser liefern Ziehbrunnen in flachen Mulden, bald mit, bald ohne Daya. Gelegentlich wurde auch das am felsigen Hange fallende Regenwasser in Cisternen gesammelt. Den Strom hatten wir in geringer Entfernung zur Rechten. Eine Kubba, Abd en Nbi, die ich anpeilte, lag deutlich erkennbar auf dem höheren rechten Ufer. Auf einer Bodenschwelle konnten wir in grosser Ferne Azemur, nahe der Mündung des Stromes, erkennen. Von da an herrschte sehr fruchtbare, feinerdige, wenn auch mit Kalkbrocken untermischte Rotherde vor, und sahen wir wieder üppige Weizenfelder. Aus einem derselben entnahm ich eine Probe dieser Rotherde. Wir waren nunmehr dem Strome wieder so nahegekommen, dass das Gelände durch Bildung kurzer, meist steiler Seitenthälchen bewegter wurde. In eines derselben stiegen wir hinab und folgten ihm in der Erwartung, dass es uns in den Apfelsinenhain von Mheula führen werde. Dasselbe ähnelte dem noch weiter stromab gelegenen richtigen derartig, dass der Irrthum unsers Führers begreiflich war. In der That entwickelte sich das Thälchen, das ein kleiner Bach aus einer Quelle wenig oberhalb bewässerte, bald zu einem üppigen Fruchthaine, wo hohe Ricinusbüsche mit Feigen-, Limonen- und Apfelsinenbäumen dichtgedrängt den Boden bedeckten, soweit er bewässert werden konnte, die Apfelsinen in betäubender Blüthenpracht, aber es endigte zwischen hohen Felswänden am Strome. Es blieb nichts übrig als wieder umzukehren, an der stattlichen Kubba Sidi Abdallah, gegenüber der Stelle, wo wir in das enge Thal hinabgestiegen waren, wieder auf die Hochfläche hinaufzusteigen, um mehr als 2 km weiter nunmehr in das richtige Thal hinabzusteigen, das uns in die Thalweitung von Mheula und zu dem vorgesehenen Lagerplatze führte. Die Kamele waren bereits angekommen und wir konnten so sofort die Zelte mitten in dem Haine unter den hohen Bäumen aufschlagen.

Mheula.

Das Thal der Morbeya, das unmittelbar oberhalb und in einiger Entfernung auch unterhalb ein ungangbares, enges Felsenthal ist, hat hier eine Erweiterung erfahren, allerdings nur von geringem Betrage. Dieselbe ist das Werk einer starken Quelle, Aïn-el-Kebir, die grosse Quelle genannt, zur Unterscheidung von einer benachbarten kleineren. Diese Wasserader liegt ebenfalls auf dem undurchlässigen Grundgebirge und ist dadurch erschlossen worden, dass der Strom sein Bett immer tiefer, erst durch das Deckgebirge, dann noch etwa 25 m tief in das Grundgebirge eingeschnitten hat. Der der Quelle entspringende Bach hat dann, das Seitenthälchen immer weiter rückwärts einschneidend, die Thalweitung geschaffen. Doch hat der Strom selbst bei Ausbildung der heutigen Thalform mitgewirkt, denn man kann ganz deutlich, sowol hier, wie etwas weiter stromab, Terrassenbildung erkennen. Diese ist darauf zurückzuführen, dass der Strom durch die Engen unterhalb zurückgestaut, hier seine Sinkstoffe, einen überaus feinen fruchtbaren Schlamm bildend, fallen liess, dann dieselben bei tieferem Einschneiden seines Bettes zum Theil wieder abtrug, sodass die oberste Terrasse entstand. Bei weiterer Austiefung der Thalenge unterhalb senkte sich der Flussspiegel wiederum, es bildete sich so eine zweite und schliesslich eine dritte Terrasse. Diese überfluthet der Strom noch gelegentlich bei hohem Wasserstande, wie solcher noch vor Kurzem geherrscht hatte. Auf dem rechten Ufer waren nur Ansätze zu solchen Terrassen erkennbar, aber an einer derselben, die der Einmündung des Seitenthälchens gegenüber zu einem Maisfelde verwerthet war, konnte man die haarscharfe Linie erkennen, bis zu welcher dasselbe vor Kurzem überschwemmt und mit Sand bedeckt worden war. Die oberste

Terrasse ist 38 m breit. Von hier steigt man steil 5 m zur zweiten hinab. Diese hat eine Breite von 35 m und geht in 2 m hohem Abstieg in die dritte über, die 30 m breit ist und an dem augenblicklich 3 m tiefer liegenden Flussspiegel endigt. Der Fluss ist geschwollen und führt wie bei Bu-el-Awân und Meschra Mgern gelbrothes Wasser, hat aber noch vor Kurzem und offenbar geschieht das häufig, die unterste Terrasse überfluthet, gründlich durchgetränkt, und mit seinem Schlamme gedüngt. Die ganze Breite dieser so terrassirten Thalsohle beträgt somit wenig über 100 m. Ihre Länge etwa 1¼ km. Die anbaufähige Fläche ist also auch hier klein. Aber sie ist nicht einmal voll ausgenützt, der Apfelsinenhain, der in allen seinen Verhältnissen durchaus dem von Schella am Bu Regreg oberhalb Rabat ähnelt, bedeckt nur einen Theil der Fläche, und zwar, weil nicht hinreichend Wasser zur Berieselung aller drei Terrassen und in ihrer ganzen Länge vorhanden ist. Obwol diese herrliche Oase nämlich dicht an dem wasserreichen Strome liegt, ist doch nicht er es, der sie in's Leben gerufen hat, sondern, genau wie bei Schella, die Quelle des Seitenthälchens. Diese wird am Fusse des Thalgehänges hingeleitet und berieselt so vorzugsweise die höchste Terrasse, auf der die schönsten Apfelsinenbäume stehen. Die unterste Terrasse wird durch die Ueberschwemmungen des Flusses durchfeuchtet und trägt neben Apfelsinenbäumen üppige Ricinus, während die mittelere weder von diesen, noch vom Wasser der Quelle erreicht wird und daher nur einzelne kümmerliche Apfelsinenbäume aufweist. Der untere Rand der obersten Terrasse liegt so bei heutigem Stande 10 m über den Wasserspiegel.

Unser Lager steht auf der obersten Terrasse unter den dort 8 m hohen Apfelsinenbäumen, die in dieser Zeit von einer so unglaublichen Fülle von Blüthen bedeckt sind, dass beim leisesten Winde die abfallenden Blüthenblätter wie Schneeflocken den Boden bedecken und der Duft so stark ist, dass er Kopfweh machte und ich die erste Nacht fast schlaflos verbrachte: die Schlange in diesem Paradiese. Gleichzeitig tragen die Bäume aber noch eine Menge wundervoll süsser und saftiger Früchte, die fast werthlos sind. Man sah auf dem Boden noch die ringförmigen kleinen Dämme, die man um die Zelte, zur Ableitung des Wassers, zu legen pflegt. Die europäischen Kaufleute des etwa 30 km entfernten Mazagan kommen öfter hierher, um einige Tage oder Wochen die Freuden des Landlebens zu geniessen. Die Zudringlichkeit der Ortsbewohner liess den schädlichen Einfluss dieser Besucher erkennen. Das Thal selbst ist auch hier, wol der Fieber wegen, unbewohnt, der Duar liegt hoch oben auf dem Rande der Hochebene, ein kleinerer etwas thalaufwärts auf einer vom Grundgebirge gebildeten Terrasse des Thalgehänges bei der malerisch, zwischen Palmen und hohen Oelbäumen, über der Mündung des Baches gelegenen Kubba Sidi Amer. Hier tritt der reissende Strom aus seinem vielgewundenen Engthale in die Thalweitung ein. Die alten Schiefer fallen hier in einen Winkel von 50° nach N 55° W ein und dementsprechend ist das Tahlgehänge auf die unteren etwa 25 m sehr steil, auf die oberen etwa 30 m, die dem Deckgebirge angehören, sanfter geböscht. Hier ist der Strom auf 40 m eingeengt und bildet bedeutende Strudel und Wirbel.

Das Quellthal beginnt als Trockenthal. Schaaba ist der Name für diese hier häufigen kurzen Trockenthäler. Die obere kleine Quelle tritt in dichtem Brombeergebüsch unter wagerechten Kalksteinbänken auf dem Grundgebirge zu Tage, die Hauptquelle etwa 10 m tiefer unter einer herrlichen Palmengruppe. Ihre Temperatur war 22,4° C, die des Flusses gleichzeitig 22° C. Das Wasser der Quelle ist wolschmeckend und gilt als sehr gesund. Wir konnten uns so das Filtrieren des Flusswassers sparen.

Ebbe und Fluth machen sich hier, wie man sieht und wie die Ortsbewohner auch bestätigten, nicht mehr geltend, trotz der Entfernung dieses Punktes von nur etwa 23 km vom Meere. In Azemur wurde behauptet, die Gezeiten reichten bis Mheula. Bis hierher kann man von Azemur aus in Booten gelangen, weiter stromauf nicht ohne Gefahr, der Strudel und Stromschnellen wegen. Eine Fähre oder auch nur eine Madia ist hier nicht vorhanden, wir sahen aber häufig Eingeborene mit Hilfe eines Schlauches, ihre Kleider auf dem Kopfe befestigt, den Strom durchschwimmen. Die Strömung riss sie weit stromab.

Von Mheula nach Azemur.

Am 7. April, Ostersonntag, setzten wir den Marsch stromab nach Azemur fort. Zunächst war es noch möglich auf einige Kilometer dem hier ziemlich geradlinig in NW verlaufenden Thale dicht am Strome entlang zu folgen, wenn auch keineswegs auf bequemem Wege, sondern auf und ab, namentlich beim Ueberschreiten mehrerer kleiner Nebenthäler, von denen zwei durch Quellen hervorgerufene mit üppig grünen Gärten gefüllt waren. Neben Dattelpalmen und Apfelsinen fanden sich hier Kirschen und Birnen, welche Obstsorten in Marokko selten sind, Aprikosen, Feigen, Oliven, Granaten und Mandeln. Solche Pflanzungen sahen wir noch mehrfach auch weiter stromab im Thale, auch auf dem rechten Ufer, woraus ich schliesse, dass noch mehrere solche kleine Quellen durch das Stromthal erschlossen worden sind.

Nach 5 km hatte der Weg am Strome entlang ein Ende. Der Strom bildete mit steilen Thalgehängen eine nach Nordosten ausgreifende Schlinge. Wir stiegen daher auf die Hochfläche hinauf, um die Schlinge abzuschneiden und folgten eine Strecke weit dem Thalrande. Der Boden war hier von der Kalkkruste gebildet, unter welcher der weit verbreitete, weisse, bröckelige Kalktuff anstand. Dann herrschte Zwergpalmensteppe. Wo die Kalkkruste fehlte oder ihre Trümmer zu Haufen und Wällen zusammengelesen waren, da trat äusserst fruchtbare Rotherde auf, häufig etwas sandig oder mit Kalkbrocken vermischt, noch häufiger so feinerdig wie Staub. Dem entsprechend war 50—75 % der Bodenfläche hie und da sogar noch mehr angebaut, und sahen wir wieder üppige Weizenfelder, auch Maispflanzungen, zahlreiche unbewässerte Feigengärten. Dass die Gegend ziemlich dicht bevölkert war, dafür sprachen zahlreiche Duar und Kubba. Den Strom hatten wir stets in geringer Entfernung zur Rechten, seine Richtung war also eine annähernd nordwestliche. Ausserordentlich häufig mussten wir aber kurze, steil eingerissene Trockenthäler umgehen, die dann regelmässig einen Einblick in das tiefe steilwandige Flussthal gewährten. Der Fluss bildet auch hier unablässig Windungen, doch meist von grossem Radius. Nur nahe bei Azemur findet sich noch eine enge Schlinge, die ziemlich weit nach Osten ausgreift. Die Reit- und Lastthiere haben häufig tiefe Rinnen in der Kalkkruste ausgetreten. Mit der Annäherung an Azemur mehren sich die Gärten. Wir reiten schliesslich an der Stadtmauer entlang zum Strome hinab und setzen sofort mit Hilfe der vorhandenen Fährboote über, um am nächsten Morgen ohne erst mit dem Uebersetzen viel Zeit zu verlieren, sofort den Marsch fortsetzen zu können. Nach langem Suchen nach einem geeigneten Lagerplatze fanden wir einen solchen in einem ummauerten, aber vernachlässigten Garten ganz nahe am Flusse, der angeblich dem Kaid von Azemur gehört. Denn für die urwüchsigen Zustände ist auch das bezeichnend, dass man in Marokko überall lagern kann, wo es einem gut scheint. Am liebsten wählt man natürlich dazu Gärten. Niemals hat der Besitzer Widerspruch erhoben.

15. Azemur.

Da wir schon am Mittag in Azemur ankamen, so hatten wir hinreichend Zeit, wie es auch von vornherein beabsichtigt war, bis zur Mündung der Um-er-Rbia vorzudringen. Azemur liegt nämlich keineswegs am Meere, sondern auf dem linken Ufer des Stromes 4 km oberhalb seiner Mündung. Das linke Ufer ist hier das hohe, gegen welches der Strom hindrängt. Die Stadt zieht sich mit hohen Häusern, von Mauern und Thürmen umschlossen, auf etwa 500 m am Flusse entlang. Noch weiter dehnt sie sich landeinwärts aus, da sich dort an die eigentliche Stadt die ausgedehnte Zauia Sidi Bu Schaib anschliesst. Ich habe Azemur selbst nicht betreten. Keinem Europäer ist dort der Aufenthalt gestattet. Auf dem rechten flachen Ufer findet sich ein breiter Gürtel, sorgsam zum Berieseln eingerichteter Pflanzungen von Henna (Lawsonia inermis L.), die noch der Frühlingsbestellung haarten. Es ist ein höchstens 1 m hochwerdender Busch, der seine Samen in Marokko meist nicht reift, sodass man sie aus dem Orient bezieht. Man erntet die Blätter 3 mal und schneidet im Herbst die Triebe ab, sodass der Stock im Frühling neue Schösslinge treibt. Die getrockneten und pulverisirten Blätter dienen bekanntlich mit einigen Zusätzen zum Färben der Nägel und Handflächen u. s. w. Auf allen Märkten sieht man in Marokko diesen Handelsgegenstand ausgestellt. Das Wasser, das diese Pflanze reichlich fordert, liefert auch hier nicht der Fluss, sondern zahlreiche Norias, die das Grundwasser emporheben und nur im Sommer in Betrieb gesetzt werden. An der Mündung des Stromes, auf der rechten Seite, liegt eine weithin sichtbare Kubba, die, auch darin prägen sich die berberischen Einflüsse aus, einer heiligen Frau gewidmet ist: Lella Aischa-el-Baharîja, heilige Aischa vom Meere. Mit Pistacia Lentiscus bestandene Dünen dehnen sich hier auch weithin aus. Bis an die Mündung ist die Strömung eine rasche, ja der Strom rollt bis an dieselbe bei Hochwasser Kiesel. Eine heftig brandende Barre schliesst die Flussmündung. Azemur hat daher nie Bedeutung als Seeplatz zu erlangen vermocht und gehört nicht zu den dem Fremdhandel geöffneten Küstenstädten. Auch nicht das kleinste Segelschiff war vor der Stadt zu sehen. Wol aber lagen zahlreiche kleine Boote auf dem Flusse eifrig dem Fange des wolschmeckenden Schebbel ob. Der Verkehr an der Ueberfahrtstelle war ein ziemlich lebhafter, wenn auch nicht mit dem an der Fähre von Rabat zu vergleichen, an welches mich zuerst die ganze Scenerie lebhaft erinnerte. Die Fluth macht den Flussspiegel bei Azemur um 1 m steigen. Die Breite des Stromes schwankt so zwischen 120 und 150 m. Oberbalb Azemur erodirt er das rechte Ufer, während auf dem flachen linken, ein breiter Streifen von Gärten angelegt ist. Unmittelbar nach Sonnenuntergang fiel ein so starker Thau, dass die Zelte davon ganz durchnässt waren. Von der Bedeutung dieser Thaufälle, die ich auch diesmal sorgsam beobachtet habe, habe ich schon früher gehandelt. Auch werde ich bei der Bearbeitung der meteorologischen Beobachtungen noch auf dieselben eingehen.

Am Abend, als ich arbeitend im Zelte sass, meldete mein Diener, ein Soldat des Kaid von Mogador sei angekommen. In der That führte er auf mein Geheiss einen baumlangen, stattlichen, noch jungen Soldaten herein, der berichtete, dass er vom Kaid von Mogador mit dem Schutzbriefe des Sultans abgesandt sei, um sich meinem Dienste bis zum Ende meiner Reise zu widmen. Er sei seit 10 Tagen durch das Land geritten, um mich zu suchen. In der That hatte ich schon in Mheula gehört, dass ein Soldat des Kaid von Mogador mich suche, doch hatte ich mich nicht weiter darüber aufgeregt. Ich erfuhr gleichzeitig, dass unser Konsul in Mogador nach meinem Aufbruche in's Innere an die Gesandtschaft in Tanger berichtet hatte, dass und warum ich ohne den Schutzbrief des Sultans in's Innere abgereist sei, dass dies zu Verhandlungen zwischen der Gesandtschaft, der Regierung in Marrakesch und dem Kaid von Mogador geführt hatte, deren Ergebnis gewesen war, dass dieser letztere den bestimmten Befehl erhalten hatte, sofort seinen zuverlässigsten Soldaten hinter mir herzuschicken, um mich so rasch wie möglich wieder unter den Schutz der Regierung zu stellen. Dies geschah somit in Azemur. All dies hatte sich abgespielt, während ich, ohne eine Ahnung davon zu haben, friedlich und im besten Einvernehmen mit der Bevölkerung, gerade weil ich keinen Regierungssoldaten bei mir hatte, durch das Land zog. Ich sandte nun am nächsten Morgen den alten, biedern Abd es Selam, den Soldaten des deutschen Konsulats in Saffi, der mich bis nach Casablanca hatte geleiten sollen, nach Saffi zurück. Natürlich musste ich die 10 Tage, während deren der Soldat auf mich gefahndet hatte, bezahlen, 5 Franken für den Tag. Mit der Freiheit der Bewegung, deren ich mich bisher erfreut hatte, war es nun vorbei. Doch lag jetzt nicht mehr viel daran, da ich in Schauia ohnehin die Punkte besuchen wollte, die ich nunmehr als Sitze von Kaids aufsuchen musste. Ich will aber sofort bemerken, dass der mir aufgedrungene Soldat ein durchaus anständiger, ordentlicher Mann war, wie man vielleicht unter 100 kaum einen finden wird, gegen den ich auch nicht das Geringste vorzubringen gehabt habe.

Meine nächste Absicht war nun von der Mündung der Um-er-Rbia aus wiederum quer durch die Provinz Schauia über Uled Said, wo ich meinen Weg von 1899 kreuzen wollte, bis nach Settat, d. h. auf die obere Landstufe vorzustossen und von da wiederum quer durch die ganze Provinz an's Meer bis Casablanca hinabzusteigen.

16. Von Azemur nach Settat.

Die Richtung, welche wir am 8. April verfolgten, war im Allgemeinen eine ostsüdöstliche. Wir durchzogen das Gebiet der Kabyle Schtuka. Wie meist bisher ging unser Marsch auch während der 3 Tagemärsche bis Settat noch einmal ganz durch weisse Flächen der Karte. Schon in geringer Entfernung vom Flusse erreichten wir bei dem grossen Duar El Kherba die sanft nach Osten ansteigende Hochfläche. Dieselbe trug den Charakter sehr flachwelliger Ebene. Zuerst herrschte Rotherde vor, mit Kalkkruste und mit Flächen wechselnd, die mit Kalkbrocken übersäet waren, weiterhin Schwarzerde. Den Uebergang bildete chokoladefarbener Boden, der auch sehr fruchtbar sein muss, da man in seinem Bereich eine bedeutende Arbeitsleistung durch Aufsammeln von Gesteinsbrocken feststellen konnte. Die Decke von Schwarzerde war zunächst sehr dünn und schien auf die flachen Mulden beschränkt zu sein, die hier vorherrschten und in deren Tiefen meist Ziehbrunnen gegraben waren. Der Rotherde entsprach im Allgemeinen etwa 50%, namentlich mit Mais angebauter Bodenfläche. Auf Tirsboden umfasste der Anbau 80—100%, neben Mais besonders Weizen. Die Kalkkruste trug Steppencharakter mit vorherrschenden Zwergpalmen und Asphodelus. Von Holzgewächsen kam, abgesehen von vereinzelten Dattelpalmen und Feigenbäumen in den nicht seltenen Gärten, nur Rtem, Thirta und ein Schoten tragender, fiederblättriger niedriger Strauch vor. Aber auch diese verschwanden schon in 14 km Abstand vom Meere, sobald die Schwarzerde eine gewisse Mächtigkeit erreichte. In demselben Abstande traten schon Zeltduar auf, die wir auf dem andern Ufer der Morbeya von Bu-el-Awân abwärts nur selten gesehen hatten. Ich habe alle, die irgendwie angepeilt werden konnten, in die Karte eingetragen, denn sie geben doch eine Vorstellung von der Besiedelung des Landes, wenn sie auch naturgemäss von Zeit zu Zeit ihren Ort wechseln. Das Thal des Stromes lag uns in wachsendem Abstande, aber doch noch hier und da erkennbar, zur Rechten. Die Mittagsrast hielten wir in einem Feigengarten nahe bei der malerischen Kubba Said Bu Othman und einem im Tiefsten einer Mulde gelegenen Ziehbrunnen.

Nachmittags wurde unsere Richtung immer mehr eine südöstliche und wir bewegten uns auf 10 km auf dem Grundgebirge, das unter dem abgetragenen Deckgebirge hervortrat. Der wiederholt hervorgehobene Umstand, dass das rechte Ufer der Morbeya das linke beträchtlich überragt, dürfte, wie auch die Abtragung des Deckgebirges, darauf zurückzuführen sein, dass überhaupt in Schauia das Grundgebirge zu grösserer Höhe aufragt, wie in Dukkala. Auch hier waren es von Quellen, wenn auch meist wasserarmen, gespeiste kleine Bäche, die die Abtragung des Deckgebirges bewirkt und kleine, flache, zur Morbeya, die etwa 11 km entfernt war, führende Thäler gebildet hatten. Einzelne derselben liessen erkennen, dass sie vor Kurzem Wasser geführt hatten, andere wiesen nach Wasserlachen auf, eines, einen kleinen Bach, den Abfluss einer Aïn-er-Ruida genannten Quelle. Sie vereinigten sich alle, wie es schien, zu einem einzigen Thale, dem Wadi Tiurarghet. Das Grundgebirge bestand aus steil aufgerichteten Schichten von Grauwacken und Sandsteinen. In seinem Bereich herrschte Zwergpalmen- und Asphodelus-Steppe. Sobald wir die Rotherde des Deckgebirges wieder erreicht hatten, war das Land wieder angebaut. Für die Nacht schlugen wir unser Lager, zum grossen Kummer des Soldaten, da kein grösserer Ort zu erreichen war, bei dem kleinen Duar des Hadsch Yussef in der Kabyle Schtuka auf, die noch zu Dukkala gerechnet wird. Der Duar bestand aus 16 dem Duarbegriff entsprechend, im Kreise aufgestellten Zelten und 4 niedrigen Hütten. Es gehörten zu demselben eine Heerde von etwa 100 Rindern und grosse Heerden von Schafen und Ziegen. Doch lagen auch ausgedehnte Mais-, Weizen- und Gerstenfelder ringsum. Der Dorfschech versah uns, natürlich gegen Bezahlung, reichlich mit Nahrung für Menschen und Thiere. Nach Sonnenuntergang überzog sich der Himmel mit Dunst und es fiel so reichlicher Thau, dass der im Freien stehende Tisch mit einer Wasserschicht belegt und die Zelte wie vom Regen nass waren. Auch am Morgen war es noch ganz dunstig, später aber klärte es sich auf. Diese Erscheinung wiederholte sich fast täglich und erklärt sich daraus, dass die herrschenden Winde vom Meere her dem Lande grosse Wasserdampfmengen zuführen, die sich dann bei nach Sonnenuntergang rasch eintretender Wärmestrahlung verdichten und als Thau niederschlagen.

Der Duar des Hadsch Yussef lag auf einer Insel des Deckgebirges. Bald hatten wir am Morgen des 9. April wieder die steil aufgerichteten Thonschiefer, Grauwacken und Quarzite des Grundgebirges unter den Füssen und dementsprechend Steppe, die namentlich reich an Disteln war. Die Quarzite bildeten 1½ m aufragende Klippen, denen wir von da an in diesem Gebiete noch öfter begegnet sind. Auch rothe Thonsandsteine traten in grosser Ausdehnung auf. Ihre Undurchlässigkeit bedingte die erste etwa 50 m im Durchmesser messende natürliche Daya, wie wir weiterhin deren viele trafen. Mitten in der Steppe bot sich von ferne ein wunderlicher Anblick: eine grosse Zahl von Eingeborenen, die zu Fuss und zu Pferde in den tollsten Zickzacklinien herumrannten. Näher kommend, stellten wir fest, dass sie Hasen hetzten. Ein armseliges Häslein, das so schliesslich mit der Keule erschlagen wurde, erwarb ich gegen eine Kleinigkeit für meine Bratpfanne.

Die Klippenzüge von Aïn el Djemaa.

Sobald wir wieder auf dem Deckgebirge waren, trat Rotherde und Anbau auf, strichweise bis zu 50% der Bodenfläche bedeckend, strichweise aber auch die geschlossene Kalkkruste auf dem weit verbreiteten weissen Kalktuff, dementsprechend Steppe mit Zwergpalmen und Asphodelus. Immerhin fanden sich auch da kleine Felder und Feigengärten eingestreut, ein Beweis, dass die Bewohner der vereinzelt mitten in der Steppe liegenden kleinen Zeltduar auch etwas Ackerbau treiben und nur Halbmonaden sind. Grosse Viehheerden, deren wir viele sahen, sind ihr Hauptbesitz. Der auffallende Reichthum dieser Gegend an natürlichen Wasseransammlungen mag die Rinderzucht begünstigen. Wir sahen zahlreich natürliche Dayas, einzelne von ansehnlicher Grösse und von ausgedehnten Sümpfen umgeben. In vielen standen Kuhheerden mitten drin. Ich führe diesen Wasserreichthum darauf zurück, dass das undurchlässige Grundgebirge, Thonsandstein und Quarzit, hier in sehr geringer Tiefe ansteht und weiterhin in ganzen Klippenzügen steil aufgerichteter Quarzite und in flachen Gewölben zu Tage tritt. Zwischen diesen parallelen Aufragungen, die wir querten, fanden sich ausgedehnte Sümpfe und offene Wasserflächen, ja ein Zug von Quarzitklippen hatte sogar die Bildung einer Quelle verursacht: Aïn el Djemaa. Hier hielten wir unter einer Gruppe von Feigenbäumen und hohen Dattelpalmen, nahe bei einer Kubba, Mittagsrast. Die Quelle tritt in einem unzugänglichen, von Binsen und Cyperus longus L. (var. badius Desf.) überwucherten Sumpfe zu Tage. Sie ist sehr schwach und der kleine Bach, den sie bildet, versiegt bald. Man hat daher einen 2 m tiefen Brunnen angelegt, der reichlich Wasser giebt. Die Quelle tritt an der Westseite eines einige 100 m langen, annähernd Nordsüd streichenden Zuges von Quarzitklippen zu Tage, die auf 3 m aus der Umgebung herauspräparirt sind. Es sind mächtige Bänke, die in 45° nach Osten einfallen. Diese Klippenzüge sind in der tischgleichen Ebene sehr auffällige Erscheinungen. Jenseits Aïn el Djemaa bildet ein flaches Gewölbe von Quarziten, das wir in einer Breite von mehr als einem halben Kilometer queren, ein wahres Steinfeld. Als wir den letzten dieser Klippenzüge, mit Aufragungen bis zu 4 m zugleich der höchste, gequert haben, betreten wir, freilich nur auf eine kurze Strecke typische Schwarzerde, die mit den üppigsten Weizenfeldern bedeckt ist.

Bald tritt wieder weniger fruchtbare Rotherde und Zwergpalmen-Steppe auf. Die obere Landstufe, deren Rand schon seit Langem am südöstlichen Horizonte sichtbar geworden war, verräth ihre Nähe durch ein Wadibett mit einzelnen Wasserlachen, das wir queren, wol ein Zufluss des Wadi Mussa. Am Fusse des Aufstiegs selbst, in einem blossgelegten Gürtel steil aufgerichteter Thonsandsteine hat der Wadi Mussa, dessen Oberlauf bei Settat wir noch kennen lernen werden, ein flaches Thal ausgetieft, genau in der gleichen Weise wie an dem etwa 13 km entfernten Punkte, wo ich 1899 auf dem Wege von Uled Said nach Dar Ber Reschid von der oberen Stufe herabstieg. Die Höhe der Stufe beträgt hier, nach meinen am Fusse der Stufe und auf der Höhe derselben vorgenommenen barometrischen Messungen 50 m. Weiter nach Nordosten betrug die Höhe dieser Landstufe 70 m. Der Aufstieg erfolgt an dieser Stelle allerdings durch eine Art breiten und flachen Thales, also ganz ähnlich wie der Abstieg auf dem Wege von 1899. Er ist daher ein sehr sanfter. Auf der Höhe liegt die Zauia Uled Sidi Rehal. Auch hier bildet das Grundgebirge am Rande der oberen Stufe mehrfach hohe Klippenzüge.

Die obere Stufe von Schauia.

Auf der Höhe der Stufe empfängt uns typische Schwarzerde, die bald an Mächtigkeit zunimmt, tischgleiche, thatsächlich allerdings nach S etwas ansteigende Ebene und reichen Anbau bedingt. Dementsprechend erscheint die Gegend auch als dicht bevölkert. Man sieht Duar und Kubba in allen Himmelsrichtungen. Der grösste Ort dieser Gegend ist der Hauptort der Kabyle Uled Said, meist kurz danach benannt, genauer Dar Si Bu Schaîb bel Hadsch. Dort wollten wir für die Nacht das Lager aufschlagen. Auch 1899 hatte ich eine Nacht hier verbracht. Wie gewöhnlich hatte ich den Soldaten vorausgeschickt, um uns beim Kaid oder seinem Stellvertreter anzumelden. Ob sich der Soldat ungeschickt benommen hatte oder ob das Erscheinen eines der als Erpresser gefüchteten Regierungssoldaten diese Wirkung hatte, jedenfalls wurde uns, als wir in die Kasba einreiten wollten, plötzlich das vorher weit offenstehende Thor vor der Nase zugeschlagen! Ich war 1899 auch gelegentlich nicht sehr freundlich empfangen worden, namentlich in Demnat, aber solch ausgesuchte Grobheit war mir, der ich doch seit gestern amtlich unter dem Schutze und als Gast des Sultans reiste, noch nie geboten worden. Indem wir unserer Ansicht über dies Benehmen den zahlreich herbeigeströmten Ortsbewohnern gegenüber in Worten und Gebehrden ungeschminkten Ausdruck gaben, suchten wir uns auf eigene Hand in einem der nahen Gärten einen Lagerplatz; dann, als sich dort keiner fand, auf einem vor dem Orte gelegenen Anger, der anscheinend meist von den Karawanen benutzt wird. Da erschien ein Abgesandter des Khalifa — der Kaid war noch zum Hammelfeste in Marrakesch — um uns zu bitten, die Grobheit des Thorwächters, der sofort dafür bestraft und in's Gefängnis geworfen sei, zu entschuldigen und in der Kasba Wohnung zu nehmen. Wir lehnten es natürlich energisch ab, mit Leuten etwas zu thun haben zu wollen, die einen Schutzbrief des Sultans derartig missachten, bis dann der Khalifa selber erschien und um Verzeihung bat. Nun liessen wir uns durch die staunende Menge hindurch in die Kasba führen, wo uns ein sehr schöner, auf einen hübschen Hof gehender Raum zur Unterkunft angewiesen wurde. Im Jahre 1899 hatte ich mich begnügen müssen, meine Zelte in einem der Höfe der Kasba aufzuschlagen. Bald kam auch ein aus drei Gängen bestehendes, so reichliches Abendessen, dass sich ein Dutzend Menschen an einem einzigen hätte sattessen können. Eine die Zustände von Marokko grell beleuchtende Thatsache, an deren Wahrheit, abgesehen vielleicht von der Summe, nicht der geringste Zweifel walten kann, wurde uns hier berichtet: der hiesige Kaid Si-el-Ajjaschi habe bei Gelegenheit des Hammelfestes, wo auch solche Geschäfte abgewickelt zu werden pflegen, den Kaid der benachbarten Kabyle Uled Si ben Daûd für 140000 Duro (nach augenblicklichem Stande nahe an ½ Mill. Mark) gekauft d. h. er habe gegen Zahlung dieser Summe an die Machthaber diese Kabyle zur Verwaltung überwiesen erhalten. Seine Sache wird es natürlich sein, die Kabyle so zu verwalten, dass es ihm gelingt die Kaufsumme nebst Zinsen „herauszuschinden“. Was mit dem Kaid geschehen, konnte ich nicht erfahren. Er ist wahrscheinlich unter irgend einem Vorwande, da er seinen Konkurrenten nicht überbieten konnte — selbstverständlich handelt es sich da um Baargeschäfte — abgesetzt und in's Gefängnis geworfen worden.

Uled Said ist ein ansehnlicher Ort von wol mindestens 1000 Einwohnern. Es trägt ganz den baulichen Charakter, den in diesen Küstenlandschaften alle grösseren Orte des Innern tragen: den Kern bildet die Kasba, in welcher der Kaid mit seinen unmittelbaren Hintersassen ganz in der Weise unserer mittelalterlichen Raub-Dynasten haust. Um die Kasba haben sich in einzelnen, durch freie Räume von einander getrennten Gruppen von niedrigen Häusern und Hütten, meist von Dornumzäununngen umgeben, Theile der Kabyle angesiedelt, die in grösserer oder geringerer Abhängigkeit vom Kaid stehen. Der Ort liegt an den Hängen eines flachen Thales, deren Sohle aus Norias bewässerte Gärten einnehmen, in denen unter Frucht-, namentlich Oelbäumen, Getreide und Gemüse gebaut wird. Auch der Mittwochsmarkt der Kabyle wird hier abgehalten.

Ein kurzer Marsch in nordöstlicher Richtung führte uns nach Settat. Zunächst noch über gutangebauten Tirsboden, der aber bald immer dünner wird und unter dem dann die sofort Steppenbildung bedingende Kalkkruste hervortritt. Das Gelände ist anfangs eben, weiterhin aber immer bewegter, ja wir querten etwa 9 km von Uled Said eine ziemlich tiefe muldenförmige Hohlform mit zwei Brunnen im Muldentiefsten. Wenigstens hatte ich den Eindruck einer Mulde, obwol eine Neigung der Hohlform nach Norden hin vorhanden zu sein schien. Aber es zeigte sich keine Spur eines periodischen Wasserlaufs. Immerhin könnte es der Beginn eines vom Rande der oberen Stufe her eingeschnittenen Thales sein. Ueppige Weizenfelder grünten auf der Schwarzerde, mit welcher die Sohle und die unteren Hänge der Mulde bedeckt waren. Oben auf der Hochfläche empfing uns wieder die Kalkkruste und die Steppe mit Zwergpalmen und Asphodelus, unter welche sich hier und da dornige Büsche von Asparagus und Lavendel mischten. Noch einmal querten wir eine flache Mulde, dann sahen wir langhingestreckt im Thale des Wed Mussa Settat vor uns liegen.

Settat.

Auch diesmal war unser Soldat vorausgeritten, um uns anzumelden. Hier war der Empfang, ich vermuthete fast im beabsichtigten Gegensatze zu Uled Said, ein höchst liebenswürdiger, obwohl Settat auf dem vielbegangenen Karawanenwege von Casablanca und Rabat nach Marrakesch liegt und Europäer hier oft genug durchkommen. Der Khalifa selbst, El Hadsch Abd es Selam, kam uns entgegen — auch hier war der Kaid El Hadsch el Maati noch in Marrakesch —

sobald wir in den Ort hineingekommen waren und geleitete uns, nachdem er unsere Wünsche kennengelernt hatte, in einen grossen ummauerten Garten, wo wir unter hohen Oel- und andern Fruchtbäumen, geschützt vor dem greulichen Nordwinde, der schon seit 2 Tagen wehte, aber ebenso geschützt gegen Neugierige und Ungeziefer unser Lager aufschlugen. Bald kam auch eine reiche Muna, die ich natürlich bei der Abreise in Gestalt von Trinkgeldern reichlich bezahlte: ein lebender Hammel, 4 Hühner, etwa 50 Eier, ein grosser Krug Butter, Zucker, Thee, Kerzen. Dazu kamen am Abend vier grosse Schüsseln mit Speisen, am Morgen vor der Abreise noch zwei. Wächter sorgten in der Nacht für unsere Sicherheit. Natürlich wurden auch sie von mir bezahlt.

Settat liegt schon ganz im Steppengebiet. Der Ort, der wol gegen 2000 Einwohner haben dürfte, ist ausserordentlich weitläufig gebaut. Er erstreckt sich wol 1½ km weit im Thale hin und besteht aus der von hohen Mauern umschlossenen Kasba und mehreren grösseren Gruppen weissgetünchter Häuser, zu denen mehrere Moscheen und Kubba, sowie Gruppen von Dornenhecken umschlossener Hütten hinzukommen. Dazwischen grosse freie Plätze, namentlich ein sehr grosser Marktplatz, Gärten u. dergl. Die Umzäunung der Höfe ist hier aus Sekkum (Asparagus horridus L.) hergestellt, da es wenig Zizyphus giebt. Obwol es in tiefem Thale liegt, beträgt die Meereshöhe von Settat noch immer 330 m.

Settat, der Hauptort der Kabyle Mzamza, verdankt seine Bedeutung seiner Lage, die es zu einem unvermeidlichen Durchgangs- und Rastorte auf dem Karawanenwege von Rabat und Casablanca nach Marrakesch macht. Dieser zielt naturnothwendig von der tischgleichen Küstenebene von Schauia her auf den bequemen Weg auf die obere Stufe, welchen das tiefeingeschnittene Thal des Wed Mussa bildet, an welchem Settat 9 km vor seinem Austritt in die Ebene liegt. Hier finden die Karawanen weiter zu jeder Zeit Wasser und Nahrung für Menschen und Thiere, die weiterhin auf der oberen Stufe nur noch selten und ungenügend zu finden sind. Es ist zugleich der Knotenpunkt verschiedener Karawanenwege, namentlich des nur im Sommer bei niederem Wasserstande benützten kürzesten nach Marrakesch, auf welchem man die Um-er-Rbia in der Meschra esch Schaêr überschreitet, und des weit nach Osten ausgreifenden, durch die Steppe der Beni Meskin, der die Meschra Ben Challû benützt. Der Wed Mussa führt bis Settat dauernd Wasser, da er etwa 6 km oberhalb aus einer starken Quelle bei der zerstörten Kasba Dar Si Hamed Bu Azzuz entspringt. Etwa 1 km oberhalb

Settat vereinigt sich mit diesem Hauptthale ein Nebenthal und so entsteht hier eine Thalweitung, deren Sohle von fruchtbarer Humuserde über dem typischen weissen Kalktuff bedeckt ist. Diese Thalweitung und das Wasser ist wol das Entscheidende gewesen, dass sich gerade hier der Ort entwickelt hat. Der Bach wird derartig zu Berieselungszwecken verwendet, dass er in Settat selber kein Wasser führt und sein Bett fast mit Unrath angefüllt war. Dass er aber längere Zeit Wasser führen kann, beweisen mehrere kleine Brücken. Unterhalb des Ortes führte er eine Strecke weit wieder Wasser und ausnahmsweise, wenn auch nur für kurze Zeit dürfte er sogar weithin Wasser führen, ja vielleicht die Morbeya erreichen. Denn darüber kann nach den Beobachtungen, die ich 1899 und 1901 über den Lauf des Wed Mussa gemacht habe, kein Zweifel sein, dass derselbe nicht, wie die besten Karten bisher angeben, ganz Schauia quert und in den Ocean mündet, sondern sich der nahen Morbeya zuwendet, von der er bei Uled Sidi Rehal, wo ich ihn überschritt, kaum 15 km entfernt ist und gegen welche er hinfliesst. Neben dem Wed Mussa sind aber noch zahlreiche Norias in Settat in Thätigkeit, um Wasser aus etwa 10 m tiefen Brunnen, die bis auf das Grundgebirge hinabreichen dürften, zur Bewässerung der ausgedehnten Gärten empor zu heben. Man sah sogar einen grossen neu angelegten Garten am Südende des Ortes. In denselben werden ausser Getreide, Gemüse u. dergl., namentlich Fruchtbäume gezogen, die hier nur bei künstlicher Berieselung gedeihen. Quitten und Granaten sind besonders zahlreich, nächstdem Feigen, Oliven, Opuntien und Agaven, auch vereinzelt Dattelpalmen, Apfelsinen und Reben. Thalabwärts reicht der rasch schmäler werdende Gartensaum etwa 2½ km weit. Thalaufwärts liegt ein grosser Olivenhain oberhalb der Thalgabelung im Hauptthale.

---

17. Von Settat nach Casablanca.

Von Settat ging der erste Tagemarsch in ziemlich streng nördlicher Richtung nach Dar Ber Reschid. Zunächst folgten wir dem Thale des Wed Mussa und zwar auf der rechten Seite des Baches längs dem bald schmäler werdenden Saume der durch Mauern abgeschlossenen Gärten. Nach etwa drei Kilometern, bald nachdem die Gärten aus Mangel an Rieselwasser ein Ende erreicht haben, beginnt das Thal breiter und flacher zu werden und blickt man auf die unabsehbare tischgleiche Ebene hinaus. Doch finden sich noch Felder im Thale.

Wiederholt überschreiten wir den Bach, der Anfangs noch träge und versumpfend dahinfliesst, bald aber ganz trocken liegt. Er macht viele Windungen und lässt erkennen, dass er selten gefüllt und ohne Erosionskraft ist. Die relative Höhe der oberen Stufe, auf die man hier dem Thale folgend emporsteigt, fast ohne es zu merken, mag auch hier 50 m betragen. Ihr Rand verläuft auf der rechten Seite der Thalöffnung ungefähr von SW nach NO, auf der linken annähernd in West. Das Thal des Wed Mussa bildet eine Bucht der Ebene. Eine weithin sichtbare Kubba liegt auf der Höhe. Bald nach dem Austritt aus dem Thale überschreiten wir den Wed Mussa zum letzten Male. Er wendet sich nach Westen und folgt dem Rande der oberen Stufe. Wir betreten nun ein Gebiet, das durch eine geschlossene, meist ziemlich mächtige Decke von Schwarzerde eines der fruchtbarsten von ganz Marokko ist. In nördlicher Richtung dehnt sich diese Schwarzerdedecke ohne die geringste Lücke auf 24 km aus, noch 6½ km nördlich von Dar Ber Reschid. Dann schliesst sich auf weitere 18 km, bis 2½ km nördlich von Mediuna, ein Gebiet an, wo Schwarzerde auch noch überwiegt, strichweise aber von Rotherde, die kaum minder fruchtbar ist, und von Kalkkruste unterbrochen wird. Soweit herrscht tischgleiche Ebene und ist alles angebaut. Die üppigsten Weizenfelder wechseln mit Gerste, Saubohnen, Mais, Kichererbsen, Koriander, Fenugrek u. dergl. Im Jahre 1899 lag mein Weg von Uled Said nach Dar Ber Reschid im Allgemeinen westlich von dem diesjährigen, aber auch da kam ich, namentlich in der Umgebung von Dar Ber Reschid, durch herrliche Schwarzerdegefilde, wenn die Schwarzerdedecke auch nicht, wie hier, sofort nach Ueberschreiten des Wed Mussa begann und noch lange lückenhaft blieb. Jedenfalls ist Schauia eine der gesegnetsten Landschaften von Marokko, die Schwarzerde ein wahres Brotflöz.

Eine Gruppe von Männern, denen wir nachkamen und mit denen wir uns eine Zeit lang auf dem Wege unterhielten, bis sie nicht mehr Schritt zu halten vermochten, waren dagegen lebende Bilder einerseits der Armuth, wie des Erwerbssinnes der Bevölkerung von Marokko, wie andrerseits der Ohnmacht des Sultans, in dem bei weitem grössten Theile der Ländergruppe, die man in Europa als von ihm beherrscht anzusehen sich gewöhnt hat. Diese Männer, echte Berber, magere, sehnige Gestalten im besten Alter, in Lumpen gehüllt, barhäuptig, als einzige Ausrüstung jeder einen Stock und eine schäbige, kleine Tasche aus Zwergpalmenfaser oder ähnlichem Stoffe, oder auch einen Schlauch mit sich führend, der ihre ganze Habe enthält, kamen aus der Steppenlandschaft Seraghna am Fusse des Atlas, die ich 1899 durchzogen hatte, und waren auf dem Wege nach Oran in Algerien, um dort, gleich vielen Tausenden ihrer Landsleute, als Arbeiter in landwirthschaftlichen Betrieben, bei Eisenbahnbauten u. dergl. ihren Lebensunterhalt zu gewinnen und Geld zu verdienen zur Unterhaltung ihrer Familien, die zurückbleiben. Sie verdienen dort 3 Francs täglich, daheim, wenn sie überhaupt Arbeit finden, höchstens 60—70 Pfennige. Der Weg, den sie nehmen, führt sie quer durch das Atlasvorland zunächst nach Casablanca, von da nach Fâs und über Udjda auf algerisches Gebiet. Schon da machen sie einen bedeutenden Umweg, da der kürzeste Weg von Seraghna nordwärts durch das Gebirge nach Fâs selbst für Leute nicht gangbar ist, die nichts besitzen als das nackte Leben. Den Heimweg, wo jeder einige hundert Francs, die er erspart hat, bei sich führt, meist in gutem Golde, nehmen sie aber zur See von Oran nach Tanger, weil sie auf dem Wege von Udjda nach Fâs auf dem Gebiete seiner scherifischen Majestät geplündert und womöglich todtgeschlagen würden. Sie hatten Erfahrungen gesammelt. Nicht nur ihre Ersparnisse, selbst die Kleider, die sie auf dem Heimwege trugen und die für marokkanische Verhältnisse sehr gut waren, waren ihnen geraubt worden, nur einer war so schlau gewesen, seine Goldstücke in einen schäbigen Zwergpalmenschurz einzunähen, den man ihm auf seine Bitte als völlig werthlos zur Bedeckung seiner Blössen wiedergegeben hatte. Diese neuerdings immer grössere Ausdehnung annehmenden periodischen Wanderungen bringen diese bildungsfähigen Menschen mit europäischer Kultur in Berührung und machen sie mit einem besser verwalteten Lande bekannt. Sie müssen naturnothwendig mit der Zeit auch politische Bedeutung erlangen.

Die Mittagsrast hielten wir, um Schutz gegen den rasenden, eisigen Nordsturm zu haben, der seit 3 Tagen wüthete, inmitten der Trümmer eines Bauernhofes in der Nähe der Kubba Sidi Mohamed el Aidi, auf der Grenze der Kabylen Mzamza, dessen Hauptort Settat ist, und Uled Harriz, deren Hauptort Dar Ber Reschid ist. Auch sie war, wie so viele neue Trümmerstätten, die wir gesehen haben, ein Ausdruck der herrschenden Zustände. Nur der Brunnen war in brauchbarem Zustande erhalten. Rückwärtsblickend konnten wir den steilansteigenden Rand der oberen Stufe weithin verfolgen. Wir erkannten die Lücke des Wed Mussa, eine zweite, die der Wed Mils gebildet hat, der entweder in der Ebene versiegt oder sich mit dem bei Fedhala in den Ocean ergiessenden Wed Mellah vereinigt, denn zwischen Casablanca und dem Wed Mellah, d. h. auf der Strecke, wo ihn die Karten in den Ocean münden lassen, mündet thatsächlich kein

Wadi oder Fluss. Noch weiter nach Osten erkannten wir einen kleinen, aus der oberen Stufe herauspräparirten Tafelberg, der die Kubba Sidi Nador trägt. Zahlreiche Duar zeugen von dichter Besiedelung dieses fruchtbaren Gebiets. Auch Brunnen sind sehr häufig. Je näher wir an Dar Ber Reschid kommen, um so üppiger werden die Weizenfelder. Völlig rein von Unkraut drängt sich Halm an Halm. Es entwickelten sich eben die Aehren (11. April).

Dar Ber Reschid.

Obwol ich auch hier den Soldaten vorausgeschickt hatte, war die Aufnahme doch wiederum schlechter, als wenn ich ohne Schutz der Regierung gereist wäre. Wir mussten mindestens eine halbe Stunde innerhalb des Thores auf einem wüsten Platze ohne Schutz gegen den Sturm warten, bis der Soldat zurückkam und einer der Leute des Kaid, der ihn begleitete, uns unserm Wunsche entsprechend, in einen Garten geleitete, der aber keine Möglichkeit die Zelte aufzuschlagen und keinen Schutz gegen den Wind bot, sodass wir doch als Unterkunft eine grosse, schöne Halle in der Kasba, die sich auf einen kleinen, allerdings schlechtgehaltenen Garten öffnete, annehmen mussten. Immerhin bot sie Schutz gegen den Wind, der mit furchtbarer Gewalt über diese tischgleiche Ebene hinbraust, und Insektenpulver that seine Dienste. Auch eine reiche Muna kam sehr bald, obwol ich gebeten hatte, uns damit zu verschonen. Es wurde uns in jeder Hinsicht tadellose Gastfreundschaft gewährt, was umsomehr Anerkennung verdient, als der Kaid der Uled Harriz kurz vorher wegen Schädigung deutscher Interessen durch energisches Eingreifen unsers Gesandten zu einer schweren Geldstrafe verurtheilt worden war. Im Jahre 1899, wo ich doch auch mit einem Sultanspasse reiste, hatte ich mein Lager draussen vor dem Orte in freiem Felde aufgeschlagen und kein Mensch hatte sich, zu meiner Genugthuung, um mich gekümmert.

Dar Ber Reschid ist ein grosser Ort und trägt den Charakter einer Landstadt. Es ist von Pisé-Mauern umgeben und neuerdings vergrössert worden, indem man einen Theil der Gruppen niederer Häuser und Hütten, die ausserhalb der Mauer an der Süd- uud Ostseite entstanden waren, durch Aushebung eines 3 m tiefen Grabens und Anhäufung des ausgehobenen Bodens nach innen zu einem Walle in die Befestigung einbezogen hat. Der so gebotene Aufschluss zeigte als Unterlage der hier nicht ganz 1 m mächtigen Schwarzerde den weitverbreiteten weissen Kalktuff. Obwol hier alles Wasser aus ziemlich tiefen Brunnen geschöpft werden muss, so findet sich doch bei den meisten der in einem Dorngehege aus Zizyphus oder Asparagus gelegenen Gehöfte ein winziges Gärtchen mit einem Feigenbaume, einigen Blumen u. dergl. In der Kasba sah man überall Trümmer und Verfall, da ja in Marokko für Unterhaltung von Bauwerken nicht gesorgt wird. Vielleicht waren es auch Spuren eines Aufstandes. Dicht neben dem Prachtraume, den wir bewohnten, lagen verfallene Räume voll ekelhaften Unraths. Da ich das aber so oft gesehen habe, so muss es wol Landesart sein.

Von Dar Ber Reschid nach Mediuna.

Wir waren nach reiflicher Ueberlegung zu dem Entschlusse gekommen, nicht den kürzesten Weg nach Casablanca einzuschlagen, sondern den Umweg über Mediuna zu nehmen, einerseits weil ich 1899 den kürzesten Weg gemacht hatte, andrerseits weil mein Gesundheitszustand bei dem ununterbrochenen kalten Winde von nahezu nördlicher Richtung immer schlechter geworden war und es so gerathen schien, die Möglichkeit, an Stelle eines starken, zwei kleine Tagemärsche zu setzen, nicht abzuschneiden. Wir setzten also am 12. April unsern Marsch immer dem Winde entgegen gegen Norden fort, zunächst noch über Schwarzerde und reiche Fruchtgefilde mit zahlreichen Duar, Gärten von Opuntien, Feigen, Oliven, gelegentlich auch Reben über die tischgleiche Ebene verstreut. Hier und da waren die Duar durch Wall und Graben geschützt. Auch auf Rotherde war noch 50% der Fläche und mehr angebaut. Erst in der Nähe von Mediuna trat Zwergpalmen-Steppe in grösserer Ausdehnung auf. Die Lage von Mediuna war schon von weit her kenntlich geworden durch einen niedrigen Hügel, die Südwestecke einer der alten Dünen. Schon am Mittag waren wir in Mediuna.

Mediuna.

Mit ihren hohen Zinnenmauern und mächtigen Eckthürmen mitten aus der kahlen Ebene aufragend, bot Kasba Mediuna von fern einen imposanten Anblick. Um so grösser war die Enttäuschung im Innern. Das mächtige Mauerviereck war nichts als ein grosser Viehhof des Sultans und zwar ein solcher, von dem den Unrath der Thiere zu entfernen Niemandem jemals eingefallen war. Er war durch Mauern in verschiedene Abtheilungen getheilt. In einer Ecke befand sich eine Gruppe baufälliger Häuser. Der Kaid von Mediuna, der eigentlich hier wohnen sollte, wohnt thatsächlich in Casablanca, ebenso sein Khalifa. Ersterer war überdies in Marrakesch. Kein Mensch war vorhanden, der uns hätte unterbringen und mit Vorräthen versehen können. Und diesmal hätten wir, dem Ungeziefer zum Trotz, gern ein Dach über uns gehabt, denn der eisige Nordsturm wehte noch immer und hatte die Temperatur so herabgedrückt, dass das Maximum bei der Mittagsbeobachtung statt etwa 30° C. nur 12,8° C. betrug. Das machte begreiflich, dass mir beim Schreiben im Sattel und beim Handhaben der Instrumente die Finger steif geworden waren. Der Wind war NO, Stärke 10. Und so schon seit 4 Tagen und auch noch den 5. bis Casablanca!

So blieb denn nichts übrig, als im Schutze der Umfassungsmauer einen Platz für die Zelte nothdürftig von dem Viehdünger, von dem wenigstens immer ein Theil als Brennstoff verbraucht wird, zu reinigen. Auch die unentbehrlichsten Vorräthe für Menschen und Thiere wurden beschafft, aber die Stimmung war allgemein eine gedrückte, alles fror. Heisser Cacao, von dem wir auf der ganzen Reise grosse Mengen genossen haben, regte die Lebensgeister etwas an und durchwärmte den Körper wieder. Ich führte zwar sowol Arrac, wie Cognac, diesen sogar von allererster Güte, mit mir, es wäre also möglich gewesen, einen nordischen Grog zu brauen, eine sumpfige Lache vor der Kasba hätte das Wasser dazu geliefert, aber ich hatte diese Spirituosen nur für den Nothfall als Medicin mitgenommen, wie ich auf allen Reisen in heissen Ländern grundsätzlich keinen Alkohol genossen habe.

Am Abend kamen die grossen Viehheerden, Rinder, Pferde, Maulthiere, Esel, Kamele, Schafe und Ziegen herein und füllten die verschiedenen Höfe der Kasba. Um unsere Zelte lagerten die Rinder.

Von Mediuna nach Casablanca.

Leichten Herzens schieden wir von Kasba Mediuna, da wir hoffen durften, schon am Mittag in Casablanca und somit im Bereiche europäischer Gesittung zu sein. Die Wegrichtung war im Allgemeinen eine nordwestliche. Das hatte den grossen Vortheil, dass wir den Nordostwind, der übrigens am Morgen auf Stärke 6 herabgegangen war, von der Seite hatten, nicht mehr direkt in's Gesicht. Immerhin war es noch unbehaglich genug. Zunächst ging der Weg noch auf reichlich 2 km durch die ziemlich gut angebaute Ebene, dann aber erstiegen wir eine etwa 30 m rel. hohe Bodenwelle, die von der Kalkkruste bedeckt war, Spuren von Karrenbildung zeigte und von vereinzelten Büschen von Zwergpalmen und Calycotome bestanden war. Dann folgte eine sehr schmale flache Längsmulde, der Bodenwelle durchaus parallel, und sofort neuer Aufstieg auf eine ähnliche Bodenwelle, die aber sandigen, hier und da mit Kalkbrocken untermischten Boden aufwies und demnach vorzugsweise mit Gräsern bedeckt war.

Neuer Abstieg in eine Längsmulde, die, wie vielfach die folgenden, mit dunkelem Humusboden oder Rotherde bedeckt und zum Theil in Anbau genommen war. Hier und da wurde noch gepflügt, gelegentlich mit so armseligen Gespannen, wie eines hier im Bilde 13 veranschaulicht

13. Pflüger von Schauia.

wird. So folgten denn 10 solcher Bodenwellen aufeinander, bald breiter, bald schmäler, mit im Allgemeinen abnehmender relativer, wie absoluter Höhe. Dazwischen ebenso viele Längsmulden. Ganz ähnlich war das Gelände gestaltet, das ich 1899 auf dem Wege von Dar Ber Reschid nach Casablanca von genau demselben Abstande von etwa 16 km von Casablanca an durchritten hatte. Auch da ging es Welle auf, Welle ab. Bald sah man, auf der Höhe einer Bodenwelle, das mit Recht so genannte Casablanca mit der Masse seiner weissgetünchten Mauern und Häuser tief unten in der Ferne am blauen Meere vor sich, bald war es verschwunden. Nur waren die Bodenwellen dort nicht ganz so regelmässig wie zwischen Mediuna und Casablanca. Es trat wiederholt das alte Grundgebirge mit seinen steil aufgerichteten Schichten unter den jüngeren Bildungen, die auch meist von einer Kalkkruste verhüllt waren, zu Tage. Entsprechend dem von mir festgestellten Charakter des Atlasvorlandes als Stufenland, deutete ich diesen welligen Landgürtel als den Rand der untersten Stufe, über den man in Treppen hinabstieg. Dem entsprechend stellte ich das Gelände auf meiner Karte dar. Das richtige Verständnis kam mir erst jetzt. Als wir die 3. Bodenwelle erstiegen hatten, schoss es mir wie ein Blitz durch's Hirn: das sind alte gehobene Dünen! Und diese Ueberzeugung befestigte sich immer mehr, je grösser die Zahl der Wellen und Längsmulden wurde. Die Kalkkruste erschwerte eben das Verständnis, aber eine solche hatte ich auch bei Mogador mitten in den beweglichen Dünen gesehen. Der bedeutende Prozentsatz an Muscheltrümmern in dem Dünensande begünstigt die Bildung derselben. Wo sie fehlte, trat der Dünensand zu Tage, wenn auch verfestigt.

Dies Beispiel zeigt die Richtigkeit des heute wol kaum noch bestrittenen Satzes, dass dem Kartographen, der wissenschaftlich werthvolle Karten liefern will, wenigstens, was die Geländedarstellung anlangt, wissenschaftliche, namentlich geologische Vorbildung und wissenschaftliches Studium des Geländes unerlässlich ist. Bei einem blossen Abschreiben der Vorlage, wenn es auch noch so plastisch geschieht, sind Fehler ganz unvermeidlich.

War dieser Gürtel alter gehobener Dünen nahe bei Mediuna meist öde Steppe gewesen, so mehrte sich der Anbau gegen Casablanca hin und fanden sich, meist auf den Höhen der Bodenwellen, zahlreiche Einzelhöfe, sog. Gutha. Von einer Pisémauer umschlossen enthalten diese Höfe einige kleine Häuser, häufig auch einen Thurm, nicht selten als Thorthurm. Meist liegen noch Gärten dabei. Die Landschaft erhält dadurch einen eigenartigen Anstrich. Solche

Gutha sind im Hinterlande von Casablanca sehr häufig und erklären sich aus der grossen Zahl von Eingeborenen, die es erreicht haben, sich unter den Schutz der zahlreich in Casablanca angesiedelten Europäer zu stellen. Sie können es dann wagen, sich von dem Duar-Verbande loszulösen und sich selbständig auf ihrem Grund und Boden anzusiedeln. Ich komme auf diese Erscheinung noch im Zusammenhange zu sprechen.

In etwa 7 km Abstand sahen wir auf der Höhe einer Bodenwelle zuerst Casablanca vor uns liegen. Aber noch wiederholt verschwand es aus dem Gesichtskreise. Bald kamen wir auch an Aïn Schuk, einer der in dem Werke über die Reise von 1899 besprochenen Quellen vorüber, die auf dem undurchlässigen Grundgebirge unter flachlagernden Bänken von Kalksandstein hervorbricht und den Bach von Casablanca bilden hilft. Das Wasser strömt unmittelbar in eine der flachen Mulden ein und bildet dort einen von Binsendickichten umwachsenen, etwa 20 m langen Teich, dem die ein Fussbad nehmende Kuhheerde nicht fehlen durfte. Die Mulde setzt sich als gewundenes Thälchen, das nur ausnahmsweise Wasser führt, zwischen den Dünen fort, aber weiter abwärts tritt das Wasser in einem von Binsen bestandenen Becken wieder zu Tage. Schliesslich sind wir, etwa 2½ km vom Thore von Casablanca, auch von der letzten Bodenwelle in die Ebene hinabgestiegen, die bis zur Stadt fast durchaus in Anbau genommen und namentlich von Gärten bedeckt ist, die der Bach oder auch Norias bewässern.

18. Casablanca und sein Handel.

Ich kam in Casablanca in ziemlich kläglicher Verfassung an. Die letzten 5 Tage Anreitens gegen den heftigen, kalten Nordost hatten meinen Zustand so verschlechtert, dass es mir, als ich aus dem Sattel gestiegen war, vor Athemnoth schwer wurde, selbst auf ebenem Wege zu gehen. Ein Aufenthalt in Casablanca war daher unbedingt geboten. Ich fand ganz leidliche Unterkunft in dem vor Kurzem erst eröffneten spanischen Gasthause, während meine Reisegefährten mit meinen Leuten die Zelte in einem der Regierung gehörigen ummauerten Hofe, der sogenannten Kaserne, dicht am Meere und nur durch die Stadtmauer von demselben getrennt, aufschlugen. Herr Dr. Weisgerber nahm mich in Behandlung und erzielte auch in einigen Tagen eine gewisse Besserung. Wenn ich daher bald zu dem Entschlusse kam, die Karawane schon hier aufzulösen, so war noch mehr als mein Gesundheitszustand, über dessen sehr ernste Gefährdung ich noch nicht im klaren war, dabei der Umstand entscheidend, dass die letzte noch ungelöste Aufgabe, die Erforschung des Dj. Zerhun, wie schon früher erwähnt, unmöglich war, und dass es in Casablanca der gänzlichen Unbotmässigkeit der räuberischen und gewaltthätigen Zair wegen als unmöglich bezeichnet wurde, um ein neues Forschungsfeld am unteren Sebu zu erreichen, auf einem neuen Wege tiefer im Innern nach Rabat zu gehen. Mein Soldat, der für meine Sicherheit bürgte, würde mir nicht erlaubt haben, einen anderen als den gewöhnlichen Karawanenweg von Casablanca nach Rabat zu benutzen, den ich schon 1899 gegangen war. Und mich noch einmal ausserhalb des Schutzes der Regierung zu stellen, war durchaus unthunlich. Ich beschloss also, die Karawane aufzulösen und mich so lange in Casablanca aufzuhalten, als es für die noch zu erledigenden Arbeiten nöthig war bezw. bis sich eine Gelegenheit zur See nach Tanger zu gehen, böte.

Meine Leute abzulohnen und zu entlassen war schon nach einigen Tagen möglich, da ein französischer Dampfer nach Mogador ging; für die Thiere, deren Verkauf grosse Schwierigkeiten machte, sorgten Dr. Weisgerbers Leute. Ich war mit meinen Leuten durchaus zufrieden gewesen, namentlich mit meinem Koch und Diener Mohamed Dusch, den ich den deutschen Freunden in Mogador warm empfehlen konnte, mit dem Erfolg, dass er auch bald eine gute Stellung erhielt. Auch der Soldat wurde entlohnt, ging aber seines Pferdes wegen zu Lande nach Mogador zurück. Der Verkauf der Kamele und Maulthiere wickelte sich nur langsam ab und war trotzdem nur mit grossem Verluste möglich. Immerhin erwies es sich doch noch als vortheilhaft, dass ich Thiere gekauft und nicht gemiethet hatte, ganz abgesehen davon, dass ich mit gemietheten Thieren nicht Herr meiner Bewegungen gewesen wäre. Am geringsten war der Verlust bei den Kamelen, sodass es sich in verschiedener Hinsicht bewährt hatte, diesmal Kamele als Lastthiere zu nehmen. Als dann nach etwa einer Woche auch Dr. Weisgerber und Dr. Kampffmeyer sich einem Vergnügungsausfluge anschlossen, den ein Theil der deutschen Kolonie von Casablanca nach Rabat ausführte, galt es, das Lager abzubrechen, die Zelte und die ganze Ausrüstung zur Verfrachtung mit dem nächsten deutschen Dampfer, der nach Hamburg ging, zu verpacken.

Obwol diese Geschäfte ziemlich viel Zeit in Anspruch nahmen, zumal mein körperlicher Zustand mich vielfach hinderte, so blieb doch noch Zeit genug für wissenschaftliche Arbeit übrig, zumal ich geistig ganz frisch war. So war es mir möglich, sei es im Verkehr mit den in Casablanca ansässigen Europäern, von denen einzelne eine ausgedehnte Kenntnis von Marokko besitzen, sei es in anderer Weise meine Kenntnis von Land und Leuten zu erweitern und zu vertiefen. Namentlich liess ich es mir angelegen sein, mich über den Handel des Landes, besonders mit dem Deutschen Reiche zu unterrichten, da ja Casablanca nächst Tanger der wichtigste Handelsplatz von Marokko ist, in Bezug auf die Ausfuhr überhaupt neuerdings der wichtigste.

Vor allem galt es auch die meteorologische Station einzurichten, zu welcher die Deutsche Seewarte in Hamburg auf meinen Antrag die Instrumente zur Verfügung gestellt hatte. Herr Karl Ficke, ein seit mehr als einem Jahrzehnt in Casablanca angesessener deutscher Kaufmann, der seit langem sich für diese Dinge interessirte, erbot sich, die Station und die Beobachtungen zu übernehmen. Die Ausrüstung entspricht einer Station 2. Ordnung, die Beobachtungen werden zu den zweckmässigen Stunden 7^{a}, 2^{p}, 9^{p} ganz in Uebereinstimmung mit den auch ganz gleich ausgerüsteten übrigen deutschen Stationen in Saffi, Mogador und Marrakesch vorgenommen. Bei der Bauart der Häuser in den Küstenstädten von Marokko war es schwer eine möglichst einwandfreie Aufstellung der Instrumente zu erreichen. Auch zeigte sich, dass das Barometer durch die unglaubliche Behandlung, die mein Gepäck erfahren hatte, so in Unordnung gerathen war, dass, nachdem alle Bemühungen, es wieder in Ordnung zu bringen, erfolglos gewesen war, nichts übrig blieb als es nach Hamburg zurückzuschicken. Von dort wurde es durch ein neues ersetzt. Inzwischen war der Beobachter selbst von einer langwierigen Krankheit befallen worden, sodass der Beobachtungsdienst erst am 1. Januar 1902 aufgenommen wurde. Die Beistellung der Instrumente für die Station in Marrakesch, deren Kosten die Geographische Gesellschaft in Leipzig übernommen hat und die Herr Hermann Marx in Mogador in seinem dortigen Kaufhofe nach genauer Besprechung mit mir auf Grund meiner Kenntnis der Oertlichkeit eingerichtet hat, hatte sich durch ein Missverständnis so lange verzögert, dass die Beobachtungen dort erst am 1. April 1902 begonnen haben. Durch diese 4 meteorologischen Stationen werden hoffentlich wir Deutschen den Beobachtungsstoff liefern, auf Grund dessen endlich auch Marokko aus seiner völligen klimatologischen Unerforschtheit gerissen werden wird. Neben denselben ist auch eine englische Station auf dem Kap Spartel in Thätigkeit und waren zeitweilig auch von französischer Seite in Marrakesch Beobachtungen gemacht worden.

Die Stadt Casablanca, die ich schon früher geschildert habe, verdankt ihre Gründung einer kleinen, von der Brandungswelle ausgearbeiteten Bucht und ihren neuerlichen Aufschwung, der grossen Fruchtbarkeit des Hinterlandes. Sie bildet ein unregelmässiges Viereck, das sich lang und schmal am Meere hinstreckt und ist von Pisémauern und Thürmen umgeben, die selbstverständlich einem europäischen Angriffe gegenüber völlig werthlos sein würden. Die Stadt ist in raschem Aufschwunge begriffen, was in ganz Marokko nur noch von Tanger gesagt werden kann, d. h. den beiden Orten, wo sich die europäischen Einflüsse unabweisbar geltend machen. Es ist nicht nur der verfügbare Raum innerhalb der Mauern bebaut worden, wenn auch zum Theil noch mit Rohrhütten der Eingeborenen, sondern auch vor dem Marrakeschthore eine grössere Eingeborenen-Vorstadt entstanden. Die Bevölkerung dürfte wol 25 000 erreichen. Auch die europäische Kolonie ist sehr zahlreich, besonders die spanische. Doch gehören die Spanier vorwiegend minderbemittelten und mindergebildeten Kreisen an. Immerhin besitzen sie für sich ein ansprechendes Gesellschaftshaus, während alle übrigen Europäer sich zum sogen. Anfa-Club zusammengethan haben, der in erster Linie Geselligkeitszwecken dient und ein zweckmässig eingerichtetes Haus mit gutversehenem Lesezimmer u. dergl. besitzt. Unsere Anwesenheit in Casablanca wird insofern ein dauerndes Andenken hinterlassen und eine Förderung in der wissenschaftlichen Erforschung des Landes bezeichnen, als wir und besonders Herr Dr. Kampffmeyer, die Anregung zur Gründung einer wissenschaftlichen Bibliothek in dem Club gegeben haben, die nach und nach die gesammte Litteratur über Marokko in sich vereinigen soll, sodass jeder künftige Forscher in der Lage ist, hier sich ein Bild von dem zu machen, was bisher über das Land geschrieben worden ist. Herr Dr. Kampffmeyer hat nicht nur übernommen, sondern ist auch bereits mit Eifer und Erfolg daran gegangen, für den Club in Deutschland alle irgendwie erreichbaren Werke über Marokko zu beschaffen. Ich selbst zog schon von den vorhandenen kleinen Anfängen Vortheile, indem ich in Casablanca selbst das mir bis dahin nicht zugänglich gewesene Werk von Lamprière durcharbeiten konnte.

Der Aufschwung von Casablanca beruht zunächst darauf, dass die flache Bucht, an welcher die Stadt liegt, eine der besten, vielleicht nach der von Tanger die beste Rhede von Marokko bildet, wo die Schiffe auch bei weniger günstigem Wetter Anker werfen und dank der kleinen, von der Brandung aus den steilaufgerichteten und abradirten Schichten des Grundgebirges ausgewaschenen Einbuchtung mit dem Lande in Verbindung treten können. Beide, die kleine Bucht und die Abrasions-Terrasse veranschaulichen die beigegebenen

Bilder 14, 15 und 16. Die Bucht entspricht einem Komplex weicherer Schichten. Auf dem Bilde 15 erkennt man eine querdurchgeschnittene Falte des Grundgebirges, auf 16, die Aufrichtung

14. Hafenbucht von Casablanca.

der Thonsandsteinbänke. Casablanca dient auch namentlich dem Handel von Rabat, dessen Barre so häufig nicht passirbar ist. Die Schaffung eines wirklichen Hafens durch Bau von Hafendämmen würde keine grossen Schwierigkeiten bieten. Ein weiterer Grund des Aufblühens ist in der grossen Fruchtbarkeit des Hinterlandes zu suchen. Die Handelsbeziehungen von Casablanca reichen noch über die Grenzen von Schauia hinaus bis Seraghna und Tedla, von wo Oel zugeführt wird, südwärts bis zur Um-er-Rbia, nordostwärts bis zur Landschaft Mzab. Der Einfluss der in Casablanca angesiedelten europäischen Kaufleute auf das Hinterland ist ein sehr bedeutender und im wesentlichen wolthätiger gewesen. Er äussert sich in einer bedeutenden Vermehrung des Anbaus und einer Veränderung der angebauten Gewächse. Die Vermehrung des Anbaus ist aber nicht blos durch die gestiegene Nachfrage hervorgerufen, sondern auch dadurch, dass die Europäer den Eingeborenen in immer grösserer Zahl zur Sicherung ihrer Handelsbeziehungen den Schutz ihres Staats verschafft haben. Dieser Schutz gegen willkürliche Beraubung seitens der marokkanischen Regierung und ihrer Organe hat naturgemäs den angeborenen Erwerbssinn der meist berberischen Bevölkerung ausserordentlich gefördert. Da mit diesem Schutzsystem auch die Gründung zahlreicher Einzelhöfe und somit eine Aenderung selbst des landschaftlichen Charakters im Hinterlande von Schauia zusammenhängt, dasselbe also auch eine nicht nur rechtsgeschichtlich und wirthschaftlich, sondern auch geographisch anziehende Erscheinung ist, so werde ich in einem besonderen Abschnitte auf dasselbe eingehen.

Dem Einflusse der Europäer ist es auch zuzuschreiben, dass den thörichten mittelalterlichen Ausfuhrverboten, besonders von Weizen, Gerste, Vieh, die natürlich den Zweck haben, die wichtigsten Nahrungsmittel niedrig im Preise zu halten und Hungersnöthe zu verhüten, ein Schnippchen geschlagen wird. Auch heute noch sind die, namentlich auf Schwarzerde, mit Weizen und Gerste bestellten

15. Abrasions-Terrasse von Casablanca.

Flächen sehr gross, da sich Boden und Klima dafür ganz vorzüglich eignen und Marokko im Stande wäre, grosse Mengen von Weizen und Gerste an Europa abzugeben und zwar zwei, drei Monate vor der Ernte in Europa. Dies wird ausnahmsweise in diesem Jahre (1902) der Fall sein, da in Folge der reichlichen Winterregen das Land eine so reiche Ernte haben wird, dass der Sultan die Ausfuhr gestattet hat. Die Ausfuhrverbote machen in guten Jahren die Ernte werthlos, wie 1899 in geringer Entfernung von Rabat die Gerste garnicht abgemäht wurde, weil das mehr gekostet hätte, als der Verkauf des Korns im Lande eingebracht hätte, während sie bei den urwüchsigen Verkehrsverhältnissen nicht zu verhindern vermögen, dass in einem Landestheile Hungersnoth, in andern Ueberfluss herrscht. Immerhin werden die Ausfuhrverbote bis zu einem gewissen Grade unwirksam gemacht, indem die Europäer den Anbau von Gewächsen, namentlich durch leihweise Ueberlassung von Sämereien, neu einführen und fördern, die im Lande selbst nur wenig verwendet werden und mit keinem Ausfuhrverbot belastet sind, also eigentliche Handelsgewächse. Dazu gehören Saubohnen, die ich auf dem besten Boden in unabsehbaren Flächen, namentlich in Abda, aber auch in Dukkala und Schauia angebaut gesehen habe. Ferner Mais, von dem nur wenig im Lande selbst verbraucht wird. Es wird ausschliesslich eine nur 3 Monate erfordernde Spielart gebaut, die um den 1. April gesäet, um den 1. Juni geerntet wird und im Wesentlichen auf die Feuchtigkeit angewiesen ist, die von dem Winterregen her noch im Boden vorhanden ist und die der Thau immer bis zu einem gewissen Grade wieder ersetzt. Die Bauern nehmen an, dass Regen dem Mais nicht gut thue, und dass die Pflanze mit ihren Blättern und Blattrinnen recht bedeutende Mengen Thau zu sammeln und den Wurzeln zuzuführen im Stande sei. Ebenso werden Flachs, Erbsen, Kichererbsen, Linsen, Kanariensamen, Koriander und Fenugrek, die Leguminose Trigonella foenum graecum L., arabisch Holba, lediglich und in steigendem Maasse zur Ausfuhr gebaut. Auch in Algerien wird Holba viel gebaut. Sie wird meist über London und Hamburg nach den Vereinigten Staaten ausgeführt, wo man die aromatischen Samen des kleeartigen Gewächses dem Heu, namentlich nicht sehr gutem, dumpfigem beimischt, das das Vieh dann gern frisst. In Algerien verwenden die Eingeborenen den Samen auch als Medicin. Koriander wird im Lande selbst garnicht gebraucht, die ganze Ernte wird nach den Vereinigten Staaten, Deutschland und Frankreich zur Bereitung eines Oels ausgeführt. Flachs wird nur des Samens wegen gezogen, der der beste in der Welt sein soll. Sein Anbau nimmt jetzt ungeheuer rasch zu. Durrah wurde früher viel gebaut, wird aber jetzt mehr und mehr durch den Mais verdrängt. Auch der Reisbau dürfte verschwunden sein. Kumin (Cuminum Cyminum L. arab. Kemun) dagegen wird noch viel gebaut und meist im Lande verbraucht. Namentlich würzt man den Hammelbraten damit.

Zu diesen vorzugsweise den Handel von Casablanca nährenden Erzeugnissen der Landwirthschaft kommen nun noch diejenigen der Viehzucht, als Schafwolle, Schaffelle, Ziegenfelle, Rindshäute, Hörner und Knochen, Eier und Wachs hinzu. Auch Schildkröten, Datteln und Gummi arabicum erschienen gelegentlich, aber immer in geringen Mengen auf der Ausfuhrliste. So auch Teppiche, als einziges Erzeugnis marokkanischen Gewerbefleisses. Dieselben kommen von Rabat und werden nur hier verschifft. Die Ausfuhr von Casablanca steigt stetig und hat sich in den 5 Jahren 1895—1899, für welche mir vom deutschen Konsulat die Werthe freundlichst zur Verfügung gestellt worden sind, geradezu verdoppelt.

Es betrug danach im Jahrfünft 1894—1899 die Ausfuhr von Casablanca:

1895.... 2 883 595 M.
1896.... 3 229 044 »
1897.... 3 823 933 » Im 5jährigen Mittel also 4 173 510 M.
1898.... 5 392 364 »
1899.... 5 538 612 »

Abnehmer der von Casablanca ausgeführten Erzeugnisse der marokkanischen Landwirthschaft und Viehzucht sind der Reihenfolge nach: Frankreich, Spanien, England und das Deutsche Reich, mit sehr geringen Mengen die Vereinigten Staaten, Italien und Portugal. Das Deutsche Reich bezieht besonders Wolle, Wachs, Eier, Schaffelle, Fenugrek (1900: 202 500 Kilo), Koriander, Kichererbsen, Ochsenhäute. Die Ausfuhrliste giebt leider ein falsches Bild von der Ausfuhr nach dem Deutschen Reiche, weil die deutschen Kaufleute, mögen sie wollen oder nicht, durch die noch zu besprechende sehr ungenügende Dampferverbindung mit Hamburg, gezwungen sind mit englischen Dampfern zu verladen, die ihre Fahrzeit unbedingt einhalten. Diese Frachten gehen so als englische, wenn sie auch nur über England gehen. Die Abnahme der Einfuhr nach dem Deutschen Reiche ist aber trotzdem eine Thatsache. Sie betrug 1900 nur 711 250 Frcs., wovon die Hälfte für Wolle. Frankreich bezieht Wolle, Häute, Kichererbsen und Bohnen. Spanien grosse Mengen von Kichererbsen, Bohnen, auch Mais, also billige Volksnahrungsmittel, von denen früher viel nach Kuba weiterging. England nimmt besonders Bohnen und Kichererbsen als Viehfutter, auch Koriander Fenugrek und Eier.

Der prozentische Antheil der Ausfuhr nach diesen Ländern war in dem Jahrfünft 1895—1899 wie folgt:

	Deutsches Reich	England	Frankreich	Spanien
1895	16,0 %	24,8 %	35,6 %	23,6 %
1896	15,8 »	16,3 »	33,9 »	34,0 »
1897	22,1 »	3,9 »	27,4 »	36,3 »
1898	11,8 »	9,7 »	42,5 »	34,3 »
1899	7,8 »	15,4 »	49,3 »	19,5 »

Die Einfuhr nach Casablanca umfasst naturgemäss fast ausschliesslich Erzeugnisse europäischen Gewerbefleisses bezw. über Europa kommende Genussmittel (Thee). Obenan stehen auch hier billige Baumwollstoffe, welche England liefert, meist für sich allein ⅓ der Einfuhr. Dann kommt Zucker, welchen Frankreich, neuerdings auch Belgien liefert, auch nahezu ⅓. Dann folgt in grösserem Abstande grüner Thee, auch von England, dann Kerzen, auch von England, da die minderwerthigen, aber billigen englischen Kerzen die besseren französischen verdrängt haben, dann Eisen- und Metallwaaren auch von England und dem Deutschen Reiche. Spanien liefert nur Wein für Europäer. Aus dem Deutschen Reiche werden eingeführt: Wollenwaaren, besonders Tuche, Eisen- und Metallwaaren, Farben, Droguen und Chemikalien, gelegentlich auch Getränke, Holz und Holzwolle, Kurzwaaren, Porzellan u. s. w. Die ganze deutsche Einfuhr hatte 1900 nur einen Werth von 885,605 Frcs.

Der Werth der Einfuhr war im Jahrfünft 1895—1899 folgender:

1895	3 464 863 ℳ.	
1896	3 326 076 »	
1897	3 077 297 »	Im 5jährigen Mittel also 3 869 465 ℳ.
1898	4 526 116 »	
1899 ...	5 052 984 »	

Die gesammte Handelsbewegung von Casablanca hatte also im 5jährigen Mittel 1895—1899 einen Werth von 8 042 975 ℳ.. Sie blieb also hinter der von Mogador, die im 10jährigen Mittel 1891—1900 10 017 409 ℳ. betrug, ansehnlich zurück, wird dieselbe aber bald erreichen.

Der prozentische Antheil der am meisten an der Einfuhr betheiligten Staaten war im Jahrfünft 1895—1899 folgender:

	Deutsches Reich	England	Frankreich	Spanien
1895	7,7 %	56,1 %	34,6 %	1,6 %
1896	7,1 »	57,5 »	34,4 »	1,0 »
1897	10,6 »	46,0 »	28,2 »	1,0 »
1898	6,0 »	55,2 »	29,6 »	1,0 »
1899	10,7 »	52,6 »	29,1 »	0,0 »

Trotzdem so das Deutsche Reich in Bezug auf Aus- und Einfuhr in Casablanca in 3. Stelle steht, nimmt der deutsche Handel und die deutsche Kolonie doch dort eine sehr angesehene Stellung ein. Es sind nicht weniger als 6 deutsche Handelshäuser in Casablanca angesessen. Ein Deutscher treibt ausserdem ausschliesslich Landwirthschaft, ein anderer hat eine Seifenfabrik. Die Zahl der Deutschen betrug im Jahre 1901 überhaupt 29, davon waren 28 Bürger des Deutschen Reichs, die Beamten des Konsulats einbegriffen, einer ein Schweizer. Sehr wichtig ist, dass das Reich ein Berufskonsulat in Casablanca eingerichtet hat, dessen Geschäfte ein Konsul und unter ihm ein Dragoman und ein eingeborener Hilfsdragoman, der 8 Jahre in Deutschland ausgebildete Marokkaner Meludi führt. Der Thatkraft und dem Geschick des jetzigen Vertreters des Deutschen Reichs in Marokko ist es gelungen, es endlich durchzusetzen, dass das deutsche Konsulat auch ein eigenes Haus erhält, in der Weise, dass der Sultan auf seine Kosten ein solches nach den deutschen Plänen erbaut und das Reich Miethe zahlt. Dieses Verfahren wird auch den Kaufleuten gegenüber festgehalten und gehört in das System der möglichsten Fernhaltung der Festsetzung der Europäer. Ausser in Tanger und Umgebung ist es in Marokko keinem Europäer gestattet, Häuser oder Grundeigenthum zu erwerben. Es kann das nur mit Erlaubnis des Sultans geschehen und diese wird regelmässig verweigert. Allerdings wird dies Verbot, wie wir sehen werden, häufig umgangen. Die Fondaks, d. h. Kaufhöfe, der europäischen Kaufleute, ausser in Mogador, wo einzelne wirklich Besitzer sind, entsprechend den Vergünstigungen, die ihnen schon bei der Neugründung des Orts gewährt wurden, sind meist Eigenthum der Regierung und nur gemiethet, aber sie zahlen, wenn die Regierung nur den Bauplatz gewährt, eine Steuer von 3% des Schätzungswerthes des Hauses. Damit tritt thatsächlich, da eine Verzinsung des Baugeldes von 6% angenommen werden muss, eine 9%ige Belastung des europäischen Besitzes ein. Auch sonst wird die Niederlassung speciell deutscher Kaufleute, die eben als die letzten am Platze erschienen sind, durch den Mangel an Wohnungen und Magazinen ausserordentlich erschwert, absichtlich erschwert seitens der Regierung dadurch, dass sie Erwerb von Grundbesitz und Bauen unmöglich macht.

19. Die marokkanische Schwarzerde.

Eines der wichtigsten Ergebnisse meiner zweiten marokkanischen Forschungsreise im Jahre 1899 war die Feststellung, dass in Marokko eine durch erstaunliche Fruchtbarkeit ausgezeichnete Schwarzerde, dort Tirs (Zirs) genannt, vorkommt und ein beträchtliches Verbreitungsgebiet hat. Alles, was ich damals über diese Bodenart beobachtet und erkundet habe, nebst der in der agrikultur-chemischen Versuchsstation zu Halle a. S. von Herrn Dr. H. C. Müller vorgenommenen Analyse einer aus Schauia mitgebrachten Probe findet sich in meinem obenerwähnten Werke über die Reise auf S. 117—124. Zu den wichtigsten Aufgaben meiner dritten Reise gehörten weitere Beobachtungen über das Vorkommen dieser Bodenart. Ich habe derselben denn auch besondere Aufmerksamkeit zugewendet und bin in der Lage gewesen, namentlich meine Vorstellungen über ihre Verbreitung zu berichtigen, die über ihre Entstehung neu zu prüfen. Auch habe ich eine neue Probe aus Abda mitgebracht, die zusammen mit einer Probe von Rotherde aus Dukkala wiederum von Herrn Dr. H. C. Müller, ausserdem aber von meinem verehrten Kollegen, Herrn Geheimrath Prof. Dr. Max Bauer, im mineralogischen Institute der Universität Marburg untersucht worden ist. Ich spreche beiden Herren hier meinen herzlichsten Dank aus.

Wenn ich zunächst auf die Verbreitung der Schwarzerde in Ergänzung dessen, was ich früher darüber berichtet habe, und unter Verweisung auf meine Karte eingehe, so möchte ich betonen, dass ich auch diesmal südlich vom Tensift keine Spur von Schwarzerde gefunden habe und dass sich auf der oberen Landstufe ganz in Uebereinstimmung mit den Beobachtungen von 1899 erst gegen den Rand derselben hin und auch nur in Schauia kleinere inselförmige Decken von Schwarzerde finden. In Ahmar, in der Umgebung des Zyma-Sees und bis zum Abstieg nach Abda durch den Engpass von El Gara habe ich nirgends Schwarzerde gesehen; von der oberen Stufe von Dukkala glaube ich dasselbe mit einiger Sicherheit vermuthen zu können; nur in Schauia fand ich 1899, aus dem Innern kommend, noch auf der oberen Stufe Schwarzerde und ebenso diesmal vom Ocean herkommend in derselben Gegend bei Uled Said in etwa

50 km Abstand (Luftlinie) vom Ocean. Doch scheint dies nur eine Insel von Schwarzerde zu sein, die nur eine westöstliche Erstreckung von 13 km und eine nordsüdliche von 25 km haben dürfte. Wenig östlich von Uled Said hört sie auf und in der Umgebung von Settat fehlt sie ganz, ausser in der Thalsohle, wo eine der Schwarzerde ähnliche dunkle Humuserde vorkommt. Doch kann dieselbe ein Erzeugnis der Kultur sein. Genau wie ich schon 1899 annehmen zu müssen glaubte, ist somit die Schwarzerde — abgesehen von Tedla — auf die untere Stufe des Atlasvorlands beschränkt und auf diejenigen Küstenlandschaften zwischen Tensift und Sebu, deren Hinterland bis an den Fuss des Atlas aus Gebieten intensivster Steppenbildung besteht. Nördlich vom Sebu fehlen diese Steppen und ist das Gelände bei beträchtlicher Zunahme der Niederschläge hügelig, ja gebirgig; südlich vom Tensift haben die Steppen nur geringe Ausdehnung und sind die Küstenlandschaften Schedma und Haha Hügel- und Gebirgsland.

Aber auch auf der unteren Stufe des Atlasvorlands in den Provinzen Abda, Dukkala, Schauia und Gharb scheint nach den diesmaligen Beobachtungen die Schwarzerdedecke keine so grosse Ausdehnung zu haben, wie ich nach meinen Erkundigungen glaubte annehmen zu sollen. Selbst wenn man die ihr an Fruchtbarkeit kaum nachstehende Rotherde mit einbegreift, bleibt die wirklich mit Schwarzerde bedeckte Fläche wol noch ansehnlich hinter 30 000 qkm, die ich früher glaubte annehmen zu sollen, zurück. Wichtig ist vor Allem, dass sich in einem ziemlich breiten Gürtel längs dem Meere, wie zu beiden Seiten der Um-er-Rbia keine Schwarzerde zu finden scheint. Landeinwärts von Saffi fand ich solche erst in 10 km Entfernung vom Meere bei Sidi Mohamed Schäfe'i, und ebenso östlich von Azemur, landeinwärts von Casablanca bei Mediuna in 16 km, gegen Dar Ber Reschid in 19 km Abstand. Auf dem linken Ufer der Um-er-Rbia fehlte Schwarzerde dort, wo ich dem Strome in etwa 2—4 km Abstand folgte, ganz, auf dem rechten Ufer kam auf dem Wege von Azemur nach Uled Said, der dem Strome in einem stetig bis auf etwa 15 km wachsenden Abstande nahe bleibt, nur nahe bei Azemur ein 10 km breiter Streifen Schwarzerde vor und dann erst wieder die schon erwähnte grosse Insel auf der oberen Landstufe bei Uled Said. Ferner kommt in der von mir durchzogenen Gegend von Dukkala unmittelbar am Fusse der oberen Stufe entlang vom Wadi Schan bis Bu-el-Awân keine Schwarzerde vor, während dieselbe in Abda sofort nach dem Abstiege durch den Engpass von El Gara auftrat und ebenso in Schauia am Ausgange des

Thales von Settat. Bedeutende Flächen der Küstenlandschaften entbehren also der Schwarzerdedecke, andere, deren Boden von der verhängnisvollen Kalkkruste gebildet wird, sind ödestes Steppenland, das nur im Winter als Weideland dienen kann. Soweit meine Beobachtungen reichen, dürfte die Provinz Abda die ausgedehnteste Decke von Schwarzerde besitzen. Dort durchzog ich vom Fuss der oberen Stufe bis 8 km von Saffi einen etwa 60 km breiten Landstreifen, dessen Boden durchweg aus Schwarzerde bestand, unter welcher nur auf kurze Strecken die Kalkkruste hervortrat. Doch nimmt man im Lande selbst an, dass Dukkala am reichsten an Schwarzerde sei. Ich kann demgegenüber nur anführen, dass ich da, wo ich durch Dukkala gekommen bin, am Fusse der oberen Stufe und längs der Um-er-Rbia, überhaupt keine echte Schwarzerde gesehen habe. Doch kann immerhin der Ruf grösster Fruchtbarkeit, den Dukkala selbst gegenüber Abda und Schauia hat, auf die Gegenden begründet sein, die ich nicht gesehen habe.

Bei einer künftigen geologischen Aufnahme von Marokko wird man der Ausdehnung dieses wahren Brotflözes besondere Aufmerksamkeit schenken müssen.

Die M ä c h t i g k e i t der Schwarzerdedecke ist überall eine geringe. In Dukkala soll sie bis 6 m erreichen. Ich habe nur beobachtet, dass 2 m tiefe Aufschlüsse nur Schwarzerde zeigten, ohne dass das Liegende erreicht wurde. Meist aber ist die Mächtigkeit geringer, oft so gering, dass die Unterlage zu Tage tritt und Kalkbrocken der Schwarzerde beigemengt sind. Namentlich bieten Gräben, durch welche man Felder, Gärten oder Duar umhegt, Aufschlüsse. In Abda habe ich in den fruchtbarsten Gegenden und z. B. auch da, wo ich die nachstehend untersuchte Probe entnommen habe, etwa 60 km von der Küste in der Nähe des Duar des Hamed Ben Said Bel Haffian meist nur 0,5 m Mächtigkeit, selten 1 m beobachtet, zweimal über 1 m. Bedeutungsvoll ist, dass ich Schwarzerde besonders Vertiefungen füllend fand und sah, dass ihre Mächtigkeit nach der Mitte der flachen Mulden zunahm, während sie auf den flachen Hochformen entweder ganz fehlt oder sehr wenig mächtig ist. Meist aber entspricht dem Auftreten von Schwarzerde die Geländeform der tischgleichen Ebene, die aber keineswegs auf Schwarzerde beschränkt ist.

Wo die Schwarzerdedecke eine gewisse Mächtigkeit hat, ist sie völlig s t e i n f r e i, wo sie Steine enthält, wol ausnahmslos Kalkbrocken, da stammen dieselben aus dem Untergrunde.

Die F a r b e ist in feuchtem Zustande nahezu schwarz, in trocknem mehr schwarzbraun. Gelegentlich zeigten frischgepflügte Felder völlig und ganz intensiv chokoladebraune Farbe, offenbar der Uebergang zu den Rotherden. Dann war sie aber auch etwas sandig, aber völlig steinfrei.

Ganz besonders habe ich auf das Liegende der Schwarzerde geachtet. Vorwiegend, sowol in Abda, wie in Schauia, war dies ein weicher, weisser, bröckeliger, abfärbender, travertinartiger Kalktuff, ohne Zweifel eine festländische Bildung, also der Farbe und Zusammensetzung nach scharf von der Schwarzerde unterschieden. Die Auflagerung derselben ist eine ganz scharfe, unvermittelte. Zuweilen geht der Kalktuff in eine feste Kalkkruste über, welcher dann die Schwarzerde auflagert. In Abda sah ich auch den pliocänen oder quartären Muschelkalksandstein gelegentlich die Unterlage der Schwarzerde bilden, in Schauia zweimal die steilaufgerichteten Schichten des Grundgebirges, Thonschiefer, Kalk- und Thonsandstein. Stets war also, soweit meine Beobachtung reicht, die Unterlage eine derartige [1]), dass ihre Zersetzung unmöglich eine solche Schwarzerde liefern kann.

Ueber die Zusammensetzung derselben geben uns die Untersuchungen der Herren Müller und Bauer Aufschluss. Wenn ich zunächst diejenige des Herrn Dr. H. C. Müller folgen lasse, so ergab dieselbe folgende chemische Zusammensetzung, der ich zum Vergleich die der 1899 untersuchten Schwarzerde von Schauia beifüge.

Chemische Zusammensetzung der Schwarzerde.

1. Von Abda.		2. Von Schauia.	
Stickstoff	0,110 %	Stickstoff	0,023 %
Phosphorsäure	0,128 „	Phosphorsäure	0,090 „
Kalk	1,070 „	Kalk	2,640 „
Kali	0,324 „	Kali	0,452 „
Magnesia	0,727 „	Magnesia	1,368 „
Schwefelsäure	0,172 „	Schwefelsäure	— „
Eisenoxyd	2,511 „	Eisenoxyd und Thonerdeoxyd	14,14 „
Thonerdeoxyd	5,399 „		
Wasser	5,876 „	Wasser	— „
Organische Substanzen	6,367 „	Organische Substanzen und flüchtige Stoffe	17,94 „

[1]) Anmerkung bei der letzten Korrektur. In dem eben erschienen Bull. Soc. Geogr. d'Alger 1902, 2e Trim. S. 169, äussert sich ein französischer Geologe, A. Brives in einem, weite Ausblicke eröffnenden, leider der Belege entbehrenden Aufsatze auch über die Entstehung des Tirsbodens, dessen Fruchtbarkeit von allen Reisenden festgestellt worden sei. Meines Wissens ist Quedenfeld der einzige, der vor mir auch nur den Namen genannt hat. Brives weist meine Ansicht zurück, behauptet, diese Schwarzerde komme nur auf Schiefern vor — gemeint sind die alten Schiefer des Grundgebirges —

Als besonders charakteristisch und wichtig wurde die grosse Wasserkapazität dieser Schwarzerde von Schauia bezeichnet und ein Vergleich mit für die besten deutschen Ackererden typischem Normallösslehmboden ergab, dass die Wasserkapazität dieser Schwarzerde beträchtlich grösser war, indem 100 gr derselben 70 gr Wasser fassten, von jener nur 54 gr. Ebenso war der Gehalt an organischen Substanzen und flüchtigen Stoffen mit 17,94 % beträchtlich grösser als bei jener mit nur 10—12 %, der Gehalt an Phosphorsäure, Kalk, Kali und Magnesia annähernd gleich, der an Stickstoff bei der Schwarzerde wesentlich geringer. Die Schwarzerde von Abda zeigt gegenüber der von Schauia vor Allem einen geringeren Gehalt an organischer Substanz, an Eisenoxyd und Thonerdeoxyd, an Magnesia, Kalk und auch Kali, besitzt aber höheren Gehalt an Phosphorsäure und vor Allem an Stickstoff. Es kann dieselbe ebenfalls als nährstoffreicher Boden bezeichnet werden.

Die mikroskopische Untersuchung des Herrn Prof. M. Bauer zeigte zunächst, dass diese Tirserde aus einzelnen Klümpchen besteht: Quarzkörnchen, die durch ein reichliches dunkelbraunes Bindemittel lose verkittet sind. Dazwischen lagen einzelne Pflanzenreste, Holztheilchen u. dergl. Mit Salzsäure behandelt erfolgt kein Aufbrausen. Geglüht, wird die Farbe viel heller, gelbbraun, es zeigt sich aber kein Aufglimmen, wie bei der auch untersuchten Rotherde. Beim Glühen wie bei der Behandlung mit Salzsäure zerfallen die Klümpchen etwas, aber nicht ganz. Nachdem durch Glühen und Behandeln des Geglühten mit Salzsäure die braune Substanz zum Theil zerstört und entfärbt ist, lässt sich die Natur der Quarzkörner unter dem Mikroskop deutlich erkennen. Sie sind sehr stark abgerollt und enthalten weder scharfkantige Splitter noch scharfbegrenzte Krystalle beigemengt, wie bei der Rotherde, auch keine andern bestimmbaren Mineralien. Es blieben auch hier einzelne undurchsichtige dunkelbraune Körnchen zurück.

Es besteht also diese Schwarzerde wie die Rotherde überwiegend aus vollständig abgerollten Quarzkörnchen, denen aber nach Dr. Müller's Analyse 22,684 % Fremdes (Organisches etc.) beigemischt ist, sodass 77,316 % Quarzkörner vorhanden wären. Unter dem Mikroskop tritt

und sei an Ort und Stelle entstanden, es sei mindestens absonderlich, dass der Wind eine so ausgeprägte Vorliebe für die Schiefer habe. Er erklärt den Tirsboden kurz gesagt, für eine Moorerde. Ich gestehe, dass ich diese Vorstellung selbst eine Zeit lang gehabt habe, namentlich nach dem, was ich im Gebiet der Beni Ahsen sah, aber aufgeben musste. Herr Brives hätte das Schwarzerdevorkommen häufiger sehen und die Analysen beachten sollen, ehe er so scharf urtheilte.

dieser Unterschied ebenfalls hervor: darnach geschätzt, scheint die braune, staubartige Substanz zwischen den Quarzkörnern hier entschieden reichlicher vorhanden zu sein, als bei der Rotherde. Dazu möge bemerkt werden, dass auch die Schwarzerde von Schauia überwiegend aus Quarzkörnchen besteht und 13,4 % Feinsand, 61,5 % Staubsand, 23,4 % abschlämmbar und somit nur 1,7 % von etwas bedeutenderer Korngrösse waren. Aber immerhin blieben auf einem Siebe von 6 mm Maschenweite nur 0,5 %.

Was die Entstehung dieser Schwarzerde anlangt, so habe ich mich früher dahin ausgesprochen und eingehend zu begründen versucht, dass es sich um Staubablagerungen aus dem inneren Steppengebiet handelt. Meine diesmaligen Beobachtungen über die Art ihres Vorkommens und ihrer Verbreitung haben mich noch mehr in dieser Anschauung bestärkt. Die organische Substanz ist theils örtlichen Ursprungs, theils in der Form von Staub schon aus den Steppen herbeigeführt, denn die ganze Vegetation, die sich dort im Winter und Frühling bildet, zerfällt im Sommer völlig in Staub und wird davongeführt. Herr Geheimrath Bauer, der ganz besonders, wie wir sehen, betont, dass die Quarzkörnchen vollständig abgerollt sind, meint, sich einer äolischen Bildung dieser Erdart vorläufig deshalb noch nicht anschliessen zu können, weil die Quarzkörnchen jedenfalls eine lange Bewegung im Wasser erlitten haben müssten, sonst könnten sie nicht so vollkommen abgerollt und abgeschliffen sein. Sollte dieses Abrollen und Abschleifen wirklich nur als Wasserwirkung aufzufassen sein? Sollte der Wind nicht dieselbe Wirkung zu erzielen im Stande sein? Doch wol! Auch der Wind kann abschleifend wirken, denn jedes dieser Quarzkörnchen hat unendlich oft seinen Ort gewechselt und ist in den Steppen durch die Staubtromben, die ich so oft beobachtet habe, so und so oft wirbelnd in die Höhe gehoben, davongeführt und wieder abgelagert worden. Dies Spiel hat sich unzählige Male wiederholt, bis dieser Staub endlich aus den Steppen hinausgeführt und in dem Küstengürtel abgelagert wurde, wo er unter günstigen Bedingungen endlich dauernd festgehalten wurde und durch immer neue Zufuhren schliesslich eine Decke bildete. Diese Bedingungen waren gebildet zunächst von flachen Mulden und Ebenen, wo jede Davonführung durch rinnendes Wasser ausgeschlossen war. Wir sahen ja, dass die Küstenlandschaften von Abda bis Gharb der Bäche und Flüsse bei tafellagernden Schichten durchlässiger Gesteine, die die Oberfläche bilden, im grössten Theil ihrer Ausdehnung ganz entbehren. Nur am Rande, sowol der oberen wie der unteren Stufe, finden sich zeitweilig fliessende Rinnsale.

Erstere versiegen bald in der vorliegenden Ebene, von letzteren führen einige dauernd Wasser, weil sie von Quellen gespeist werden, die sich auf dem undurchlässigen Grundgebirge entwickeln. Im Bereich dieser dauernd oder zeitweilig rinnenden Gewässer fehlt die Schwarzerde, ganz besonders in einem Gürtel längs der Um-er-Rbia, weil dort in bewegtem Gelände das spülende Wasser ihre Ansammlung unmöglich macht. Das durchschnittene Gelände ist wol der Hauptgrund, dass Schwarzerde in Schedma ganz fehlt und in Haha wahrscheinlich fehlt. In Mtuga, das im Wesentlichen ein Tafelland zu sein scheint, könnte Schwarzerde vorkommen. Noch mehr Gewicht wie auf die Bodenplastik, lege ich aber auf die öftere und reichlichere Durchfeuchtung des Bodens im Küstengürtel, sowol durch die dort reichlichen Winterregen, wie durch den Thau, dessen Vorkommen und Bedeutung ich früher [1]) dargelegt habe. Auf dem feuchten Boden wurde der Staub, sowol unmittelbar, wie mit Hilfe der sich entwickelnden Vegetation, festgehalten.

Ganz neuerdings hat diese meine Anschauung, die Schwarzerde als äolische Bildung zu erklären, eine Bestärkung erfahren, durch die ausserordentlich anziehende und vielseitig wichtige Untersuchung von G. Hellmann und W. Meinardus über den grossen Staubfall vom 9. bis 12. März 1901 in Nord-Afrika, Süd- und Mitteleuropa [2]). Ich halte den dort versuchten Nachweis der Herkunft jenes bis nach Norddeutschland verfrachteten Staubes aus der Sahara für durchaus erbracht, namentlich da ich selbst anfangs April 1886 einen solchen Staubsturm mit durchaus den gleichen Begleiterscheinungen an der kleinen Syrte beachtet habe und die Luftdruck- und Witterungsverhältnisse in Süd-Marokko, wo ich eben in jenen Tagen reiste, auf die Sahara als Ausgangsgebiet eines grossen Luftwirbels schliessen liessen. Die Untersuchung zahlreicher Staubproben von Nord-Afrika bis Norddeutschland ergab, dass überall Quarz der Hauptbestandtheil des Staubes war, dass von Süden nach Norden eine Saigerung der Staubmassen nach dem specifischen Gewicht und der Korngrösse ihrer Bestandtheile stattfand, ebenso eine Abnahme des Quarzgehalts und eine Zunahme des Thongehalts. Der Staub wird nach Norden hin feiner. Wenn dies aber (S. 90) durch ein Herausfallen der grösseren Quarzsplitter und Glimmerblättchen erklärt wird, so ist das gewiss nicht die einzige Ursache, die gegenseitige Reibung derselben ist

---

[1]) Zeitschrift der Gesellschaft für Erkunde in Berlin. Jahrg. 1901, S. 398.

[2]) Abh. des Königl. Preuss. Meteorol. Inst., Bd. II No. 1. Berlin 1901.

mindesten ebenso wichtig. Zu der Probe von Bergedorf (S. 61), also an der Nordgrenze des Verbreitungsgebiets der Staubfälle, wird ausdrücklich hervorgehoben, dass viele der mittelgrossen Quarzsplitter (0,01—0,02 mm) deutlich kantenbestossen bis hübsch abgerundet sind. Von einer in Piedimonte d'Alife, 80 km nördlich von Neapel, d. h. noch etwas nördlich von den mittleren Breiten des Verbreitungsgebiets der Staubfälle gesammelten Probe, sagt Prof. Früh in Zürich (S. 59), dass manche, oft ziemlich viele Quarzkörner von 0,03—0,04 mm deutlich kantenbestossen oder allseitig abgerundet sind, was auf einen grösseren Weg oder vielfache Verfrachtung innerhalb Staubwolken hinweist. Auch sonst wird vielfach die Abrundung der Quarzkörner und die Aehnlichkeit mit dem feinsten Löss betont.

Mit der Schwarzerde vielfach vergesellschaft, aber auch ohne solche kommt in den Küstenprovinzen von Marokko auch Rotherde vor, dort Hamri genannt. Auch das ist eine bei genügender Befeuchtung sehr fruchtbare Bodenart, in trockenem Zustande meist locker, staubartig, etwas feucht bröcklig, knollig, von einer Farbe, die sich von hell- zu dunkelroth abstuft, selten steinfrei, was aber auf der meist geringen Mächtigkeit dieser Bodenart beruht, in Folge dessen ihr Steine aus dem Untergrunde beigemengt sind, vorzugsweise kantige Kalksteinbrocken, aber wie im südwestlichen Schauia, auch kantige Bruchstücke eines harten Thonsandsteins. Dort war diese braunrothe Erde derartig staubartig locker, dass die Reitthiere tief einsanken und Wind sofort grosse Mengen aufgehoben und davongeführt haben würde. Sie ist wesentlich weiter verbreitet als die Schwarzerde und kommt auch südlich vom Tensift in Schedma vor, allerdings auch nur in der Ebene. Doch glaube ich, dass unter dem Namen Hamri alle mehr oder weniger feinerdigen, bald mehr, bald weniger sandigen und thonigen Bodenarten rother Farbe, aber ganz verschiedener Enstehung zusammengefasst worden. Solche Rotherden sind im Mittelmeergebiet weit verbreitet. Eine derselben wird geradezu als Terra rossa bezeichnet und nach meiner Ansicht mit Recht als der unlösliche Rückstand verwitterter Kalksteine aufgefasst, häufig unter dem Einflusse des Windes und des spülenden Wassers umgelagert und Hohlformen füllend. Ich zweifle nicht, dass in Marokko derartige echte Terra rossa vorkommt. In Spanien sind nach E. Ramann [1]) Rotherden in der Umgebung der Steppenböden weit verbreitet. Sie sind gekennzeichnet durch Reichthum an Eisenverbindungen und in Folge der Armuth an humosen Stoffen durch helle, leuchtende Farben,

[1]) Zeitschrift der Gesellschaft für Erdkunde in Berlin. Jahrgang 1902, S. 166.

welche zwischen gelb und rothbraun schwanken, zumeist aber ein helles Rostroth zeigen. Vielleicht kann die Untersuchung der von mir aus Dukkala, 26 km südöstlich von Azemur, etwa 4 km vom linken Ufer der Um-er-Rbia mitgebrachten Probe etwas zur Klärung der Frage über die Entstehung, wenigstens einer dieser besonders in wärmeren Gegenden verbreiteten Rotherden beitragen. Die Unterlage derselben ist, soweit ich habe beobachten können, die gleiche wie bei der Schwarzerde.

Nach Herrn Dr. H. C. Müller's Untersuchung hat die Rotherde von Dukkala folgende chemische Zusammensetzung: Stickstoff 0,160 %, Phosphorsäure 0,085 %, Kalk 2,050 %, Kali 0,295 %, Magnesia 0,374 %, Schwefelsäure 0,175 %, Eisenoxyd 1,775 %, Thonerdeoxyd 2,105 %, Wasser 2,012 %, Organische Substanz 4,670 %. Danach muss dieselbe ebenfalls als eine an Nährstoffen reiche Bodenart bezeichnet werden. Gegenüber der Schwarzerde zeigt sie wesentliche Unterschiede bezüglich des Gehalts an Magnesia, Thonerdeoxyd und Wasser, der nur halb so gross ist, an Eisenoxyd und organischer Substanz, der auch wesentlich geringer ist, während der Kalkgehalt doppelt so gross ist. Eigenthümlich ist namentlich das Auftreten von zahlreichen Aggregaten von kohlensaurem Kalk, die in den beiden Schwarzerdeproben fehlten. Das lässt schliessen, dass diese Rotherde noch nicht so intensiv zersetzt und ausgelaugt ist. Auf meine allerdings mit lebhaftem Zweifel gestellte Frage, ob es sich nicht doch vielleicht um die als Terra rossa bezeichnete Rotherde handele, glaubte Herr Dr. Müller sich einer Entscheidung enthalten zu sollen, allerdings unter Hinweis auf aus Brasilien stammende Proben, d. h. Laterit.

Herr Geheimrath Bauer theilt mir als Ergebnis seiner Untersuchung mit, dass sich diese Rotherde unter dem Mikroskop als ein Gemenge von weitaus überwiegenden Quarzkörnchen mit viel brauner staubförmiger Substanz darstellt. Mit Salzsäure erfolgt rasches Aufbrausen, das von staubförmigen Theilchen ausgeht und auf das Vorhandensein von Kalk, aber in sehr feiner Vertheilung, nicht in grösseren Stückchen hinweist. Beim Glühen wird das dunkelbraune Pulver viel lichter, geblichbraun. Die organische Substanz verbrennt und man sieht beim Glühen fortgesetzt einzelne Partieen aufglimmen, bis alle organische Substanz fort ist. Die geglühte und mit Salzsäure behandelte Erde lässt nun die Natur der Quarzkörnchen deutlich erkennen. Sie sind allermeist gerollt, doch sind auch scharfkantige Splitter dazwischen, die aber wol nur Bruchstücke zerbrochener Körnchen darstellen. Dazwischen liegen einzelne nicht zu spärliche ganz scharfumgrenzte Quarzkryställchen, ohne deutliche Spuren von Abrollung, begleitet von wenigen Körnchen anderer Mineralien, unter denen Epidot erkennbar ist. Reichlicher sind winzige, undurchsichtige braune Körnchen, die sich nicht bestimmen lassen.

Herr Geheimrath Bauer ist demnach der Meinung, dass diese Erde der Hauptsache nach ein Quarzsand ist, dem organische Substanzen (Humus) und auch unorganische fremde Bestandtheile in irgend einer Weise beigemengt sind. Nehmen wir an, dass alles, was nicht Quarz ist, zusammen (nach Dr. Müller's Analyse) 13,71% beträgt, dann wären 86,29% Quarzkörner vorhanden und dem wäre der mikroskopische Befund nicht entgegen. Demnach ist es in der That, wie Herr Geheimrath Bauer sagt, ganz ausgeschlossen in dieser Rotherde Terra rossa zu sehen, denn was ich in Italien von Terra rossa gesehen habe, entspricht der allerdings nicht allgemein anerkannten Zurückführung dieser Bodenart auf den unlöslichen Rückstand chemisch verwitterten Kalksteins. Sie kann daher nicht wie die Hamrierde ein Agglomerat von Quarzkörnchen sein, sondern ist thatsächlich von thoniger, schlammiger Beschaffenheit. Leider war weder in Marburg, noch, was gewiss auffallen muss, im landwirthschaftlichen Institut zu Halle typische Terra rossa, diese für den Ackerbau der Mittelmeerländer so wichtige Bodenart, zum Vergleich vorhanden.

Ich muss mich dem Urtheile des Herrn Geheimrath Bauer, dass diese Rotherde unmöglich aus der Kalkunterlage entstanden sein kann, durchaus anschliessen. Einzelne Theilchen, die dann das Aufbrausen mit Salzsäure bedingen, mögen aus derselben beigemengt sein. „Sie muss aus einem quarzhaltigen Gestein, Granit, Gneiss oder auch Sandstein entstanden sein, und die Quarzkörnchen sind sicherlich weithergeführt, da sie völlig abgerollt sind". Letzterer Eigenschaft wegen meint Herr Geheimrath Bauer auch hier Verfrachtung durch Wasser annehmen zu sollen oder wenigstens die Quarzkörnchen müssten vor dem Lufttransport eine lange dauernde Bewegung im Wasser erlitten haben. Wie schon oben angedeutet, halte ich derartige Abrundung auch durch immer erneute Verfrachtung durch die Luft für möglich.

An quarzhaltigem Gestein ist in den Steppen des Innern bis an den Fuss des Atlas kein Mangel. Sowol das, wie ich gezeigt habe, in grosser Ausdehnung, und zwar vorwiegend durch die Agentien trockener Erdgegenden, besonders den Wind abgetragene Deckgebirge, wie das dadurch blosgelegte Grundgebirge bestehen zum Theil aus Sandsteinen, und unter den Geröllen, welche die Atlasflüsse noch heute auf der subatlantischen Hochebene ablagern, aber namentlich in der Diluvialzeit in ungeheuren Mengen abgelagert haben, fand ich Granit reichlich vertreten. Hier wäre also Abrundung durch Wasser möglich. An Bezugsquellen für die Quarzkörnchen, aus denen somit vorzugsweise sowol die Schwarzerde, wie namentlich diese Rotherde besteht, fehlt es also im Hinterlande der Küstenprovinzen nicht. Ich bin danach geneigt, auch dieser Rotherde äolische Entstehung zuzuschreiben, d. h. dieser, aber durchaus nicht allen in Marokko vorkommenden Rotherden. Es ist über die Rotherde, wie über die Schwarzerde der Forschung hier noch ein weites Feld geboten.

---

20. Das marokkanische Schutzwesen.

In allen Staaten, in welchen so mittelalterliche Zustände sich in die Gegenwart hinein erhalten haben, wie in Marokko, werden unvermeidlich und immer wieder bei den Theilen der Bevölkerung, welche unter der bestehenden Willkürherrschaft am Meisten zu leiden haben und durch ihre Beziehungen zu den Europäern die Möglichkeit erkennen, sich dieser Willkürherrschaft zu entziehen, Bestrebungen hervortreten, sich unter den Schutz einer fremden Macht zu stellen. Auch das Interesse der in Marokko thätigen Fremden legt denselben nahe, ihren Handelsbeziehungen eine sichere Grundlage dadurch zu geben, dass sie gewisse Eingeborene als Vermittler, Einkäufer und dergleichen dauernd an sich fesseln und vor Störungen in dieser ihrer Thätigkeit zu schützen suchen. Aus diesen Zuständen und Bedürfnissen heraus hat sich so auch in Marokko umsomehr, je mehr dasselbe, mochte es wollen oder nicht, in die allgemeine Handelsbewegung hineingezogen wurde, ein an Ausdehnung immer mehr zunehmendes Schutzverhältnis zwischen Eingeborenen und Fremden bezw. den Staaten, denen diese angehören, entwickelt. Wenn ich als Geograph diesen Dingen Aufmerksamkeit geschenkt habe, und meine Beobachtungen hier mittheile, so geschieht dies lediglich, weil ich erkannte, dass diese Vorgänge auch eine gewisse geographische Bedeutung haben. Durch Gewährung von Schutz seitens der christlichen Mächte konnten es immer zahlreichere Eingeborene wagen, sich aus ihrem Duarverbande loszulösen und auf ihrem Grund und Boden selbständig niederzulassen. So sind namentlich im Hinterlande von Casablanca zahlreiche, oft von Wall und Graben umschlossene, mit einem Thurme bewehrte Einzelhöfe entstanden, die der ganzen

Landschaft einen anderen Charakter geben. Dort verschwinden die Dörfer und lösen sich in Gutsbezirke auf. Es entsteht so eine Grossgrundbesitzerklasse, die im eigenen Interesse auf Ruhe und Frieden hält, eine, bei dem im allgemeinen friedlosen Charakter der Marokkaner bedeutsame Erscheinung. Der Anbau und der Wohlstand, also auch die Aufnahmefähigkeit der Bevölkerung für Erzeugnisse europäischen Gewerbfleisses ist dadurch ausserordentlich gestiegen und es beginnen sich örtlich recht merkbare soziale Unterschiede auszubilden, je nachdem einer Kabyle zahlreiche Schutzbefohlene angehören oder nicht. In letzterem Falle enthält sie ausser dem Kaid fast nur Arme, ausser wo es eine Kabyle, wie z. B. Siaida in Schauia, vermocht hat, eine tiefergreifende Einmischung des Sultans in die wirthschaftlichen Verhältnisse abzuwehren. Da haben sich noch die alten Siedelungs- und Wirthschaftsverhältnisse erhalten. Da hat jeder selbständige Dorfgenosse Antheil an der Feldmark, geniesst mit seinem Vieh den Schutz des Zeltringes und erfreut sich eines gewissen Wolstandes. Die marokkanische Regierung ist begreiflicher Weise mit allen Mitteln bemüht, diese Bewegung, die immer zahlreichere Unterthanen ihren Eingriffen entzieht, einzudämmen, obwol auch sie davon Vortheil hat, denn schon jetzt erkennt man, dass die Provinzen, in welchen fremde Schutzbefohlene, d. h. wo Leute, die etwas zu verlieren haben, in grösserer Zahl wohnen, auch die ruhigsten sind. Auch Erträge von Steuern und Zöllen wachsen. Für den Forschungsreisenden ist das Vorhandensein von christlichen Schutzbefohlenen von grossem Werth, wie ich selbst so und so oft erfahren habe, denn er wird von diesen bereitwilligst Förderung jeder Art geniessen, wobei es fast gleichgiltig ist, ob der Betreffende gerade Bürger desjenigen Staats ist, der dem Eingeborenen Schutz gewährt. Diesem kommt es bei seinem Entgegenkommen wol weniger darauf an, seine Dankbarkeit zu zeigen, als seiner Umgebung und den örtlichen Machthabern zu veranschaulichen, dass er Schutzbefohlener einer fremden Macht ist und als solcher eine Sonderstellung hat.

Zur Anbahnung eines Schutzverhältnisses ist also das Vorhandensein von Beziehungen zwischen einem Eingeborenen und einem europäischen Handelshause die Voraussetzung. Letzteres vermittelt beim Konsul und bei der Gesandtschaft in Tanger die Unterschutzstellung und die Eintragung in das Verzeichnis der Schützlinge. Der Schützling ist also nothwendig in einem gewissen Abhängigkeitsverhältnis zu dem Handelshause und seinem Vertreter, in dem Maasse, dass man gemeinhin den Eingeborenen nicht als deutschen, englischen etc., sondern als Schutzbefohlenen des betreffenden

Kaufmanns bezeichnet, wobei der Deutsche selbstverständlich, dafür ist er Deutscher, niemals das deutsche Wort, sondern stets das französische Protegé gebraucht. So erklärt es sich, dass der Eingeborene, wie er einerseits selbst unter grossen Opfern bemüht ist, fremden Schutz zu erlangen, der ihm Sicherheit seiner Person und seines Eigenthums gegenüber den blutsaugerischen Behörden gewährt, andererseits es sich angelegen sein lassen muss, sich das Wolwollen seines Schutzherrn dauernd zu sichern. Damit ist der Anstoss zu ausserordentlichen Missbräuchen gegeben. Es sind mir Fälle erzählt worden, auch ganz aus neuerer Zeit, dass ein Europäer einen Eingeborenen, der durch ihn den Schutz seines Staats erlangt hatte, an den Kaid verkaufte, d. h. er liess sich vom Kaid eine bedeutende Summe auszahlen gegen die Verpflichtnng dafür zu sorgen, dass dem Schützling der Schutz wieder entzogen wurde. Dieser war damit vogelfrei, der Kaid steckte ihn unter dem ersten besten Vorwande in's Gefängnis, in dem er verkommen konnte und zog seinen ganzen Besitz ein, wodurch er natürlich die Summe, die er für Ueberlassung dieses modernen Sklaven gezahlt hatte, mit Wucherzinsen zurückerhielt. Andererseits giebt es Europäer, ja früher vorzugsweise sogar die Konsuln gewisser Staaten — namentlich sollen Vertreter von Brasilien, Portugal und den Vereinigten Staaten, also Staaten, die thatsächlich so gut wie keine Interessen in Marokko haben, dies eifrig betrieben haben —, die die Erwirkung und Vermittelung des Schutzes einer christlichen Macht zum reich lohnenden Geschäft machten. Natürlich war damit Anlass zu unaufhörlichen Reibungen zwischen der marokkanischen Regierung und ihren Organen einerseits, den Europäern und ihren Gesandtschaften andererseits geboten, was Gesandtschaftsreisen an den Hof des Sultans und Erscheinen von Kriegsschiffen vor den marokkanischen Küstenplätzen zur Folge hatte.

Diese Uebelstände führten dazu, dass im Jahre 1879 durch Besprechungen der europäischen Gesandten in Tanger und daran anschliessend durch eine Konferenz europäischer Bevollmächtigter und marokkanischer Vertreter in Madrid 1880 das Schutzrecht der europäischen Mächte amtlich anerkannt und geordnet wurde. Doch wurde damit das angestrebte Ziel nur sehr unvollkommen erreicht, da die Bestimmungen mangelhaft eingehalten wurden.

Dass die marokkanische Regierung und speciell die Kaids um jeden Preis zu verhindern suchen, dass Jemand unter europäischen Schutz gestellt wird, ist von ihrem Standpunkte aus begreiflich. Sie betrachten die fremden Schutzbefohlenen als ihre natürlichen Feinde und umgekehrt. Es genügt, dass Europäer etwa einen hübschen

Punkt in der Nähe einer der Küstenstädte öfter besuchen und dadurch ein freundschaftliches Verhältnis zu den Eingeborenen, die so ihre Erzeugnisse in gutes Geld umsetzen können, angebahnt wird, den Kaid zu bestimmen die Leute derartig zu drangsaliren, dass sie schliesslich selbst die Europäer bitten nicht wieder zu kommen. Aehnlich, nicht aus Christenhass, ist wol auch das früher geschilderte Verhalten der Bauern von Aïn-el-Hadschar zu erklären. In der That ist auch im Hinterlande von Mogador die Zahl der europäischen Schutzbefohlenen gering und ist es den Kaids bisher noch immer gelungen, alle Festsetzungsversuche der Europäer, Versuche Grundbesitz zu erwerben und Häuser zu bauen, zu vereiteln und man glaubt, dass das sogen. Palmtreehouse, das zu bauen und zu erweitern eine ungewöhnliche Zähigkeit erfordert hat, über kurz oder lang von der Regierung angekauft werden wird, natürlich um es zu zerstören oder verfallen zu lassen.

Gerade seit der Madrider Konvention von 1880 hat sich die Zahl der Schutzbefohlenen ausserordentlich vermehrt, wenn auch dem obenerwähnten Missbrauche Einhalt gethan worden ist. Es muss auch hervorgehoben werden, dass man gerade von deutscher Seite ausserordentlich vorsichtig und zurückhaltend in Bezug auf Schutzertheilung gewesen ist. Man gewährt den Schutzschein nur im Falle wirklich und klar nachgewiesenen Bedürfnisses und immer für jedes Handelshaus nur in beschränkter Zahl, während englische Firmen an 100 Schutzbefohlene haben. Das ist gewiss anständig und ehrenhaft, aber ob die marokkanische Regierung für dies Verfahren Verständnis hat und ob es dem deutschen Handel im harten Wettbewerb mit dem englichen förderlich ist, das ist die Frage.

Dass die Vermehrung der europäischen Schutzbefohlenen das seit etwa 20 Jahren immer mehr hervortretende Eindringen des europäischen Handels bis tief in's Innere von Marokko allein ermöglicht hat, unterliegt keinen Zweifel.

Das Schutzwesen, wie es heute besteht, hat sich seit Mitte des 19. Jahrhundert allmählich ausgebildet. Den Eingeborenen kam es dabei vor Allem um Schutz gegenüber der willkürlichen Besteuerung seitens der Regierung an, um Lahmlegung der marokkanischen Polizeigewalt, während die Schutzgewährung den Schützling dem marokkanischen geistlichen Gerichte nicht entzieht. Derselbe untersteht thatsächlich heute, wenigstens nach der allgemeinen konsularischen Praxis, vielfach der Gerichtsbarkeit des Schutzstaats nicht. In vielen Fällen wäre das auch unmöglich, denn wie könnte man, beispielsweise, einen Marokkaner wegen Bigamie belangen, ihm einen Eid abnehmen und dergleichen mehr.

Der Schutz gilt als lebenslänglich ertheilt, ist sogar erblich, nicht nur für den eigentlichen Rechtsnachfolger, sondern in gewissen Grade selbst für die übrigen Familienglieder. Doch kann ein Schützling den Schutz der einen Macht mit dem einer andern vertauschen. Wird somit der Schutz wieder entzogen, so kann das nur als einer Bestrafung aufgefasst werden. Liegt für eine solche kein Grund vor, und wird dem entlassenen Schützling nicht Zeit gelassen sich anderweitig Schutz zu verschaffen, so zieht man die obenangedeuteten Schlüsse. Eine gewisse Ausnahmestellung nehmen die Juden ein. Unter diesen findet jetzt eine lebhafte Wanderung aus dem Innern in die Küstenstädte statt, wo sie sich eine wichtige Stellung als Zwischenhändler erworben haben und sich besonders mit Hilfe der von der Alliance Israélite errichteten französischen Schulen zum Theil rasch europäisiren. Namentlich der junge Nachwuchs tritt daher jetzt schon vielfach in gefährlichen Wettbewerb mit den Europäern. Viele von ihnen wandern wol auch auf einige Jahre nach Brasilien aus — dies erklärt die in der brasilischen Einwanderungsstatistik so auffällige Einwanderung aus Marokko — und kehren als brasilische Bürger zurück. Andere erlangen wol auch auf kürzerem Wege brasilischen Schutz. Da die Juden sich nach alter Ueberlieferung freiwillig unter den besonderen Schutz des Sultans gestellt haben, so herrscht die Anschauung, dass sie auch freiwillig diesen Schutz mit einem andern vertauschen können. Und so setzt die marokkanische Regierung merkwürdigerweise kein Hindernis entgegen, wenn die Juden fremden Schutz suchen. Daher ist die Zahl der Juden, welche solchen geniessen, sehr gross.

Eigentliche volle kaufmännische Schutzgenossen sind nur die Semsare, die als Makler und Einkäufer dienen, deren vertragsmässig jedes Handelshaus eigentlich nur 2 haben sollte. Doch scheint die Handhabung örtlich verschieden zu sein und viele haben deren mehr, 4, ja 6. Zu diesen kommt aber die viel zahlreichere Klasse der Mochalata (ein Ausdruck der wörtlich etwa Konnexion bedeutet) hinzu, Leute, die als Lieferanten von Landeserzeugnissen, zunächst ihrer eigenen, als Hüter von Vieh, das Europäern gehört, als Kapitalschuldner, durch Uebernahme von Sämereien und dergl. mehr in Beziehungen zu Europäern stehen und, damit diese Beziehungen keine Störung erfahren, auch einen gewissen Schutz geniessen. Man könnte die Mochalaten so wol als Geschäftsverbundene bezeichnen. Sie unterstehen der Ueberwachung des Konsuls insofern, als dieser in der Lage ist Vorstellungen und Einsprache zu erheben, wenn die marokkanischen Behörden unrechtmässig gegen dieselben vorgehen. Namentlich sollen diese eine beabsichtigte Verhaftung dem Konsul vorher anzeigen, der dann wol in den meisten Fällen dieselbe verhindern wird. Was das heissen will, wird klar, wenn man die marokkanischen Gefängnisse kennt und weiss, dass es sehr wenige Marokkaner giebt, die nicht einmal Bekanntschaft mit denselben gemacht haben. Die Mochalata ist also kein Schutz im Sinne des internationalen Rechts, d. h. sie beeinflusst die Zuständigkeit der marokkanischen Behörden in keiner Weise, aber immerhin hat es sich eingebürgert, dass, um Reibungen zu vermeiden, von den marokkanischen Behörden die Steuererhebung von dem Mochalaten alljährlich mit dem zuständigen europäischen Kaufmanne vereinbart wird, dass auf einen Mochalaten bezügliche Verfügungen derselben vorher dem Konsul vorgelegt werden und dergl. m. Den darinliegenden Schutz geniessen dann die Familienglieder und Bediensteten des Mochalaten in gewissem Grade mit. Dass diese Beschränkung der Freiheit des Handelns bei der raschen Vermehrung der Mochalaten der marokkanischen Regierung, die damit in gewissem Sinne nicht mehr Herr im eigenen Hause ist, sehr lästig ist, ist klar. Ebenso klar aber ist, dass es im Interesse des Landes und seiner Bewohner einerseits, der Europäer andererseits läge, die Schutzertheilung, statt sie möglichst einzuschränken, wie das namentlich das Streben der deutschen Diplomatie ist, viel mehr noch auszudehnen. Die Hilfsquellen des Landes würden sich entwickeln, die Bevölkerung würde aufnahmefähiger für europäische Erzeugnisse werden, der Handel würde aufblühen. Die grosse Zahl von Schutzbefohlenen, die jede europäische Macht in den verschiedensten und oft bis in die fernsten Gegenden von Marokko hat, die rechtlich noch wenig klar umschriebene Stellung derselben, das naturgemässe Streben der marokkanischen Behörden das Schutzverhältnis nicht anzuerkennen, seine mit der Ausdehnung des europäischen Handels auf's engste verbundene Ausdehnung möglichst zu hindern, liefert so unablässig Gelegenheit zu Reibungen. Es giebt wol keinen Zeitpunkt, in dem nicht so und so viele Klagen europäischer Kaufleute und ihrer Schützlinge über Schädigungen seitens der marokkanischen Behörden Gegenstand der Verhandlungen zwischen der marokkanischen Regierung und den europäischen Gesandtschaften sind. Jede Macht hat so im Grunde in jedem Augenblicke einen reichlichen Vorrath von „Krumirs“, tunesischen Angedenkens, auf Lager, wenn ihr die Lage der Weltpolitik einmal ein Einschreiten in Marokko thunlich erscheinen lassen sollte.

21. Die Verkehrsverhältnisse von Marokko. Eisenbahnbauten.

Wie in vielen andern Hinsichten, so gewährt uns Marokko auch in Bezug auf seine Verkehrsverhältnisse, wenigstens im Innern, ein anschauliches Bild der Zustände, wie sie in Europa im Mittelalter herrschten. Bis heute besitzt dieser verkörperte Anachronismus im Angesichte Europas auch nicht einen Kilometer fahrbare Strasse, wenn wir von den Wegen seines Parks absehen, auf denen der junge Sultan sich in Marrakesch in einem aus Europa eingeführten Kraftwagen ergötzt. Aller Verkehr im Innern vollzieht sich also noch auf Reit- und Saumthieren: Pferden, Maulthieren, Eseln, Kamelen. Die letzteren dienen in Marokko lediglich als Lastthiere. Ich habe thatsächlich in Marokko nie einen Kamelreiter gesehen. In der Lastenbeförderung spielen die Kamele aber die erste Rolle, je weiter nach Süden umsomehr, während man im Norden, besonders im Verkehr gegen Tanger im regenreichen Winter, den die Kamele nicht gut vertragen, es vorzieht, Maulthiere und Esel zu benützen. In den Steppen des Innern sieht man oft grosse Heerden von Kamelen. Da diese es lieben, unterwegs, wenn es irgend etwas Geniessbares giebt, unablässig zu fressen und demnach einem eifrigen Botaniker gleich ohne Unterlass die Pflanzenwelt ringsum aufmerksam durchmustern, so gehen sie nicht gern hintereinander, sondern nebeneinander. Deshalb haben die Karawanenwege, ausnahmslos Naturpfade, an die nie eine Menschenhand gerührt hat, meist eine ausserordentliche Breite, selbst im fruchtbarsten Lande. Im Frühling gleichen dieselben üppigen Blumenbeeten, in denen nur schmale Rinnen von den Thieren ausgetreten sind. Von den römischen Strassen, die in Nord-Marokko während der kurzen Zeit römischer Herrschaft angelegt, aber, wie es scheint, nur unvollkommen ausgebaut waren, sind kaum noch Spuren vorhanden.

Brücken sind im heutigen Marokko so seltene Erscheinungen, dass die wenigen vorhandenen bezw. aus besseren Zeiten erhaltenen, wie die Tensift-Brücke bei Marrakesch geradezu berühmt sind. Das ist aber auch die einzige Brücke, die dieser Strom besitzt und der zu liebe im Winter die Karawanen grosse Umwege machen. Die Um-er-Rbia, die im ganzen Atlas-Vorlande ein unerträgliches Verkehrshindernis ist, das man nur an zwei Stellen, an der Mündung bei Azemur und an den Meschra Ben Challû durch Fährboote überwindet, besitzt nur eine Brücke, in Tedla, bald nach ihrem Austritt aus dem Gebirge. Mehrere Brücken finden sich im Gebiet des oberen Sebu, besonders auf dem von den Sultanen viel begangenen Wege von Fâs nach Meknâs. Da im Winter nach reichlichem Regen, im Tensiftgebiet bis gegen den Sommer hin in Folge der Schneeschmelze im Atlas, die Flüsse oft grosse Wassermassen und noch gefährlichere Geröllmassen bewegen, so stört dieser Mangel an Brücken ausserordentlich. Man wartet dann geduldig bis sich das Wasser verlaufen hat[1]).

Für Schutz und Unterkunft während der Nacht, die in Marokko recht eigentlich keines (friedlichen) Menschen Freund ist, ist auch an den wichtigsten Karawanenwegen nur unvollkommen durch Kasbas, die oft nichts als Karawanserais und Viehställe sind, und Nzelas, von Dornen umhegte Raststellen, gesorgt. Noch trauriger steht es mit der Wasserversorgung, da viele in früheren Zeiten an den Wegen errichtete Cisternen in Verfall und meist leer sind. Wasserschläuche, die in Marrakesch aus Rindsleder recht praktisch und dauerhaft hergestellt werden, sind daher wichtige Ausrüstungsgegenstände. Auf der letzten Reise haben mir von der Firma Tippelskirch in Berlin gelieferte Wassersäcke vorzügliche Dienste geleistet. Futter und Nahrung für Menschen ist fast immer zu haben, namentlich hatte ich auf dieser Reise, wo ich mich in sehr regenreichem Winter in den reichsten Provinzen von Marokko und fast ausnahmslos abseits der Karawanenwege bewegte, damit gar keine Schwierigkeiten. Im Jahre 1899 war Beschaffung von Vorräthen besonders für die Thiere in den ödesten Steppenlandschaften dagegen oft recht schwierig.

In Bezug auf Schaffung von Verkehrs-Wegen und Mitteln ist also in Marokko geradezu noch alles zu thun. Wenn das Land über kurz oder lang, der Noth gehorchend, nicht dem eigenen Triebe, aus seiner bis heute mit allen Mitteln künstlich aufrecht erhaltenen Abgeschlossenheit heraustreten wird, so öffnet sich dem europäischen Unternehmungsgeist ein weites Feld der Bethätigung. In einzelnen Landestheilen wird der Bau von Strassen und Eisenbahnen keiner grossen Schwierigkeit begegnen, ja schon heute würde es mit geringer, auf wenige Punkte beschränkter Nachhilfe möglich sein, von Saffi, vielleicht auch von Mogador und Mazagan aus, dessen Waarenverkehr nach Marrakesch mit hohen zweirädrigen Karren zu betreiben, wie die Franzosen solche bald nach der Besetzung in Tunesien eingeführt haben. Allerdings würde hier der Widerstand der Regierung und derjenigen Bevölkerungskreise zu überwinden sein, die sich durch dies neue Beförderungsmittel benachtheiligt sehen würden.

---

[1]) Vergleiche wissenschaftliche Ergebnisse S. 4.

Da neuerdings, namentlich von französischer Seite, sehr viel von Eisenbahnbauten in Marokko die Rede gewesen ist, so möchte ich hier die Ergebnisse meiner Beobachtungen und meines Nachdenkens über diese Frage mittheilen, um die Aufmerksamkeit auch deutscher Unternehmer auf dieselben zu lenken.

Wenn Marokko, im Gegensatz zu vielen Landschaften Afrikas, die erst gestern von Europäern zum ersten Male betreten worden sind, heute noch weder Eisenbahnen noch Telegraphen besitzt, so ist dies nur aus dem Abschliessungssystem zu erklären, denn die Geländeschwierigkeiten sind im ganzen Atlas-Vorlande sehr geringe. Und um dieses allein, abgesehen von der Linie nach Algerien, wird es sich auch lange nach Aufschliessung des Landes handeln. Höchstens dass hier und da eine Stichbahn in das eine oder das andere der wichtigeren, leichter zugänglichen Atlasthäler hineingeführt werden wird.

Das künftige Eisenbahnnetz von Marokko kann schon heute in den grossen Zügen mit voller Sicherheit gezeichnet werden, da die Maschen desselben durch die Oberflächengestalt und die Lage der grossen Siedelungen vorgezeichnet sind. Die geographischen Faktoren, welche die Entwickelung der letzteren, besonders Fâs und Marrakesch, bedingt haben, habe ich früher dargelegt. Nur solche, nicht menschliche Willkür oder geschichtliche Vorgänge haben dabei mitgewirkt. Fâs und Marrakesch werden daher, wie sie fast seit einem Jahrtausend die Brennpunkte des Verkehrs sind, auch die grossen Knotenpunkte des marokkanischen Eisenbahnnetzes werden. Fâs naturgemäss der wichtigere gegenüber Marrakesch, in dessen Angesichte sich eine gewaltige Verkehrsschranke erhebt, die zu übersteigen oder zu durchbohren es durchaus in den dünnbevölkerten, an Erzeugnissen armen transatlantischen Landschaften an Lockmitteln fehlt. Und aus rein strategischen Gründen, zur Festhaltung derselben, selbst der Stammlande der Dynastie, der Oasenlandschaft Tafilalet, eine Atlasbahn zu bauen, daran ist noch lange nicht zu denken, selbst wenn dieselbe nicht bis dahin von Frankreich besetzt sein sollte.

Von Fâs und Marrakesch werden Linien radienförmig ausstrahlen, besonders nach den nächsten Seestädten. Also von Marrakesch nach Mogador, Saffi und Mazagan. Welche dieser 3 Linien zuerst gebaut werden wird, hängt auf's engste mit der Hafenfrage zusammen. Da der Bau eines allen Anforderungen der Grossschiffahrt unserer Zeit genügenden Hafens von den natürlichen Verhältnissen, wie ich oben gezeigt habe, am meisten in Mogador begünstigt wird, so dürfte dies den Ausschlag für Mogador geben, obwol die Strecke Saffi-Marrakesch nicht nur beträchtlich kürzer, die kürzeste von allen dreien ist, sondern auch geringere Geländeschwierigkeiten bietet und so zu sagen den Bau nur einer einzigen Brücke über den Tensift erfordert. Diese Brücke würde voraussichtlich etwa 10 km unterhalb der berühmten El Kantara zu liegen kommen, da die Eisenbahn den öden felsigen Rücken des Djebilet an seinem Südwestende nahe am Tensift selbst umgehen wird. Schwierigkeiten böte die Linie Saffi-Marrakesch nur durch den etwa 100 m hohen Aufstieg von der Bucht von Saffi auf die Ebene von Abda und den kaum höheren auf die Hochebene von Ahmar, für den sich wol der Einschnitt von El Gara am meisten eignen dürfte. Die Linie würde also am Zyma-See vorüberführen. Sie böte gegenüber der Linie Mogador-Marrakesch noch den Vortheil, dass sie fast auf die Hälfte ihrer Länge durch fruchtbares Land ginge, welches reiche Frachten zu liefern im Stande wäre.

Trotz aller dieser Vorzüge, die für die Linie Saffi-Marrekesch sprechen würden, dürfte, wie gesagt, die Hafenfrage zu Gunsten von Mogador entscheiden. Den Aufstieg auf das Tafelland von Schedma würde man am bequemsten und, wie ich glaube, fast ohne Kunstbauten durch das Trockenthal von Aïn-el-Hadschar bewerkstelligen. Der Bahnhof von Mogador müsste demnach vor dem Dukkalathore angelegt werden, mit Abzweigung um die Stadt zum Hafen, wenn nicht am Hafen selbst, wo durch Aufschüttungen fluthfreies Gelände leicht zu schaffen sein würde. Weiterhin würde aber die Linie Mogador-Marrakesch den Bau von 4 Brücken erfordern, um die aus dem Atlas kommenden Nebenflüsse des Tensift, den Schischaua, Ratmii, Bulachres und Nfys zu überschreiten. Aber selbst die beiden grössten, die über den Schischaua und den Nfys, würden nur etwa den Lahnbrücken bei Marburg entsprechen.

Die Linie Mazagan-Marrakesch würde etwas länger sein als die von Saffi, würde aber auch nur eine einzige Brücke über den Tensift erfordern. Der Aufstieg aus der Küstenebene von Dukkala auf das innere Hochland von Rehamna würde durch das Thal von Mtal erfolgen. Der Djebilet müsste aber überstiegen werden oder wäre nur auf einem sehr bedeutenden Umwege nach Süden unter Uebergang auf die Linie Saffi-Mogador zu umgehen.

Eine südmarokkanische Atlas-Randbahn etwa über Amsmiz, Sidi Rehal und Demnat durch Entifa nach Tedla, durch kurze Radien mit Marrakesch verbunden, würde der Geländeschwierigkeiten und der vielen Brücken wegen einer ferneren Zukunft vorbehalten sein. Dieselbe würde aber in dem Falle, dass sich eine europäische Macht des Atlasvorlandes bemächtigte, zugleich als Grenzlinie von Bedeutung sein, denn jeder Eroberer sollte verständigerweise die Gewinnung der Atlasberbern der Zeit überlassen. Von den von Marrakesch gegen das Gebirge laufenden Strahlen würde die Linie Marrakesch-Demnat am meisten lohnen, da sie durchaus durch sehr fruchtbares, schon heute ziemlich dichtbesiedeltes Land führen würde.

Eine Verbindungslinie Marrakesch—Fâs dürfte selbst noch, wenn eine europäische Macht Marokko beherrschte, einer ferneren Zukunft vorbehalten bleiben. Auch für Casablanca erscheinen die Bedingungen bezüglich einer Verbindung mit Marrakesch, an die doch in erster Linie zu denken wäre, als wenig günstig. Es wäre da auf jeden Fall die gewaltige Verkehrsschranke der Um-er-Rbia zu überwinden und zwei Drittel der Strecke würden durch ödes Steppenland führen.

Für Nord-Marokko würde Fâs der natürliche und für ganz Marokko wichtigste Knotenpunkt sein, vor allem auch der Punkt, von welchem aus die Verbindung mit Algerien und mit dem ganzen Eisenbahnnetz der Atlasländer herzustellen wäre. Von französischer Seite ist begreiflicher Weise schon lange auf diese Verbindung hingewiesen worden und dürfte dieselbe wol schon sorgsam erforscht sein. Dieselbe ist auch tektonisch und bodenplastisch in der Tiefenlinie vorgezeichnet, welche das wahrscheinlich jüngere Faltensystem des Rîfgebiets von dem etwas älteren des Hohen Atlas scheidet. Dieser Tiefenlinie folgt von der Wasserscheide zwischen Ocean und Mittelmeer bis nahe an Fâs der Innauen, ein rechter Nebenfluss des Sebu, dann von den Quellen desselben östlich von Taza ein linker Nebenfluss der Muluja, der Messun, weiterhin wol eine Strecke weit die windungsreiche Muluja selbst und ihr rechter Nebenfluss Wed-el-Kseb bis nahe an die Grenzstadt Udjda. Von Udjda nach der algerischen Grenzstadt Lalla Marnia, dem jetzigen Endpunkte des algerischen Netzes, wären nur geringe Geländeschwierigkeiten zu überwinden. Ueberhaupt dürften diese, da auch kein Punkt auf dieser Linie 1000 m zu erreichen scheint, nicht besonders gross sein. Es würde sich um keine eigentliche Gebirgsbahn handeln. Auch beträgt die Länge der Strecke Tlemcen—Udjda—Taza—Fâs nur ca. 370 km. Aber an sonstigen Schwierigkeiten ist kein Mangel: diese Linie führt nicht nur weithin durch ödes Steppenland, sondern durch das Gebiet bis jetzt völlig unabhängiger und äusserst freiheitliebender Gebirgsberbern, besonders der Rhiata, die die Sultane oft genug mit blutigen Köpfen heimgeschickt haben und heute durch Schmuggel von Gibraltar her mit den besten Feuerwaffen versehen sind. Ihre in ihren unzugänglichen und bis heute fast unbekannten Bergen sehr schwierige Unterwerfung wäre die Vorbedingung des Baues dieser Linie, denn sie würden sonst nicht nur den Bau hindern, sondern die etwa dennoch fertig gestellte Linie immer wieder zerstören. Dieselbe müsste dann naturgemäss bis an den Ocean verlängert werden, schon weil Fâs in noch höherem Maasse wie Marrakesch eine Verbindung mit dem Meere braucht. Es könnte sich da nur um das nähere Larasch oder das etwas fernere Rabat-Sla handeln. Beide besitzen in den Mündungen ihrer Flüsse, des Wed Kus und des Bu Regreg, an und für sich vortreffliche, leider aber durch Barren geschlossene Häfen. Ich habe dieselben und die Möglichkeit sie brauchbar zu machen in dem Werke über die Reise von 1899 eingehend geschildert. Es unterliegt für mich keinem Zweifel, dass Rabat-Sla der eine Endpunkt der grossen Atlaslinie werden muss, deren anderer in Tunis liegt. In der Tiefebene des Sebu wären keinerlei Geländeschwierigkeiten zu überwinden und nur wenige Brücken erforderlich. Der Punkt des Aufstiegs auf das Hochland von Rabat-Sla ist auch geographisch vorgezeichnet, derselbe kann nur durch die Schlucht erfolgen, in welcher der Wed Rdem, ein linker Zufluss des Sebu, sich bei Sidi Kassem einen Weg in die Tieflandsbucht des Sebu gebahnt hat. Ob die Linie von dort geraden Wegs nördlich vom Djebel Zerhun nach Fâs geführt wird oder das Rdem Thal hinauf über Meknâs ist eine Nebenfrage. Zwischen Meknâs und Fâs ist allerdings eine ganze Anzahl Brücken erforderlich, auf der geraden Linie Sidi Kassem—Fâs nur eine grössere über den Wed Mikkes.

Zu den dringendsten Verbindungslinien gehört auch die Linie Fâs--Tanger. Gewiss würde die Entfernung Fâs—Tanger, zu der man jetzt meist 7 Tage braucht, nach Fertigstellung der Linie Rabat—Fâs bei direkter Dampferverbindung von Tanger mit Rabat in einem Tage zurückgelegt werden können, aber trotzdem würde eine direkte Linie unerlässlich sein. Der Bau derselben würde sich dadurch vereinfachen, dass sie in Sidi Kassem in die Linie Rabat—Fâs einmündete. Aber von dort bis Tanger würde der Bau ausserordentlich kostspielig sein der grossen Zahl von Brücken wegen, die die aus dem Rîfgebirge hervorbrechenden Flüsse und vor allem der Sebu erfordern würden.

Die beiden Linien Tanger—Fâs und Fâs—Tlemcen sind dazu auch politisch schwer belastet. Die eine liegt im brennenden Interesse Englands, die andere Frankreichs. Gelänge es der einen Macht den Bau der einen durchzusetzen, so würde die andere alles daran setzen, um den Bau zu hindern oder sich die andere zu sichern. Es würde ein wahrer Wettlauf um Fâs stattfinden, Soll doch nach Privatnachrichten der Aufstand der Berberstämme um Fâs und Meknâs im Sommer 1902 durch das Gerücht verursacht worden sein, dass der Sultan den Engländern den Bau der Linie Tanger—Fâs zugestanden habe.

Sehr schwierig würde auch eine Verbindung des nordmarokkanischen Eisenbahnnetzes mit dem Hauptknoten Fâs und des südmarokkanischen mit dem Hauptknoten Marrakesch sein. An eine Eisenbahn Fâs—Marrakesch annähernd auf der kürzesten Linie und scheinbar als Atlas-Randbahn ist ganz gewiss für lange Zeit nicht zu denken, selbst wenn eine europäische Macht in Marokko herrschte. Die Zweitheilung des Landes bezw. des Atlas-Vorlandes ist eben, wie ich früher dargelegt habe, eine geographisch begründete und darum altgeschichtliche. Für's erste erscheint aus geographischen und politischen Gründen eine Verbindung von Fâs und Marrakesch nur über Rabat und Casablanca möglich, also durch ein Stück Küstenbahn. Das würde die ohnehin grosse strategische Bedeutung von Rabat noch wesentlich erhöhen.

Zur Kennzeichnung der mittelalterlichen Zustände Marokkos dient auch das Fehlen einer Einrichtung, die irgendwie als Postwesen bezeichnet werden könnte. Die am Handel in Marokko betheiligten europäischen Staaten haben dem abzuhelfen gesucht, indem sie wenigstens in den Küstenstädten eigene Postanstalten eingerichtet haben. So England, Frankreich, Spanien, zuletzt auch das Deutsche Reich. Das Bedürfnis einer deutschen Post war so dringend, dass ein deutscher Kaufmann eine deutsche Privatpost zwischen Mogador und Marrakesch eingerichtet hatte. Die deutsche Post in Marokko besteht seit dem 20. December 1899 und besitzt Postämter in Tanger, Larasch, El Ksar, Rabat, Casablanca, Mazagan, Saffi, Mogador, Marrakesch, Meknâs und Fâs. Das Hauptpostamt ist natürlich in Tanger, wo es gelungen ist in äusserst günstiger Lage im Brennpunkte des Verkehrs ein geeignetes Haus zu finden. Die Verbindung zwischen den einzelnen Postämtern findet zu Lande durch eingeborene Eilboten statt, die ausserordentlich leistungsfähig und zuverlässig sind, man bedient sich aber vertragsmässig auch aller Dampfergelegenheiten und zwar mit grosser Findigkeit selbst zufälliger, wenn sie rasche Beförderung verheissen. Dass englische Kapitäne die deutsche Post nur ungern befördern, davon bin ich Augenzeuge gewesen. Ob daraus schon Ungelegenheiten erwachsen sind, weiss ich nicht. Selbstverständlich befördern auch die deutschen Dampfer die fremden Postsäcke. Die Verwaltung der einzelnen Postämter liegt meist in den Händen deutscher Kaufleute, die dafür eine nur zu knapp bemessene Entschädigung erhalten. Eigene Beamte sind, wenn ich nicht irre, nur in Tanger und Casablanca angestellt. Die deutsche Post hat auch in Marokko ihre Tüchtigkeit bewährt und hat nicht nur zu einem Fortschritte des Verkehrs im Allgemeinen beigetragen, sondern auch einen stetig wachsenden Theil der Thätigkeit der übrigen europäischen Postanstalten auf sich abgelenkt, namentlich den Geldverkehr. Die Eingeborenen bringen der deutschen Post das grösste Vertrauen entgegen. Auch ein Verkehr mit Postpacketen und Postfrachtstücken ist mit Hilfe der deutschen Dampfer eingerichtet und arbeitet tadellos, im grellsten Gegensatze zu dem sogenannten Postpacketdienste, den Frankreich nach Algier unterhält und von dem ich ein Lied zu singen weiss, aber doch noch nicht so kläglich wie die französischen Geschäftsleute in Algerien selbst es 1901 sangen.

Telegraphen giebt es selbstverständlich in Marokko nicht. In Tanger, wo die Engländer zuerst dem Widerstande der marokkanischen Regierung gegenüber nur unter Androhung von Gewalt ein Kabel gelandet haben, hört der Weltverkehr auf. Ganz Marokko liegt in vieler Hinsicht ausser der Welt und den Brennpunkten des Weltmarkts entfernter, als die Südspitze Afrikas oder Neu-Seeland. Jeder Kaufmann wird verstehen, wie der Handel darunter leiden muss. Neuerdings behelfen sich die Kaufleute in Mogador vielfach damit, dass sie englischen Dampfern, die regelmässig einmal in der Woche von dort nach den Kanarischen Inseln gehen, von dort zu befördernde Telegramme übergeben.

Der Verkehr mit Europa wird, abgesehen von dem Wege durch Spanien, der aber nur für Briefe und Telegramme benutzbar ist, durch die europäischen Dampferlinien, welche die dem Aussenhandel geöffneten marokkanischen Küstenplätze mehr oder weniger unregelmässig anlaufen, vermittelt. Ganz zuverlässig ist nur die durch kleine englische und spanische Dampfer unterhaltene Verbindung von Tanger mit Gibraltar und Cadix. Aber selbst nach Gibraltar gehen nicht täglich Dampfer. Von den europäischen Linien ist nur eine zuverlässig, die englische Forwood-Linie, die durch Verträge gebunden, regelmässig einmal wöchentlich auf dem Wege nach den Kanarischen Inseln die wichtigsten Küstenplätze anläuft — ausser wenn schlechtes Wetter das unmöglich macht. Die Regelmässigkeit des Dienstes beruht darauf, dass diese Schiffe den Markt von London mit frischen Südfrüchten, Gemüsen etc. von den Kanarischen Inseln versehen und daher die Rückreise von dort geradesten Weges nehmen. Diese Dampfer werden sehr viel von Engländern benutzt, die zur Erholung ein paar Wochen Seeluft athmen wollen und ein oder zwei Schiffe auf den Kanarischen Inseln, einzelne wol auch in Mogador überspringen. Demnächst kommen französische Dampfer der Paquet-Gesellschaft, die je einmal monatlich, aber ohne sich streng an die Fahrzeit zu halten, von Marseille zwei kleine alte Dampfer, Moselle und Meurthe, an die marokkanische Küste laufen lässt und zwar schon seit Jahrzehnten in gleicher Weise. Durch Zufall habe ich stets diese Schiffe von Tanger aus benutzt und habe nur die besten Erfahrungen mit denselben gemacht. Spanische Dampfer laufen südwärts von Tanger ganz unregelmässig. An der Nordküste wird nur Tanger, Melilla und Tetuan von Dampfern der Marseiller Linie Touache angelaufen, Ceuta und Melilla auch von Malaga und Algesiras aus von spanischen Dampfern. Auf die deutschen Linien werde ich im nächsten Abschnitte eingehen. Die Hafenverhältnisse habe ich schon früher eingehend untersucht.

---

22. Deutsche Bethätigung in Marokko. Zukunft des Landes.

Von einer irgendwie nennenswerthen Bethätigung Deutscher in Marokko kann erst in der allerneusten Zeit, kaum seit 20 Jahren gesprochen werden. K. von Fritsch und J. Rein waren 1872 noch durchaus auf englische Vertretung angewiesen. In Casablanca, Mazagan, Saffi und Mogador waren damals offenbar überhaupt noch keine Deutschen angesiedelt. Die 1877 von Seiten des Deutschen Reiches nach Marokko geschickte und 1878 von dort erwiederte feierliche Gesandtschaft lenkte zuerst bei uns in höherem Maasse die Aufmerksamkeit auf dieses Land und veranlasste einen deutschen Grossgewerbetreibenden (Krupp?) einen Herrn von Conring 1879 zur Erforschung der wirthschaftlichen und Handelsverhältnisse nach Marokko zu schicken. Derselbe hat, als Frucht seiner Reise, ein sehr eigenartiges Buch über Marokko geschrieben, aus dem ich hier nur die Thatsache entnehmen will, dass 1879 in Tanger, abgesehen von 6 zur Gesandtschaft gehörigen Personen nur noch 4 Deutsche dauernd lebten, von denen zwei Kaufleute waren. In Casablanca, das sich eben zu entwickeln begann, fand er 5 deutsche Kaufleute, deren Geschäfte aber sehr bescheiden waren, in Saffi einen Deutsch-Oesterreicher, der noch heute dort lebt, von dessen zahlreicher Familie aber nicht ein Glied Deutsch gelernt hat, in Mogador auch nur einen Deutschen. Schon daraus kann man schliessen, dass 1879 die deutsche Bethätigung in Marokko noch ganz in den Anfängen war.

Ein wesentlicher Fortschritt wurde erst durch die Bemühungen von Dr. Jannasch erzielt, dessen Thätigkeit, wenn sein eigener Versuch, in Süd-Marokko Handelsbeziehungen anzuknüpfen, auch scheiterte, doch seit 1890 die Einrichtung deutscher, die marokkanischen Küstenplätze anlaufender Dampferlinien zur Folge hatte. Es sind die Woermann-Linie und die Oldenburgisch-Portugiesische, zu denen die allerdings nur Tanger bei ihren Mittelmeerfahrten anlaufende Sloman-Linie hinzukommt. Diese direkte Verbindung mit Hamburg hat einen sehr raschen Aufschwung des deutschen Handels in Marokko zur Folge gehabt. In allen dem Fremdhandel geöffneten Küstenstädten haben sich Deutsche in stetig wachsender Zahl niedergelassen und ein sich langsam steigender Antheil am marokkanischen Aussenhandel, der selbst kaum eine aufsteigende Bewegung erkennen lässt, ist namentlich aus französischen, zum Theil aber auch englischen in deutsche Hände übergegangen. Im Jahre 1898 war der deutsche Handel auf 14 % des Gesammthandels gestiegen und betrug etwa 7½ Mill. Mark, wenn auch das Uebergewicht Frankreichs und namentlich Englands noch sehr bedeutend war. In Tanger, wo der englische Handel wegen der Beziehungen zu Gibraltar, das von Tanger aus ernährt wird, wol dauernd das Uebergewicht haben wird, stieg der deutsche Handel von 1893—97 von 7 % auf 13,6 %. In Saffi hatte sich von 1894—98 die deutsche Ausfuhr fast verneunfacht und betrug 40 %. In Mogador betrug sie 1898 27 %. Die amtliche Denkschrift zur Flottenvorlage über die Steigerung der deutschen Seeinteressen von 1896—98 lässt die Einfuhr aus Marokko ins Deutsche Reich von 1894—98 von 1,6 Mill. Mark auf 6,1 Mill. Mark steigen und eine andere amtliche Denkschrift beziffert 1898 die Summe aller deutschen Interessen in Marokko auf 8—10 Mill. Mark.

Das sind gewiss verschwindend kleine Summen. Aber um ihre Bedeutung zu erfassen, muss man sich vergegenwärtigen, dass einerseits unsere Bethätigung in Marokko eben erst begonnen hat, andererseits es sich in diesem von der Natur reichausgestatteten, aber durch eine fluchwürdige Verwaltung verarmten Lande überhaupt nur um geringfügige Summen handelt, die aber in dem Augenblicke, wo das heutige Abschliessungssystem ein Ende hat, einer erstaunlichen Steigerung fähig sind. Erreichte doch 1898 der gesammte Aussenhandel von Marokko überhaupt nur 55 Mill. Mark! Es handelt sich also um eine Saat, die in Zukunft Früchte tragen soll und reiche Früchte zu tragen im Stande ist. Welcher deutsche Staatsmann will die Verantwortung dafür tragen, dass dieses zukunftsreiche Gebiet deutscher Bethätigung vernachlässigt wird gegenüber der Thatsache, dass die Schaffung und Sicherung neuer Arbeitsfelder für deutschen Unternehmungsgeist und deutsches Geld, neuer Märkte für deutsche

Erzeugnisse geradezu eine Lebensfrage für uns ist? Ganz abgesehen von der ungeheuren politischen Bedeutung Marokkos und davon, dass Marokko auch für deutsche Besiedelung die günstigsten Bedingungen bietet!

Ich habe mich bemüht an Ort und Stelle und durch private Umfragen festzustellen, wie gross die Zahl der heute (1901) in Marokko lebenden Deutschen und der selbständigen deutschen Geschäfte ist, da damit, namentlich im Vergleich zur Vergangenheit, ebenfalls ein Anhalt gewonnen wird, auf Grund dessen man sich ein Urtheil über das bilden kann, was uns Marokko heute schon bedeutet. Es ist dies wol die erste Statistik dieser Art. Die Schlusszahl dürfte wol, wenn sie nicht absolut genau ist, nur um wenige Einer von der Wahrheit abweichen. Darnach leben in Tanger gegenwärtig in runder Zahl 100 Deutsche, von denen etwa 25 Oesterreicher, 8 Schweizer, der Rest, also ⅔ Reichsdeutsche sind. In Tetuan leben, soweit ich feststellen konnte, keine Deutschen, in Larasch die Familie eines auf einem der Sultansdampfer angestellten Maschinisten mit 5 Köpfen. In Rabat haben sich ganz neuerdings erst Deutsche niedergelassen. Ihre Zahl beträgt 6. Verhältnismässig bedeutend ist die deutsche Kolonie in Casablanca, weshalb dort auch ein Berufskonsulat errichtet worden ist, das schon wesentlich zur Hebung des deutschen Ansehens beigetragen hat. Es lebten dort 1901 30 Deutsche, einen Schweizer eingerechnet. In Mazagan betrug die Zahl der Deutschen 11, von denen 6 unter dem Schutze des Deutschen Reichs stehende und meist in reichsdeutschen Geschäften arbeitende Schweizer waren. In Saffi zählte man 12 Deutsche, den schon früher erwähnten Oesterreicher eingerechnet, in Mogador 22, wovon 15 Reichsdeutsche. Dazu kommen 4 dauernd in Fâs und drei dauernd in Marrakesch lebende Deutsche. Die Gesammtzahl der Deutschen in Marokko betrug also 1901 bereits 193. Die Mehrzahl derselben sind naturgemäss Kaufleute, nur ein geringer Procentsatz kommt auf die amtliche Vertretung und die Beamten der Post. Dazu kommen nun die unter deutschem Schutze stehenden Eingeborenen, die über das ganze Atlas-Vorland vertheilt sind, für die aber eine Zahl anzugeben ich absichtlich unterlasse.

An selbständigen deutschen Geschäften zählte man in Tanger 11, in Rabat 2, in Casablanca 8, in Mazagan 3, in Saffi 5, in Mogador 4, in Fâs und Marrakesch je eins, zusammen also 35. Nicht unerwähnt darf bleiben, dass in Casablanca und Mogador deutsche Aerzte ansässig sind, dass der thatsächlich die Stellung eines Grossveziers einnehmende Kriegsminister Hadsch Kaid Mehed Mnebhi nach seiner

Rückkehr aus Deutschland einen Deutschen zu seinem Leibarzt gemacht hat und vor Allem, dass als Erfolg der in Berlin gepflogenen Verhandlungen nunmehr in der Person eines Mannes, der in vieljährigem Aufenthalte im Lande mit Sprache, Sitten und Geschichte desselben wolvertraut geworden ist, ein deutscher Konsul am jeweiligen Hofe des Sultans selbst bestellt worden ist. Das ist ein bedeutender Erfolg unserer Politik, der derselben weitere Erfolge sichert und unsern wirthschaftlichen Beziehungen zu Marokko in hohem Grade förderlich sein wird.

Es scheint aber leider, dass die fortschreitende Entwickelung des deutschen Handels in Marokko in den letzten Jahren eine langsamere gewesen ist, ja theilweise wieder ein Rückgang erfolgt ist. Doch ist es zunächst wol nur eine zufällige und vorübergehende Erscheinung, wenn der deutsche Antheil der Ausfuhr aller Küstenstädte wieder zurückgegangen ist. So in Mogador von 1900 auf 1901 von 34,3 % auf 18 %, weil die bedeutende Steigerung von 1900 auf der reichen Mandelernte beruhte, für die Hamburg aufnahmefähig war. Die deutsche Einfuhr machte aus früher dargelegten Gründen nur 5—6 % der Gesammteinfuhr aus. In Saffi war von 1894—97 die deutsche Ausfuhr von 3,5 % auf 46 % gestiegen, aber auch, um dann wieder langsam zu sinken, auf 40 % 1898, 30 % 1899 und 26 % 1900. Die Zunahme hatte wesentlich auf Kosten Englands stattgefunden, dem die Deutschen 1897 fast gleich kamen und das heute wieder das Uebergewicht hat. Ganz ähnlich war es auch in Mazagan. Nach den mir durch Herrn Auer, den dortigen Vertreter eines in Casablanca ansässigen deutschen Hauses, freundlichst übermittelten Ausweisen zeigte der Handel von Mazagan in dem Jahrfünft 1896—1900 zwar ansehnliche Schwankungen, aber keine aufsteigende Bewegung. Auch hier war das Jahr 1900 wegen einer guten Ernte, besonders von Mandeln, die dort aus dem ferneren, gegen den Fuss des Atlas hin gelegenen Hinterlande zur Ausfuhr kommen, in Aus- und Einfuhr ein ausnahmsweise günstiges. Denn während die Ausfuhr im Mittel der 5 Jahre 4,9 Mill. Mark, die Einfuhr 4,2 Mill. Mark jährlich betrug, also die ganze Handelsbewegung 9,1 Mill. Mark, etwas mehr als in Casablanca, stieg erstere 1900 auf 7,7, letztere auf 6,6 Mill. Mark. Erstere besteht auch hier ausschliesslich aus Erzeugnissen der Landwirthschaft: Mandeln, Kichererbsen, Saubohnen, Mais, auch Fenugrek, Wolle und Eiern; letzere aus Baumwollenwaaren und Thee, die England liefert, Zucker, den Belgien und Frankreich liefern, und Tuchen, die das Deutsche Reich liefert. An der Einfuhr war dieses nur mit 5 % betheiligt. Die Ausfuhr ging überwiegend nach England, doch stand Spanien, das so gut wie nichts nach Marokko einführt, durch Bezug billiger Volksnahrungsmittel, wie Kichererbsen, Mais und Saubohnen England nicht sehr nach. Der deutsche Antheil an der Ausfuhr, besonders Schafwolle, Eier, deren Ausfuhr nach England und dem Deutschen Reiche beständig steigt, Mandeln u. dergl., betrug im Mittel 17 % der Gesammtausfuhr und war 1898 auf 28 % gestiegen, um dann wieder zu sinken. Sehr bedeutend war aber stets der Antheil der deutschen Flagge an dem Verkehr von Mazagan, wie der atlantischen Küstenplätze überhaupt. Meist steht dieselbe jetzt nach Tonnen- und Schiffszahl — abgesehen von den kleinen spanischen Segelschiffen — obenan. Doch hat auch da seit 1899 England wieder die erste Stelle erreicht.

Man kann so im Mittel der letzten 5—10 Jahre den Gesammtwerth des deutschen Handels in den vier Küstenplätzen Mogador, Saffi, Mazagan und Casablanca zu 5¼ Mill. Mark jährlich annehmen und für ganz Marokko etwa 7½ Mill. Mark oder 14 % des ganzen, etwa 55 Mill. Mark betragenden marokkanischen Handels. Aber, wie schon hervorgehoben, es sind die Anfänge einer aussichtsreichen Ernte und schliesslich ist Marokko für uns als Gebiet wirthschaftlicher Bethätigung schon heute im Verhältnis mehr werth, als beispielsweise etwa für England.

Unter den Gründen, welche mir zur Erklärung des Stillstands der Weiterentwickelung unserer Handelsbeziehungen zu Marokko genannt wurden, stand obenan die ganz ungenügende deutsche Dampferverbindung. Wie unzuverlässig dieselbe ist, habe ich am eigenen Leibe erfahren. Ich schilderte schon oben (S. 25), wie es wir mit der Beförderung meines Gepäcks mit der Oldenburg-Portugiesischen Linie ging. Nicht besser ging es mir mit der Woermann-Linie, die ich zur Fahrt von Casablanca nach Tanger benutzen wollte. Der fällige Dampfer kam zur fahrplanmässigen Zeit nicht an, und man erfuhr einige Tage nachher, dass er eines Schadens an Schraube oder Maschine wegen direkt nach Hamburg habe laufen müssen. Oft haben die Kaufleute Waaren zur Versendung bereit, aber der Dampfer läuft vorüber oder hat keinen Raum. Man hat in Marokko den Eindruck, dass die Woermann-Linie kein rechtes Interesse an dem marokkanischen Geschäft hat. Es wird der deutsche Handel ganz augenfällig durch die englische Forwood-Linie geschädigt. Die deutschen Kaufleute selbst, bei denen ich überall scharf ausgeprägte nationale Gesinnung gefunden habe, müssen sich, mögen sie wollen oder nicht, dieser und anderer Linien bedienen, zumal die deutschen Linien auch einen der Forwood- und der französischen Linie zum Vortheil gereichenden Frachttarif angenommen haben. Es ist so auch fast unmöglich, den ganzen Umfang des deutschen Handels zu bestimmen. Er ist gewiss grösser als angegeben wird, weil vieles, was nach Marseille, Antwerpen, London geht oder umgekehrt, den betreffenden Staaten angerechnet wird. Soll der deutsche Handel den erfreulichen Aufschwung, den er genommen hatte, fortsetzen, so ist unbedingt eine häufigere und vor Allem ganz zuverlässige Verbindung mit Hamburg nöthig, also etwa in der Weise der englischen Forwood-Linie. Es muss da die Frage aufgeworfen werden, ob sich nicht auch von deutscher Seite ein wöchentlicher Dienst einführen liesse, ebenfalls auf Versorgung des Marktes von Hamburg und Berlin, vielleicht auch Kopenhagen und Petersburg mit frischen Gemüsen und dergleichen begründet. Die Nachfrage dürfte heute dem gestiegenen Wolstande entsprechend doch wol gross genug sein. Es handelt sich nur darum, dass sich hinreichend geldkräftige Unternehmer fänden. Vermuthlich würden die Kanarischen Inseln auch gesteigerter Nachfrage genügen können. Marokko selbst würde nach Boden, Klima und Wasservorräthen in der Umgebung von Mogador, namentlich im Thale von Aïn-el-Hadschar, grosse Mengen von Frühgemüsen hervorzubringen im Stande sein, ja es wäre das ein ausgezeichnetes Geschäft, freilich erst in dem Augenblick, wo das Land aufgeschlossen würde. Verbesserung der deutschen Dampferverbindung ist also unbedingt geboten.

Weiter wäre zur Förderung des deutschen Handels eine deutsche Bank nothwendig, die ihren Sitz in dem am centralsten gelegenen Casablanca haben müsste. Freilich wäre dazu eine telegraphische Verbindung nöthig. Sollte es unserer Diplomatie nicht möglich sein, die Landung eines Kabels in Casablanca durchzusetzen? Dasselbe würde natürlich in Vigo oder auf den Azoren anschliessen und müsste von vornherein als Theilstrecke eines bis nach Südwest-Afrika weiterzuführenden Kabels aufgefasst werden. Die Franzosen sind eben dabei, ein Kabel von Oran nach Tanger zu legen — wenn es nicht schon fertig ist. Vielleicht wäre auch an Einrichtung einer deutschen Küstenschiffahrt zu denken, die in Tanger oder Gibraltar ihre Ladungen den zahlreichen dort anlaufenden deutschen Dampfern übergeben könnte.

Aber noch weit grösser als die wirthschaftliche Bedeutung, welche Marokko heute für das Deutsche Reich hat oder jemals haben kann, ist die politische, die weltpolitische. Diese zwingt uns auch, die wirthschaftlichen Beziehungen thatkräftig zu pflegen, um im gegebenen Augenblicke, wenn die Würfel über die Zukunft dieses

Landes fallen, mit dem nöthigen Nachdruck auftreten zu können. Ich habe an anderer Stelle auseinandergesetzt, dass Marokko nach Lage, Weltstellung und natürlicher Ausstattung das bei Weitem wichtigste der 3 Atlasländer ist. Die ungeheuren Hilfskräfte, über welche dieses Land verfügt, sind weniger durch Misswirthschaft verwüstet als unentwickelt. Im Besitze einer fähigen europäischen Macht wird dasselbe sehr bald ein wichtiger Faktor der Weltwirthschaft, namentlich eine Kornkammer für Europa werden, die es schon heute in bescheidenem Maasse trotz der Ausfuhrverbote und Misswirthschaft ist. Seiner wichtigen Lage und Weltstellung wegen, nicht der ihm innewohnenden wirthschaftlichen Bedeutung halber, die man bisher nicht genügend kannte, hat sich dieser Anachronismus von Staatswesen im Angesichte Europas bis heute erhalten können. Denn nicht seine eigene Macht hat es vor dem Schicksale bewahrt, das ganz Afrika bis auf die abessinische Bergfeste ereilt hat, sondern nur die Eifersucht der europäischen Mächte. Die Machtmittel, über welche das ganz verkommene Staatswesen verfügt, sind so geringe, dass es einem kleinen, aber wol organisirten europäischen Heere, dessen Angriff wol vorbereitet wäre und namentlich der Landesnatur in jeder Hinsicht Rechnung trüge, sofort unterliegen würde, zumal der Hass der Bevölkerung gegen alles was Makhzen heisst, d. h. irgendwie zur Regierung in Beziehung steht, heute ein so grosser ist, dass dieselbe zunächst wenigstens ihrerseits keinen Widerstand leisten, ja selbst ein christliches Heer als Befreier von einem unerträglichen, fluchwürdigen System der Knechtung und Aussaugung ansehen würde. Zunächst, dass nicht sehr rasch ein Umschwung erfolgte, dafür zu sorgen wäre erste Aufgabe der Angreifer. Marokko ist heute genau so reif zum Verspeistwerden wie Tunesien 1881, nur sind die Liebhaber der Frucht einander mehr ebenbürtig.

Die marokkanische Frage ist eine brennende. Sie kann bei den furchtbaren Zuständen, die im Lande herrschen, jeden Augenblick die wirthschaftlich betheiligten Staaten zum Eingreifen zwingen, ganz abgesehen davon, dass jeder derselben, wie ich früher gezeigt habe, Krumirs in Fülle auf Lager hat, die als Vorwand zum Eingreifen in einem ihm genehmen Augenblicke dienen können. Es bedarf daher grosser Umsicht, damit nicht Marokko eines Tages den Anlass zu einem Weltbrande bietet. Denn dies Land ist so reich und so wichtig, dass der Besitz desselben die Weltmachtstellung desjenigen Staats, dem es anheimfällt, so ausserordentlich stärken würde, dass die übrigen zunächst Betheiligten das ganz unmöglich dulden könnten. Die Weltmachtstellung, nicht blos, wie vielfach behauptet wird, die Stellung im Mittelmeere. Denn Marokko ist zwar auch ein Mittelmeerland und hat Antheil an der Beherrschung der durch das Mittelmeer gehenden Welthandelsstrasse, aber es gravitirt noch mehr zum Atlantischen Oceane und kann sehr bald auch ein werthvoller Stützpunkt für den Verkehr nach ganz West-Afrika und Süd-Amerika, nach dem zentralamerikanischen Kanale werden. Einen solchen Stützpunkt braucht vor Allem das Deutsche Reich!

Zwei Wege scheint es zu geben, um zu verhüten, dass Marokko in naher Zukunft den Anstoss zu einem Weltkriege bietet. Entweder die betheiligten 3 Mächte, Frankreich, England und das Deutsche Reich einigen sich, um das Land europäischer Bethätigung mit gleichem Licht und Sonne für alle zu erschliessen, oder dasselbe unter sich, sei es auch zunächst vielleicht nur in der Form von Interessensphären zu vertheilen. Aber eine Verständigung unter den 3 Mächten erscheint unbedingt geboten und eine solche herbeizuführen wäre ein grosses staatsmännisches Verdienst.

Dass die Abschliessung Marokkos auf die Dauer nicht durchführbar ist, tritt schon jetzt klar zu Tage. Die Regierung, d. h. die Dynastie, hat dafür heute nur noch einen Bruchtheil der Bevölkerung hinter sich, sie kann das Eindringen europäischer Kultur mit ihren Machtmitteln nicht hindern, sondern nur verlangsamen. Marokko liegt vor den Thoren Europas, es ist ein reiches, dünnbevölkertes Land, wo alles, durchaus alles, was in Europa im Laufe der letzten Jahrhunderte an Kulturerrungenschaften gezeitigt und an Kulturmitteln geschaffen worden ist, noch zu schaffen ist. Die Verlockung zur Bethätigung für die Träger europäischer Kultur, das Bedürfnis nach Erschliessung neuer Hilfsquellen, neuer Räume für die sich drängende europäische Menschheit, die Ueberlegenheit der europäischen Kultur ist so ungeheuer gross, dass alle die kleinen Mittel, mit denen dies marokkanische Abschliessungssystem arbeitet, wenn auch von der Eifersucht der Mächte dabei unterstützt, auf die Dauer nicht genügen. Tropfenweise macht sich europäischer Einfluss immer mehr geltend. Aber inzwischen bleibt die Gefahr für den Frieden Europas. Wenn es gelänge ähnlich wie in China geschehen ist, das Land europäischer Bethätigung zu erschliessen, so würde das in erster Linie England und dem Deutschen Reiche zum Vortheil gereichen, weniger Frankreich. Das Deutsche Reich und England haben in erster Linie Interesse an der Aufrechterhaltung Marokkos, als so zu sagen unabhängiger, selbständiger Staat, besser mit Reformen, zur Noth aber auch ohne solche, so schmachvoll auch der Schutz ist, den diese Mächte damit solchen Zuständen gewähren. Frankreich ist damit weniger gedient, denn die Befürchtung ist nicht unbegründet, dass es im freien Wettbewerbe, trotz der räumlichen Nähe, nach und nach in den Hintergrund gedrängt werden wird. Frankreich hat sich auch schon in den Gedanken eingelebt, dass es Marokko eines Tages in ähnlicherweise sich angliedert, wie es bei Tunesien geschehen ist. Es würde eine für sicher gehaltene Beute sich entschlüpfen sehen. Dass aber ganz Marokko eines Tages französisch wird, das verbieten geradezu die Lebensinteressen Englands und des Deutschen Reichs. Denn Frankreich würde, abgesehen von dem Zuwachs von Machtmitteln, jedenfalls in Marokko nach den in Algerien, Tunesien und seinen übrigen Kolonien, wo es ohne zu empfindlichen eigenen Schaden irgendwie geht, bewährten Grundsätzen verfahren und Mittel und Wege finden, den fremden Handel auf das unvermeidliche Mindestmaass herabzudrücken. Die deutschen Kaufleute und Unternehmer, die auf die Zukunft gerechnet haben, würden sich um die Früchte ihrer Arbeit betrogen sehen. Wenn in Frankreich einmal die Ueberzeugung zum Durchbruche kommt, dass die Erwerbung von ganz Marokko unmöglich ist, so wird man dort wol in erster Linie für Beschreiten des zweiten Weges sein, der Auftheilung von Marokko unter die drei betheiligten Weltmächte.

Eine Auftheilung von Marokko als dauerndes Auskunftsmittel ist geographisch gewissermaassen vorgezeichnet. Was man gemeinhin in Europa unter Marokko versteht und auf unseren Karten mit einer bestimmten Farbe umzieht, ist weder ein Land noch ein Staat, sondern eine Ländergruppe, von der nur ein kleiner Theil, etwa ein Viertel, vorzugsweise das Atlas-Vorland, vom Sultan von Marokko wirklich beherrscht wird, wenn auch unter sich unablässig erneuernden Versuchen der Bewohner die Herrschaft abzuschütteln. Der ganze Rest ist entweder, wie namentlich die berberischen Gebirgslandschaften, ganz unabhängig oder beugt sich der Herrschaft des Sultans nur formell und bildet also kaum mehr als eine Art marokkanischer Interessensphäre, um die allerdings noch die Anerkennung des Sultans als geistliches Oberhaupt des Maghreb ein weiteres Band schlingt. Den Kern des Ganzen bildet das Atlas-Vorland. Aber selbst dieses ist kein völlig einheitliches Gebiet und wird auch im Lande selbst nicht als politische Einheit angesehen. Der Norden, im Lande selbst el Gharb genannt, mit Fâs als politischem Mittelpunkte wird, wie ich früher gezeigt habe [1]), durch schwer gangbare und daher noch heute von unabhängigen Berbern bewohnte Gebirgslandschaften vom Süden,

---

[1]) Wissenschaftliche Ergebnisse S. 45.

El Haus, mit Marrakesch als Mittelpunkt geschieden. Die Zerlegung dieser thatsächlich schon heute nicht staatlich geeinten Ländergruppe würde daher keine Zerreissung einer geographischen und ethnographischen Einheit bedeuten. Wenn in Frankreich bis dahin nicht die Ueberzeugung durchgedrungen sein sollte, dass England der wahre Feind ist und ein Heil für Frankreich nur in der Annäherung an das Deutsche Reich liegt, ein Ausschluss Englands vom marokkanischen Erbe also nicht möglich wäre, so würde das deutsche Interesse mindestens die Zutheilung von Süd-Marokko, El Haus, erfordern, von Rabat nach Süden, das Sus eingeschlossen, mit Marrakesch. Die zu Häfen auszubauenden Küstenplätze dieses Gebiets würden nämlich Stützpunkte sowol für den Verkehr nach West-Afrika und Süd-Amerika, wie durch das Mittelmeer bilden. Deutscherseits könnte dann alles Land jenseits des Atlas, vom Ocean bis zum Mittelmeere, das Rîfgebiet eingeschlossen, an Frankreich überlassen werden. Nord-Marokko oder wenigstens einen Theil desselben an der Meerenge mit Tanger würde England sicher mit allen Mittel zu erwerben anstreben. Gelänge eine Verständigung zwischen Frankreich und dem Deutschen Reich, dann müsste das ganze Atlas-Vorland mit Tanger deutsch werden. Ceuta und die übrigen spanischen Presidios würden über kurz oder lang an Frankreich übergehen, denn soweit meine Kenntnis Spaniens reicht, hat dieser Staat keine Zukunft mehr und ist derselbe ganz ausser Stande irgendwie für seine sogenannten geschichtlichen Ansprüche auf Marokko einzutreten. Thatsächlich hat Spanien heute auch, abgesehen davon, dass es einen Theil billiger Volksnahrung von dort bezieht, keine wirthschaftlichen Interessen mehr in Marokko.

In welcher Form aber auch die Erschliessung Marokkos erfolgen mag, jedenfalls eröffnet sich in dem Augenblicke, wo dies geschieht, für die Bethätigung europäischer Kulturkräfte ein weites, reichlohnendes Feld. Hier sind Häfen, Eisenbahnen, Strassen, Brücken, Beleuchtungsanlagen, Bewässerungsanlagen, Linien für Küsten- und Fluss-Schifffahrt, elektrische Anlagen und vieles Andre zu schaffen. Hier ist der Ackerbau jedes nur denkbaren Aufschwungs in einem weiten Gebiete zugänglich, ein reiches Absatzgebiet für landwirthschaftliche Maschinen erschliesst sich. Die Zwergpalmenbestände, die Düngerberge harren der Verwerthung. Windmotoren können hier zu Tausenden in Thätigkeit gesetzt werden. Aber noch mehr, Marokko im Gegensatz zu Algerien und Tunesien fast malariafrei, überaus dünnbevölkert, bietet Raum für 2—3 Millionen europäischer Ansiedler, die dort mit ihrer Hände Arbeit eine Fülle von Erzeugnissen hervorbringen können, deren das Mutterland bedarf. Genau so wie schon jetzt die europäischen Kaufleute in den Küstenstädten um ihren Handel den thörichten Ausfuhrsverboten zum Trotz zu nähren, die eingeborenen Bauern zum Anbau einer ganzen Anzahl neuer Gewächse angeleitet haben, wäre es möglich hier, um nur zwei weitere zu nennen, Baumwolle und Erdmandeln im Grossen zu ziehen. Wie in Vorder-Indien der Regurboden geradezu, weil er sich vortrefflich dazu eignet, von den Engländern black cotton soil genannt wird, dürfte die jenem der Entstehung und Zusammensetzung nach, abgesehen davon, dass sie den doppelten Gehalt an organischen Substanzen hat, ausserordentlich ähnliche marokkanische Schwarzerde sich voraussichtlich ausgezeichnet für Baumwollenbau eignen. Früher ist ja auch schon Baumwolle in Marokko gezogen worden. Die Wasserfrage ist kein Hindernis, denn der Tensift und die Um-er-Rbia führen auch im Sommer die Wasservorräthe des Atlas vorbei. Wie man aus dem Durchbruchsthale der Donau oberhalb Sigmaringen und von zahlreichen andern Stellen Wasser in Fülle auf die Höhen der Rauhen Alp hinaufgehoben hat, so wird man auch das dieser Ströme über die weiten Schwarz- und Rotherdegefilde von Abda, Dukkala und Schauia, die des Subu über die ebenso fruchtbaren Ebenen des Gharb auszubreiten vermögen, ja wol noch leichter durch Windmotoren, wenn nicht, wie dort, auch die Möglichkeit zur Verwendung hydraulischer Widder gegeben sein sollte.

Unsere riesige Volksvermehrung kann jeden Augenblick die ernstesten Gefahren heraufbeschwören. Unsere Staatsmänner, seit Bismarck, haben schon, allerdings zum Theil unter Mitschuld der Volksvertetung, durch zahlreiche versäumte Gelegenheiten eine schwere Verantwortung vor dem deutschen Volke und vor der Geschichte auf sich geladen. Soll Marokko diese Last der Verantwortung noch vermehren? Denn die Thatsache drängt sich jedem, der sehen will, auf, dass Marokko für dasjenige Volk, welches das reiche Land aus dem Mittelalter in die Gegenwart überführt, zu einer Goldgrube und Machtquelle werden muss.

---

23. Klimatologisches.

Die klimatologischen Beobachtungen, welche ich auf meiner Reise im Jahre 1899 gemacht hatte, haben zusammen mit dem gesammten bis jetzt für Marokko vorliegenden Beobachtungsstoffe eine eingehende Bearbeitung zu einer zusammenhängenden klimatologischen Studie über Marokko erfahren [1]). Es erübrigt daher hier nur kurz, die auf dieser letzten Reise gemachten Beobachtungen zusammenzufassen. Es wurden sämmtliche Instrumente dreimal täglich zu auch von den meteorologischen Stationen an der Küste eingehaltenen Stunden, 7 Uhr morgens, 2 Uhr mittags und 9 Uhr abends abgelesen, die Barometer selbstverständlich zum Zwecke der Höhenmessung so oft als es wünschenswerth erschien. Während der Aufenthalte in den Küstenstädten wurde nicht beobachtet, da in Mogador und Saffi deutsche meteorologische Stationen bestehen und ich, wie schon erwähnt, in Casablanca eine solche eingerichtet habe. Leider erlitt, wie schon geschildert worden ist, das Assmann'sche Aspirations-Psychrometer in Saffi eine unheilbare Beschädigung, sodass nur zwei Profile mit demselben bestimmt werden konnten, das eine von der Küste bei Mogador südlich vom Tensift bis 2 Tagemärsche von Marrakesch, annähernd parallel demjenigen, das ich auf Grund der Beobachtungen von 1899 konstruiren konnte, das andere nördlich vom Tensift über den Zyma-See und durch Abda nach Saffi. Auch Wind, Regen, Bewölkung, Nebel und Thau wurde sorgsam beobachtet.

Im Allgemeinen war das Wetter während des Winters und Frühlings wesentlich anders als im Jahre 1899, sehr regenreich, kühl und windig. In Mogador ereignete sich das Unglaubliche, dass es am 22. Februar volle 24 Stunden ohne Unterbrechung regnete, bald stärker, bald schwächer, die Niederschlagshöhe betrug im Ganzen 30,5 mm, und dass man einen ganzen Tag die Sonne nicht sah. Es trat bei NW eine sehr empfindliche Abkühlung ein. Nördliche Winde von grosser Stärke waren sehr häufig. Bei einem Ausfluge, den die deutsche Kolonie in den die Dünen südöstlich von Mogador bedeckenden Buschwald am 16. Februar unternahm, steigerte sich der Nordwind bald derartig, dass wir in dem auf einer Anhöhe aufgeschlagenen Zelte ganz mit Sand überschüttet wurden und dasselbe abbrechen mussten. Es war im Februar jeder zweite Tag ein Regentag, allerdings waren stets nur wenige Stunden, oft des Nachts, von Regen ausgefüllt. Wenn wirklich einmal Windstille herrschte, so empfand man das als besonders wolthuend.

Das ungünstige Urtheil, welches ich, im Gegensatz zu französischen Aerzten, schon früher über Mogador als Winter-Station für Lungenkranke gefällt habe, ist durch den diesmaligen 3wöchtlichen Aufenthalt vollauf bestätigt worden. Die vielgerühmte Gleichmässigkeit

---

[1]) Zeitschrift der Gesellschaft für Erdkunde zu Berlin. Jahrgang 1901.

der Wärme ist thatsächlich in diesem Maasse nicht vorhanden. Ueberaus lästig ist die Häufigkeit und Heftigkeit der Winde, gegen die es fast nirgends Schutz giebt und die in- und ausserhalb der Stadt bei der völligen Vegetationslosigkeit der Umgebung reichlich Staub führen. Diese Winde sind stets, da sie vom Meere her und und meist aus nördlichen Quadranten wehen, relativ kühl. Der Gegensatz zwischen dem Winde ausgesetzten und windgeschützten und sonnigen Punkten ist hier grösser als anderwärts in den Mittelmeerländern.

Um den 1. März war das Wetter längere Zeit so schlecht, dass kein Dampfer die Küste anlaufen konnte und selbst die englischen der Forwood-Linie, die sich sonst durch Zuverlässigkeit auszeichnen, liefen vorüber und überliessen es den Reisenden in Mogador zu warten, bis ein anderer eine Woche später etwa anlaufen würde. Das ist übrigens eine Erscheinung, die jeden Winter und mehrfach vorkommt.

Die Beobachtungen, welche ich im März zwischen Mogador bezw. Aïn-el-Hadschar und Marrakesch, andererseits auf dem Wege aus dem Innern über den Zyma-See und durch Abda an die Küste bei Saffi machte, entsprachen im Allgemeinen denen von 1899 nur sehr wenig. Die Luftfeuchtigkeit und die Thaufälle nahmen nach innen nicht ab, die Tage wurden zwar noch wärmer, aber die Nächte nicht kühler. In Aïn-el-Hadschar waren von 11 Tagen (5.—16. März) 5 Regen- und Gewittertage ohne Thaufälle, die 6 übrigen hatten zum Theil reichliche Thaufälle; die Feuchtigkeit war so gross, dass die sonnigen Stunden fast täglich benützt werden mussten, um die Decken und Feldbetten zu trocknen, da die Matten in den Zelten zu faulen begannen. Das Mittel der relativen Feuchtigkeit betrug nach dem Assmann'schen Aspirations-Psychrometer in der 10tägigen Beobachtungsperiode von Aïn-el-Hadschar, das 100 m hoch, aber im wolbewässerten Thale 8 km vom Meere liegt, bei der Morgenbeobachtung 80,5 %, bei der Mittagsbeobachtung 62,7 %, bei der Abendbeobachtung 79,6 %. Das Maximum bei mehreren Morgen- und Abendbeobachtungen 88 %. Das Minimum-Thermometer, das regelmässig nachts vor dem Zelte auf einem niedrigen Gestell etwa 1 cm über dem Boden ausgelegt wurde, zeigte mehrfach nur + 3 °C, in Maximum 6,3 °C, im Mittel von 10 Tagen + 4,5 °C. Das Maximum-Thermometer schwankte zwischen einem tiefsten Stande von 14,4 °C am 9 März und einem höchsten von 26,5 °C am 5. März. Das Mittel der Maxima für die 10tägige Periode betrug 21,5 °C. Das Sonnenschein-Thermometer zeigte am 15. März bei einem Maximum der Schattentemperatur von 20,5 °C, 44,0 °C.

Im Innern von Schedma, Ahmar und Abda waren zwischen dem 16. und 26. März nur der 18. und 19. März Regentage mit SW und ohne Thau. Es herrschten nordöstliche Winde meist von ziemlicher Stärke vor. Das Minimum-Thermometer erreichte seinen tiefsten Stand von + 4 °C in Uled Brahim in 275 m Meereshöhe und zeigte im Mittel von 7 Tagen, an denen allein Ablesungen möglich waren, einen Stand von 7,9 °C. Das Maximum-Thermometer konnte, weil es an Schutz fehlte, nur an 2 Tagen abgelesen werden, wo es 20,0 bezw. 19,8 °C zeigte. Die relative Feuchtigkeit war bei der Morgenbeobachtung, wie schon die Thaufälle zeigten, sehr beträchtlich. Sie betrug bei letzterer (Mittel von 9 Beobachtungen) 82,4 % und erreichte am 23. März im Innern von Abda im Duar des Hamed Ben Said Bel Haffian 94 %. Die Umgebung des Zyma-Sees liess keine Zunahme erkennen. Bei der Mittagsbeobachtung sank die relative Feuchtigkeit auf im Mittel 57,3 %, um bei der Abendbeobachtung wieder auf 75,6 % zu steigen. Das beobachtete Minimum von 48,6 % kam in Schedma an der Grenze der Kabyle El Dra und El Hanchen vor. In dieser so durchweg viel höheren relativen Feuchtigkeit kommt die unnormale, gegenüber 1899 sehr viel feuchtere Witterung am deutlichsten zum Ausdruck. In der That habe ich niemals unter Durst zu leiden gehabt.

Auf der dritten und vierten Durchquerung der Küstenebene von Abda und Dukkala, von Saffi nach Bu-el-Awân an der Um-er-Rbia und zurück nach Azemur herrschten vom 27. März bis 7. April im Allgemeinen nördliche und nordöstliche Winde vor, an vier Tagen regnete es mit Westwinden, an 7 Tagen fiel Thau ganz besonders reichlich nahe der Küste, die Bewölkung war ungewöhnlich gross, bei nicht weniger als 5 Beobachtungen zeigte sich der Himmel ganz mit Wolken bedeckt. Die Temperatur war verhältnissmässig hoch, denn das Mittel der Minima betrug 10,7 °C, nur einmal, am 29. März, auf der Grenze von Abda und Dukkala in einer Meereshöhe von 200 m las ich + 2 °C ab, ein andermal dagegen, am 8. April, in Azemur, also nahe dem Meere, + 15 °C. Die Mittagstemperaturen waren ziemlich hoch, das Mittel der 9 Ablesungen war 25 °C. Am 5. April war das Maximum in Mheula 29 °C, am 2. April in Bu-el-Awân 29,6 °C und das Sonnen-Thermometer zeigte dort 48 °C, hier 45 °C.

Wesentlich ungünstiger gestalteten sich die Witterungsverhältnisse bei der fünften und sechsten Durchquerung der Küstenebene von Azemur nach Settat und von Settat nach Casablanca vom 8. bis zum 13. April. Während dieser Zeit herrschten ununterbrochen Nord- und Nordostwinde meist sturmartig und bei bedecktem Himmel, obwol kein Regen fiel. Das Minimum-Thermometer konnte nur dreimal abgelesen werden, weil ich meist in Kasbas übernachten musste. Es zeigte im Mittel + 12,7 °C, aber die Wärme stieg auch untertags unter dem Einflusse des kalten Windes nur wenig, sodass das Maximum am 12. April nur 12,8 °C betrug, eine Temperatur, wie sie weder auf dieser, noch auf der Reise von 1899 mittags zur Beobachtung gekommen ist. Auch während des Aufenthalts in Casablanca hielt ungünstige Witterung an, namentlich regnete es wiederholt ausgiebig bei starkem Westwind.

Es möge hier, auch zur weiteren Beleuchtung der vielseitigen Gefahren, die der Schifffahrt an dieser hafenlosen Küste drohen, noch ein kurzer Bericht über einen Cyklon angefügt werden, der am 17. und 18. Dezember 1901 an der Küste von Südwest-Marokko wüthete und in Saffi, von den topographischen Verhältnissen begünstigt, grosses Unheil anrichtete. Ich wurde auf die Erscheinung zunächst dadurch aufmerksam gemacht, dass der Beobachter in Mogador, Herr Konsul von Maur mir sofort auf einer Postkarte die unerhörte Thatsache meldete, dass am 17. Dezember in Mogador das Barometer mittags auf 743 mm gesunken war und gewaltige Regen, vom 1.—18. Dezember überhaupt 108 mm, gefallen seien. Gleich nachher ging mir noch ein Bericht des deutschen Vize-Konsuls Junker in Saffi zu, leider versuchte ich aber erfolglos die Beobachtungen der meteorologischen Stationen in Saffi selbst und in Casablanca zu verwerthen. Dort war der Beobachter todtkrank und starb bald nachher, hier hatte derselbe wegen schwerer Erkrankung die Beobachtungen noch nicht beginnen können. Immerhin ergab sich aus dem Junker'schen Berichte, dass ein von heftigen Regen begleiteter Wirbelsturm die Küste heimgesucht, ein dänisches Segelschiff auf der Rhede von Saffi, das einzig vorhandene Schiff, auf den Strand geworfen und völlig zertrümmert hatte und dass die in dem engen Thale, an dessen Ausmündung Saffi liegt (s. S. 83) urplötzlich niederstürzenden Wassermassen in der Hauptstrasse zahlreiche Häuser zerstört hatten, wobei etwa 100 Menschen, die zum Theil in's Meer hinausgespült wurden, und viel Vieh um's Leben gekommen waren. Der Vize-Konsul, der Kaid und zahlreiche Personen, die am Strande bei dem Wrack zu thun gehabt hatten, retteten sich, da das Seethor durch die hohe Brandung von der einen, die Binnenwasser von der anderen Seite gesperrt war, mit Mühe und Noth zunächst in einen Garten, dann, als auch dieser überfluthet wurde, über die Stadtmauer. Auch am 18. Dezember hielt Sturm und Regen noch an.

24. Zusammenfassende Skizze der durchreisten Landschaften.

Es sind fünf Landschaften, die ich auf dieser Reise zum Theil in Ergänzung derjenigen von 1899 näher kennen gelernt habe: die Küstenlandschaften Schedma, Abda, Dukkala und Schauia und die Binnenlandschaft Ahmar. Abda und Dukkala hatte ich bisher noch nicht betreten. Das Folgende ist als eine Ergänzung der auf S. 152 bis 159 des Werks über die Reise von 1899 gegebenen Zusammenfassung anzusehen.

Die Landschaft Schedma, deren Hauptort die Küstenstadt Mogador ist, ist bei weitem überwiegend Tafelland und Hochebene, nur an der Küste nordöstlich von Mogador bedingen bedeutende Schichtenstörungen, denen besonders der 50 km lange, aber nur etwa 4 km im Mittel breite Djebel Hadid seine Entstehung verdankt, Hügellandcharakter. Sonst ist die einförmige Tafelfläche nur durch die Erosion, die während der Pluvialzeit hier heute meist trockenliegende oder nur streckenweise durch Quellen mit fliessendem Wasser versehene Thäler geschaffen hat, etwas gegliedert worden, sodass namentlich der ziemlich steile Rand des Tafellandes ganz malerische Landschaftsbilder bietet. Aber schon in einem Abstande von etwa 17 km vom Meere herrscht die ungegliederte Hochfläche vor. Es fehlt hier, näher am Atlas und unter dem Einflusse der letzten Schichtenstörungen, die dieses Gebirge schufen, die Küstenebene, die nördlich vom Tensift als unterste Stufe des marokkanischen Atlasvorlandes dem höheren inneren Tafellande vorgelagert ist. Vielleicht wird man die kleine, den Djebel Hadid vom Tensift südwärts bis zum Kap Hadid vorgelagerte Küstenebene von Akermut noch als zu der untersten, auch geologisch jüngsten Stufe des Atlasvorlandes zu rechnen haben. Dem Zusammentreffen mehrerer Umstände, nämlich dass es dem Atlas schon so nahegerückt ist, dass es ohne niedriges Vorland mit seinem durch den Djebel Hadid, dessen mittlere Kammhöhe etwa 400 m, die höchste Erhebung 665 m beträgt, noch erhöhten Steilrande unmittelbar vom Ocean aufsteigt und die Holzgewächsen feindliche Schwarzerdedecke fehlt, verdankt aber Schedma einen Charakterzug, der es besonders scharf von den übrigen obengenannten Landschaften unterscheidet: seine ausgedehnten Buschwälder. Es ist anzunehmen, dass jene bodenplastische Eigenart und die Nähe des Atlas reichlichere, Baumwuchs ermöglichende Niederschläge und Thaufälle hervorruft. Mogador hat ja eine Niederschlagshöhe von 407 mm. Um den Dj. Hadid ist dieselbe gewiss grösser.

Dass dieser Buschwald durch die Niederschläge bedingt ist, ergiebt sich schon daraus, dass derselbe mit der Entfernung vom Ocean rasch niedriger und dürftiger wird und schon in einem mittleren Abstande von höchstens 50 km die Steppe beginnt, die zwar auch noch vereinzelte Holzgewächse hervorbringt, aber andere wie im Buschwaldgürtel. Wenn aber die nördlich vom Tensift gelegenen Küstenprovinzen keine Spur von Buschwald besitzen, und an Holzgewächsen, von wenigen angepflanzten, aber stets niedrigen, kümmerlichen Feigenbäumen abgesehen, überhaupt arm sind, ja auf weite Strecken derselben durchaus entbehren, so kann die Ursache dieser Erscheinung nicht in den Niederschlägen gesucht werden, denn diese nehmen, wie die bisherigen Regenmessungen, so lückenhaft sie auch sind, als unzweifelhaft hinstellen, nach Norden hin stetig zu. Der Boden, die Decke von Schwarz- und Rotherde, der diese Landschaften zu reichen Getreideländern macht, ist dem Holzwuchs feindlich.

Der Gürtel dieses Buschwaldes allein ist in Schedma anbaufähig, die Steppe des Innern erlaubt nur Viehzucht. Aber der Boden ist meist so sandig und felsig, dass thatsächlich nur kleine Flächen mit besserem Boden, wie z. B. in der Kabyle El Dra unter Rodung des Waldes für Ackerbau in Anspruch genommen sind, und die kleinen Dörfer und Weiler der durchweg berberischen Bevölkerung meist in Lichtungen des Buschwaldes liegen. Da dieser, seine jungen Blätter und Triebe, weniger die dürftige, in seinem Schutze im Winter sich entwickelnde Krautvegetation gute Weidegründe für Ziegen bildet, die namentlich ihre Nahrung auch auf den knorrigen, malerischen Arganbäumen, dem Hauptbestandtheile dieses Buschwaldes, suchen und finden, so ist Schedma, wenn seine Bevölkerung auch durchaus sesshaft ist, weniger ein Land des Ackerbaus, als der Vieh- und besonders der Ziegenzucht. Schedma ist daher eine der ärmeren Provinzen Marokkos und keiner grossen Verdichtung der Bevölkerung zugänglich. Heute dürfte die Volksdichte noch keine 25 Köpfe auf 1 qkm erreichen; 50 Köpfe dürfte der bei der besten Verwaltung mögliche Höchstbetrag sein.

Aehnlich, ja noch ungünstiger liegen die Verhältnisse in Ahmar, wenn auch aus anderen Gründen. Ahmar, nördlich vom Tensift gelegen, mit dem Becken des Zyma-Sees als Krystallisationspunkt, gehört ganz der zweiten Stufe des Atlasvorlands an, die mit steilem Rande über der Tiefebene von Abda aufsteigt. Es dürfte eine mittlere Höhe von 400 m haben. Es ist bereits in seiner ganzen Ausdehnung Zubehör des Steppengürtels, wenn auch auf kleinen Flächen mit besserem Boden Getreidebau nicht ausgeschlossen ist und kleine

Pflanzungen von Feigenbäumen möglich sind. Der Oberflächengestaltung nach ist es mehr flachwelliges Hügelland als Hochebene. Es besteht überwiegend aus den tafellagernden Schichten des (kretaceischen?) Deckgebirges, das gegen den hohen dem Meere zugekehrten Rand, weniger gegen den Tensift hin durch fluviatile Erosion, sonst aber überwiegend durch äolische Denudation gegliedert ist. Auf diese führe ich vorzugsweise die Bildung zahlreicher Tafelberge und flacher Becken zurück, deren eines den grössten See von Marokko, den stark salzigen Zyma-See enthält, die Verdunstungspfanne einiger in ihn mündender kleiner Giessbäche. Durch äolische Denudation vorzugsweise ist auch hier und da das (palaeozoische?) alte gefaltete und (durch Abrasion?) abgetragene Grundgebirge blosgelegt, das sofort abweichende Oberflächenformen, Buschvegetation, wenn auch äusserst dürftige, und leichtere Wasserbeschaffung durch Brunnen bedingt. Der dauernd fliessenden Gewässer entbehrt Ahmar durchaus, wenn wir vom Tensift absehen, ja selbst zeitweilig nach heftigen Winterregen gefüllte Wasserläufe sind selten. Ebenso Quellen. Die Bevölkerung ist in Bezug auf ihren Wasserbedarf fast ausschliesslich auf den Tensift und in grösserer Entfernung von demselben auf Brunnen und Cisternen angewiesen. Dieselbe treibt daher bei weitem überwiegend Viehzucht, ist zum grossen Theil halbnomadisch und bewohnt kleine Duar, die aus Zelten und niedrigen Hütten bestehen, unter die sich nur ausnahmsweise niedrige Lehmhäuser mischen. Der geringen, durch die Landesnatur bedingten Volksdichte entspricht es, dass Ahmar, so weit meine Kenntnis reicht, auch nicht eine Siedelung besitzt, die mit einem ansehnlichen Dorfe verglichen werden könnte, wie deren in Schedma viele vorkommen. Ahmar ist selbst gegenüber Schedma eine sehr arme Landschaft.

Ganz anders die Küstenlandschaften Abda, Dukkala und Schauia. Diese gehören der untersten Stufe des Atlasvorlandes an, die wol erst in nachpliocäner Zeit durch Hebung dem Meere entstiegen ist, dessen Wellen bis dahin in ähnlicher Weise am Fusse der zweiten Stufe von Ahmar und Rehamna, brandeten, wie an der heutigen, namentlich nach Süden hin immer höher ansteigenden Küste. Ich habe diese unterste Stufe des Atlasvorlands auf der letzten Reise fünfmal, auf der von 1899 einmal durchquert und habe mir danach ein von den bisherigen Darstellungen auf den besten Karten abweichendes Bild ihrer Bodenplastik gemacht [1]). Vom Tensift bis zum

[1]) Vergleiche die mit hervorragendem Scharfsinne aus den dürftig fliessenden Quellen herausgearbeitete Darstellung von P. Schnell: Das marokkanische Atlasgebirge. Ergänzungsheft No. 103 zu Petermann's Mittheilungen, S 105 ff.

Parallel von Casablanca bildet dieselbe eine Ebene, ja vorwiegend tischgleiche Ebene, die mit steilem, mindestens 100 m hohem Rande, der örtlich in einer Breite von 10—20 km durch fluviatile Erosion etwas gegliedert ist, vom Meere und sanft, nur durch das Barometer nachweisbar, landeinwärts gegen den Fuss der zweiten Stufe ansteigt. Nur hier und da finden sich flache Hügelwellen und vereinzelte Hügel, die zum Theil als Zeugen der Denudation, namentlich auch als durch die Kalkkruste bedingt anzusehen sind. Dieselben sind aber durchweg, soweit meine Beobachtung reicht, von so geringer Höhe, dass sie nur in einer topographischen Karte zum Ausdruck kommen könnten. Keiner dieser Hügel und Wellen dürfte 30 m rel. übersteigen. Wo ich diese Küstenebene gequert habe, ist keine Spur von Zwischenstufen vorhanden. Die schmalen Vorländer, Erzeugnisse der jüngsten Hebung, wie ich ein solches bei Casablanca beobachtet habe, während ein andres den Küstenhaffen südlich von Kap Blanco bis Walidya zu entsprechen scheint, sind nur örtliche, dieser breiten Terrasse nicht ebenbürtige Erscheinungen. Der innere Rand dieser Küstenebene, am Fusse der zweiten Stufe, hat nach meinen Höhenmessungen eine Höhe, die anscheinend von Südwest nach Nordost etwas zunimmt, von etwa 200 m auf 250—275 m, während der Steilrand gegen den Ocean nach Norden an Höhe zu verlieren scheint. Man wird danach diese unterste Stufe als Tiefebene zu bezeichnen haben und, immerhin den Steilabsturz zum Ocean im Auge, von einer Küstenebene des Atlasvorlands sprechen können. Diese beginnt demnach ganz schmal als Ebene von Akermut am Kap Hadid 20 km nördlich von Mogador, verbreitert sich aber nördlich vom Tensift, an dessen Unterlauf sie wenig über 15 km breit ist, sehr rasch und dürfte bei Sidi Rehal, wo der Karawanenweg von Mazagan nach Marrakesch durch das Thal von Mtal auf die zweite Landstufe (von Rehamna) emporsteigt, die grösste Breite von 80 km erreichen. Von da nach Nordosten mindert sich die Breite wieder. An der Um-er-Rbia beträgt sie nur noch 70 km, in Schauia nicht mehr 60 km. Genau so steil, geschlossen und scharf ausgeprägt, wie die Küstenebene im Allgemeinen vom Meere aufsteigt, nur noch weniger durch Erosion gegliedert, steigt die zweite Landstufe über der Küstenebene auf. Die relative Höhe derselben dürfte im Mittel etwa 100 m betragen, nur da beträchtlich mehr, wo unmittelbar an ihrem Rande sich höhere Berge vereinzelt und unter abweichenden Bedingungen gebildet haben: der Dj. Hadid und der Dj. Achdár.

Man wird der Küstenebene, die nahe am Ocean 100 m hoch ist und sich landeinwärts sanft auf 250 m hebt, eine mittlere Höhe von etwa 150 m zuschreiben müssen, in Dukkala vielleicht weniger. Doch steigt dieselbe gerade in Dukkala bei Sidi Rehal bis zu 275 m an. Die Oberfläche der Küstenebene besteht aus ganz jungen Ablagerungen theils marinen Ursprungs, wie der Muschelkalksandstein, der in Abda bis an den Fuss der höheren Stufe vorkommt, theils und überwiegend festländischen, wie der weiche, weisse, bröckelige Kalktuff, der vorzugsweise die Unterlage der Schwarzerde bildet. Doch ist die Mächtigkeit dieser Ablagerungen heute überall eine geringe, sodass die Abtragung in Schauia in grosser Ausdehnung die steilaufgerichteten Schichten des alten, wol palaeozoischen Grundgebirges unter denselben zu Tage treten lässt. Namentlich ist dies der Fall an der Küste bei Casablanca (s. Abbildung 16), etwas land-

16. Abrasions-Terrasse von Casablanca.

einwärts von Casablanca am Aufstieg aus dem schmalen Vorlande, am Fusse der oberen Stufe, wo der Wed Mussa das Deckgebirge abgetragen hat und in der Nähe der Um-er-Rbia. Das Thal der Um-er-Rbia ist durch das Deckgebirge bis tief in das Grundgebirge eingeschnitten, dessen harte Schichten zahlreiche Stromschnellen noch 23 km von der Mündung hervorrufen. Der Muschelkalksandstein der unteren Stufe giebt, wo er der Schwarzerdedecke entbehrt, einen leichten, sandigen Boden, der Kalktuff ist vielfach mit einer Kalkkruste bedeckt, die, Anbau unmöglich machend, Steppenbildung bedingt. Doch ist es die Schwarzerde, welche diesen Landschaften von Abda bis Gharb ihren Charakter aufprägt und sie zu den Kornkammern nicht nur Marokkos macht. Ungedüngt bringt die Schwarzerde und fast im gleichen Maasse die Rotherde jahraus jahrein die reichsten Ernten an Weizen, Gerste, Mais, Bohnen u. dergl. hervor. Sie bedingt auch die Form der Ebene, die bald tischgleich, bald flachwellig hier vorherrscht. Nur der Rand dieser Stufe am Ocean ist, wie wir sahen, etwas gegliedert und weist einige selten gefüllte Wasserrinnen in kleinen Thälern auf. Da auch die Giessbäche, die vereinzelt von der höheren Stufe herabkommen, bald versiegen und unfähig werden Thäler zu erodieren, so fehlt es diesen Küstenebenen, ganz besonders Abda und Dukkala, abseits des Tensift und der Um-er-Rbia, die der Atlas nährt, nicht nur an fliessendem Wasser überhaupt, sondern selbst an Thälern. Selbst Trockenthäler habe ich nicht gefunden. In Schauia gestalten sich die Verhältnisse insofern anders, als dort die obere Stufe, je weiter nach Norden, um so höher wird und Gewässern Ursprung giebt, die im Stande waren, zum Theil nie völlig versiegend und Thäler bildend, sich einen Weg quer durch die ganze untere Stufe zum Ocean zu bahnen. Schon der Wed Mussa, der südlichste derselben, der oberhalb Settat entspringt, erreicht in deutlich ausgeprägtem Bett, das Grundgebirge bloslegend, nicht gar selten zwar nicht den Ocean, wie die Karten bisher darstellten, aber doch die Um-er-Rbia. Es mündet zwischen der Um-er-Rbia und Casablanca überhaupt kein weiter aus dem Innern kommender Fluss. Aber zwischen Casablanca und Rabat hatte ich im Mai 1899 nicht weniger als 5 Flüsse zu überschreiten, die noch Wasser führten und anscheinend nie völlig versiegen. Sie werden offenbar sämmtlich von Quellen gespeist, wie ich deren bei Casablanca und auf dem Wege nach Rabat eine ganze Anzahl auf dem undurchlässigen Grundgebirge zu Tage treten sah. In Dukkalla und noch mehr in Abda fehlen aber Quellen so gut wie ganz. In der Villa des seit meinem Besuche leider verstorbenen Herrn Schrader in Saffi trat die einzige kleine Quelle, die ich in Abda gesehen habe, zu Tage. Ihr Wasser bildet, als Trinkwasser in die Stadt geliefert, eine wesentliche Einnahmequelle für den Besitzer. Nur in einem schmalen Gürtel zu beiden Seiten der Um-er Rbia treten, und zwar, wie es scheint, viel zahlreicher auf dem rechten, höheren Ufer, dadurch, dass der Strom sein Thal durch das durchlässige Deckgebirge hindurch in das undurchlässige Grundgebirge ausgetieft hat, zahlreiche so angeschnittene Wasseradern als Quellen zu Tage. Ich hatte bereits 1899 die gleiche Erscheinung schon weiter stromauf festgestellt. Wenn einzelne dieser Quellen auch ungeniessbares Wasser enthalten, so sind sie doch von grosser anthropogeographischer Bedeutung, in dem fast jede eine üppige Oase in's Leben gerufen hat, und somit der Strom, so ungünstig er, ähnlich den Plateauströmen der iberischen Halbinsel, sonst in anthropogeographischer Hinsicht auch ist, doch eine gewisse Verdichtung der Bevölkerung in diesem Gürtel hervorgerufen hat. Die Bewohner von Abda, Dukkala und zum Theil auch von Schauia sind daher auf natürliche Wasserlöcher und künstlich angelegte Sammelteiche, deren Zahl ungeheuer gross ist, auf Cisternen und Brunnen angewiesen. Diese letzteren gehen wol ausnahmslos bis auf das undurchlässige Grundgebirge hinab, sind daher meist sehr tief, schwer zu bohren und zu benutzen. Sie liefern überdies vielfach brackiges Wasser von hoher Temperatur. So schwierig die Wasserfrage hier auch ist, so sind diese überaus fruchtbaren Landschaften doch im Stande eine dichte, ackerbauende und sesshafte Bevölkerung zu ernähren, wie sie auch heute schon ziemlich dicht, jedenfalls dichter als irgend eine Landschaft von Marokko, bevölkert sind. In Abda liegen in einzelnen Gegenden die kleinen aus niedrigen Pisébauten bestehenden Duar ausserordentlich dicht bei einander. Für landwirthschaftlichen, auf Ausnützung von Maschinen begründeten Grossbetrieb sind diese Schwarzerdegefilde wie geschaffen. Die Wasserversorgung bietet keine Schwierigkeiten, da es an Wind zum Heben der unterirdischen Wasservorräthe das ganze Jahr nicht mangelt. Auch die Abfuhr der Erzeugnisse in die Küstenstädte auf hohen zweirädrigen Karren wäre sofort, auch ohne Strassenbau, möglich. Dem Eisenbahnbau stellen sich nicht die geringsten Schwierigkeiten entgegen. Der Reichthum dieser Küstenebene an Erzeugnissen prägt sich darin aus, dass hier eine ganze Anzahl von Küstenplätzen als Sitze des Handels zu ansehnlicher Entwickelung gelangt ist: Saffi, Mazagan, Azemur, Casablanca, Rabat-Sla.

Wenn ich nun zum Schluss der Um-er-Rbia noch eine kurze zusammenfassende Betrachtung widme, so handelt es sich im Wesentlichen nur um Ergänzung dessen, was in dem Werke über meine Forschungsreise von 1899 gesagt worden ist.

Ist es mir auch diesmal nicht gelungen, die letzte Lücke unserer Kenntnis vom Laufe der Um-er-Rbia ganz auszufüllen, da es zu schwierig erschien von Bu-el-Awân nach Meschra-esch-Schaêr vorzudringen, unterhalb welcher Furth ich 1899 den Strom hatte verlassen müssen, so ist doch auch dieses letzte unbekannte Stück des Stromlaufes wenige Wochen nachher von meinem Reisegefährten, Herrn Dr. Weisgerber, so gut es in dem äusserst schwierigen Gelände auf einer einfachen Forschungsreise möglich ist, festgelegt worden. Herr Dr. Weisgerber ist auf dem rechten Ufer des Stromes bis nach Meschra-esch-Schaêr gekommen [1]). Damit ist nun auch der bis zuletzt unbekannt gebliebene, der Lauflänge und der Grösse des Stromgebiets nach gewiss grösste Fluss von Marokko in den grossen Zügen erforscht. Allein im Atlasvorlande, in welches derselbe oberhalb Kasba Tedla in der Vorlandsbucht von Tedla, dem marokkanischen Ferghana eintritt, beträgt seine Lauflänge 300 km, die kleinen Windungen gar nicht eingerechnet, 180 km oberhalb, 120 km unterhalb Meschra-esch-Schaêr. Von der Einmündung des Tasaut bis Meschra-esch-Schaêr fliesst der Strom, wenn er auch nur ausnahmsweise bequem zugänglich und überschreitbar ist, doch in einem vergleichsweise offenen Thale und bildet nur mässige Schlangenwindungen, von Meschra-esch-Schaêr aber bildet er bis unterhalb Bu-el-Awân ein enges überaus windungsreiches, oft cañonartiges Thal, das seine Formen und Stromschnellen im Wesentlichen dem Umstande verdankt, dass es in einen breiten Gürtel des, wie es scheinen will, hier höher aufragenden Grundgebirges und in den Rand der oberen Landstufe eingeschnitten ist, von der sich der Strom in die Küstenebene hinabstürzt. Das Gefälle ist daher auf dieser Strecke sehr bedeutend, denn bei Meschra-esch-Schaêr liegt der Spiegel des Stromes noch 240 m über dem Meere, bei Bu-el-Awân noch 120 m. Die Stromschnellen unterhalb Meschra-esch-Schaêr, die ich 1899 sah, waren in der That viel bedeutender als die, welche ich bei Bu-el-Awân und weiter abwärts gesehen habe. Der wildeste Theil dieses Durchbruchsthales liegt in der That zwischen Meschra-esch-Schaêr und Bu-el-Awân. Auf dieser in Luftlinie etwa 30 km langen Strecke hat der Strom also ein Gefälle von 120 m. Aber auch oberhalb Meschra-esch-Schaêr ist das Gefälle bedeutend, da ich die Höhe seines Spiegels an dem Punkte, wo er den Tasaut aufnimmt, auf 360 m schätzte. Die Entfernung beider Punkte beträgt 82 km. Die Entfernung von Meschra-esch-Schaêr von der Mündung, mag, in der Luftlinie gemessen, etwa 90 km betragen. Die Lauflänge des Stromes ist sehr viel grösser. Zum Vergleich führe ich an, dass die Entfernung Bingen—Südende der Kölner Bucht 92 km, die Lauflänge

[1]) Derselbe macht über seine Forschungen im Gebiete der Um-er-Rbia Mittheilung in: La Géographie. Jahrgang 1902, S. 321—334.

des Rheins 142 km beträgt, also 1/3 mehr. Da die Windungen der Morbeya sehr viel grösser sind, als die des Rheins auf dieser Strecke, so dürfte die Länge des Stromes wol nahe an 150 km, nicht, wie oben im Grossen gemessen angenommen wurde, 120 km erreichen. Bedeutungsvoll ist die auffallende Richtungsänderung des im Allgemeinen Nordwestrichtung einhaltenden Stromes nach seinem Durchbruch durch den Rand der oberen Landstufe. Derselbe fliesst nämlich bald unterhalb Bu-el-Awân, wie wir zu unserer Ueberraschung feststellten, eine lange Strecke in nördlicher Richtung. Oberhalb Azemur finden sich wiederholt Thalweitungen, deren eine, die von Mheula, näher beschrieben worden ist, aber im Allgemeinen bleibt das Thal eng und tief. Die beigegebene Abbildung 17 veranschaulicht die Ausmündung des Stromes aus dem gewundenen Engthale in die Thalweitung von Mheula. Die

17. Erosionsthal der Morbeya im Tafelland oberhalb Mheula.

Höhe der Thalgehänge mindert sich entsprechend der Neigung der Ebene stetig. Aber Azemur, nur 4 km von der Mündung, liegt noch auf dem hohen linken Ufer.

Wenn ich ursprünglich daran gedacht hatte, von Azemur aus im Boot stromauf fahrend die Erforschung des Stromes durchzuführen, so hatte ich doch bald auf die Ausführung dieses Planes verzichtet, nachdem ich durch Erkundigungen, die meine eigenen Vorstellungen bestätigten, die Schwierigkeit dieses Unternehmens erkannt hatte. Die Befahrung der Um-er-Rbia zu Berg ist der starken Strömung wegen, die dem Fluss, wenn auch wol nur bei Hochwasser, bis zur Mündung Kiesel zu rollen erlaubt, auf jeden Fall sehr schwierig und zeitraubend, zu Thal gefährlich. Immerhin halte ich es nicht für unmöglich, dass in Zukunft einmal eine Kettenschleppschifffahrt hier eingerichtet wird, die bei hohem Wasserstande, wol nahezu 6 Monate, bis zur Mündung des Tasaut gehen könnte. Freilich würde dann auch die Barre, die heute die Mündung sperrt, gangbar gemacht werden müssen, damit Azemur wenigstens von kleinen Küstendampfern erreicht werden kann.

---

25. Barometrische Höhenmessungen

berechnet von Cand. Karl Müller.

Die nachfolgenden Höhenangaben sind nach Barometerbeobachtungen des Herrn Prof. Th. Fischer berechnet; dabei wurde im Wesentlichen ebenso verfahren, wie bei Berechnung der Höhenangaben aus den im Frühling 1899 von Herrn Prof. Th. Fischer in Marokko gemachten Barometerbeobachtungen durch Herrn Dr. Heinrich Jung.

Die Beobachtungen wurden angestellt im März und April 1901 mit dem der Gesellschaft für Erdkunde zu Berlin gehörigen Bohne'schen Aneroid 1622 und dem Herrn Prof. Fischer gehörigen gleichfalls Bohne'schen Aneroid 3465. No. 1622 wurde vor und nach der Reise von der physikalisch-technischen Reichsanstalt untersucht; No. 3465 konnte nur nach der Reise geprüft werden, so dass zum Vergleich die nach der Reise von 1899 erfolgte Prüfung für 3465 benutzt werden musste.

Die korrespondirenden Beobachtungen wurden wie bei der vorigen Reise in Mogador von Herrn Vizekonsul von Maur im ersten Stockwerke seines Hauses etwa 8 m über dem Meere an einem von der deutschen Seewarte gelieferten Quecksilberbarometer gemacht.

Eine Unterscheidung der Korrektionen für zu- und abnehmenden Druck war auch diesmal nicht möglich (vergl. die Arbeit von Dr. A. Galle in der Zeitschrift der Gesellschaft für Erdkunde zu Berlin 1889 Seite 321). Es wurden daher, da die Aenderungen des Druckes in keinem Falle erheblich schnell gewesen waren, Mittelwerthe benutzt. Die elastische Nachwirkung wurde ebenfalls nicht berücksichtigt.

Während die Prüfungen von 1622 vor und nach der Reise nur eine geringe Aenderung in der Abweichung ergaben (bis höchstens 0,5 mm), fand sich für 3465 eine bedeutende Zunahme der Abweichung vom Quecksilberbarometer gegen die Resultate der Prüfung von 1899. Es ist anzunehmen, dass 3465 während der Reise bei irgend einer Gelegenheit stark gelitten hat, so dass die Mittel aus den Abweichungen vor und nach der Reise wenig zuverlässige Korrektionen geliefert haben würden; es kommt die grosse Zeitdifferenz zwischen der Prüfung vor der Reise bis zum Gebrauch und der Prüfung nach der Reise hinzu, deshalb wurde bei der Korrektion der Angaben von 3465 nur das Prüfungsergebnis nach der Reise benutzt.

Für die meisten berechneten Höhen lagen ein oder zwei Beobachtungen vor, in 4 Fällen lagen 3, in 2 Fällen 5, in einem Falle 6, in einem Falle 8 und in einem Falle 33 Beobachtungen mit beiden Aneroiden vor mit der Einschränkung, dass die betr. Beobachtung mit 3465 in zwei Fällen und die mit 1622 in ebenfalls zwei Fällen nicht gemacht wurde. Hinter den einzelnen Höhenzahlen ist die Anzahl der zur Berechnung vorgelegenen Beobachtungen vermerkt.

Für Aïn-el-Hadschar (32 bezw. 33 Beobachtungen) betrug der mittlere Fehler für 3465 + 4,8; für 1622 + 4,6.

Für die Messung am Schischaua (6 Beobachtungen) für 3465 + 7; für 1622 + 8,8.

Für Dar Msaddek (5 Beob.) für 3465 + 6,3; für 1622 + 6,5.

Für Bu-el-Awân (5 Beob.) für 3465 + 8,6; für 1622 ± 6,6.

Siedepunktbestimmungen konnten bei dieser Reise nicht gemacht werden, da das mitgenommene Instrument sich als unzuverlässig erwies.

Aus den korrigierten Barometerständen sind die Höhendifferenzen nach der Formel ausgerechnet:

$$D = 18464 (\log B_1 - \log B_2) \left(1 + 0{,}003665 \frac{A_1 + A_2}{2}\right)$$

Diese Formel ist richtig für mittlere Höhen, Verhältnis von Dunstdruck zum Barometerstand $= \frac{1}{100}$ und für die Breite von 50°. Die beiden ersten Annahmen kann man für unsere Messungen gelten lassen; die Korrektion der geographischen Breite wurde, angesichts ihrer ausserordentlichen Geringfügigkeit gegenüber der sonstigen Fehlergrenze, nicht mit in Betracht gezogen.

Die Angaben verstehen sich in m über dem Meere; die genaue Lage der einzelnen Höhenpunkte ist auf der Karte angegeben.

	Station	3465 Höhe in m	3465 Anz. d. Beob.	1622 Höhe in m	1622 Anz. d. Beob.
1	Aïn-el-Hadschar	99,4	32	89,3	33
2	Unteres Ende des Thalbeckens von Aïn-el-Hadschar	68,9	1	55,7	1
3	Oberes Ende der Thalweitung von Dar-uld-Siöd	52,0	1	55,8	1
4	Sidi Ali Maaschu	213,0	1	—	—
5	Grenze von El Dra und El Hanchen	275,0	2	264,0	2
6	Auntîri	393,1	2	382,8	2
7	Hochebene nordöstl. von Auntîri, höchster Punkt	—	—	480,8	1
8	Hochebene nordöstl. von Auntîri, Mittagsrast	429,3	1	425,7	1
9	Ahal Agadir	292,6	2	278,5	2
10	Am Schischaua, 2,5 km oberhalb seiner Mündung	209,6	6	203,6	6
11	El Gara	256,8	1	257,6	1
12	Uled Brahim	275,8	2	272,25	2
13	Suk el Khemis am Zyma-See	385,1	1	385,8	1
14	Zera	405,5	2	399,8	2
15	El Gerat	277,7	1	276,5	1
16	Hamed Ben-Said Bel Haffian	188,4	2	182,3	2
17	Dar Uld-el-Hadsch Ajaschi	194,0	1	197,7	1
18	Dar Aïssa Ben Omar	148,9	3	138,8	3
19	Duar El Hadsch Mohamed bu Ghdera	162,3	2	151,25	2

	Station	3465 Höhe in m	3465 Anz. d. Beob.	1622 Höhe in m	1622 Anz. d. Beob.
20	Uled Saif	185,5	1	179,7	1
21	Asib Beni Idghu	204,6	2	193,25	2
22	Si Hamed Ben Saud	254,8	1	260,4	1
23	Sidi Rehal	274,1	2	263,2	2
24	Kasba Djbili	281,5	1	287,3	1
25	Dar Msaddek	263,5	5	249,6	5
26	Auf der Hochebene südwestlich von Bu-el-Awân	203,8	1	200,2	1
27	Bu-el-Awân	193,8	5	186,0	5
28	Bei Suk-el-Had	127,6	1	125,4	1
29	Duar der Uled Ferdj	159,4	2	156,6	2
30	Bei Sidi Bel Abba	174,1	1	186,5	1
31	Sidi Said Bu Othman	113,2	1	118,9	1
32	El Hadsch Yussef	129,4	2	128,8	2
33	Aïn-el-Djemaa	188,3	1	186,4	1
34	Am Wed Mussa, am Fusse der oberen Landstufe von Schauia	—	—	198	1
35	Auf der oberen Landstufe von Schauia	—	—	244	1
36	Uled Said	279,5	2	283,8	2
37	Settat	327,5	3	330,5	3
38	Bei Sidi Mohamed al Aïdi	199,6	1	204,7	1
39	Dar Ber Reschid	159,8	2	158,7	2
40	Kasba Mediuna	112,7	3	109,7	3

h. Fischer's Reisewege in Marokko 1901. Südliches Blatt.

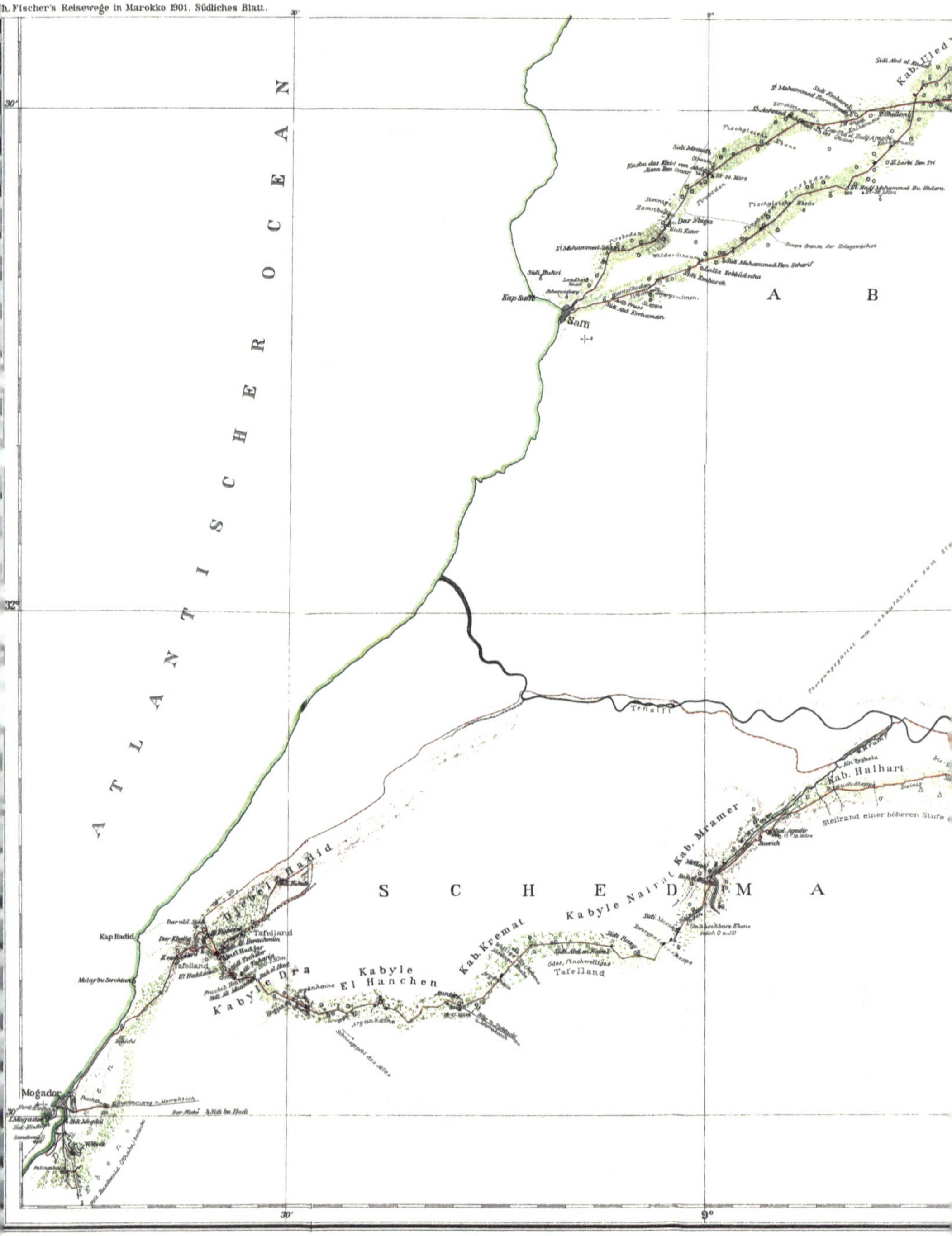

Hambu

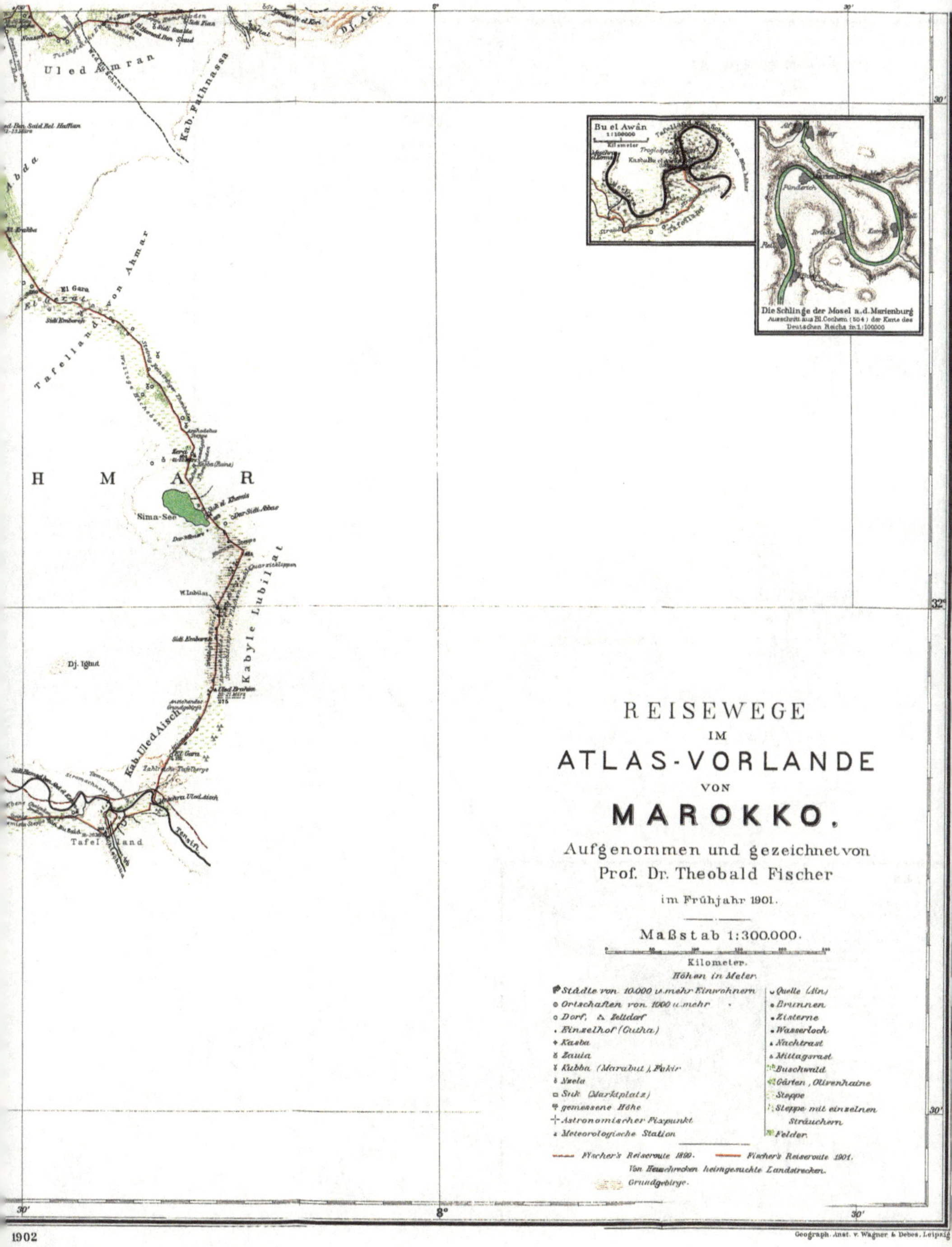

1902

Geograph. Anst. v. Wagner & Debes, Leipzig

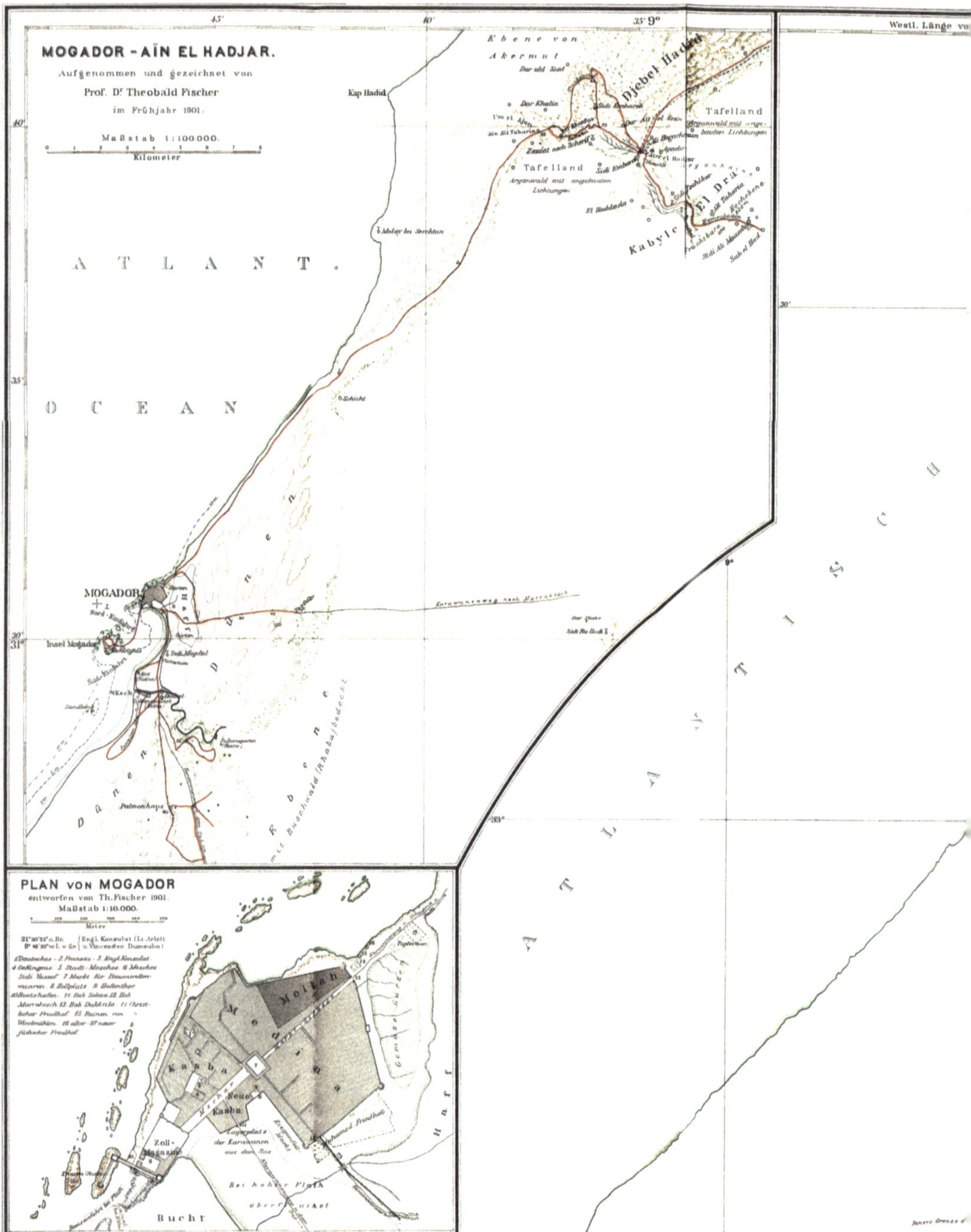

Th. Fischer's Reisewege in Marokko 1901. Nördliches Blatt.

30'
8°
30'
O C E A N
Casablanca
(Dar el Beida)
Mediuna
S C H A U I A
Dar Ber Reschid
Azemur
Mazagan
Kabyle Schtuka
Tafelland
D U K K A L A
Kabyle Uled Ferdj
Settat
Dar Sᵗ Bu Schaib bel Bari
Dar Msaddek
Kabyle Aunat
Uled Bu Zrara
33°

Zeitfracht Medien GmbH
Ferdinand-Jühlke-Straße 7
99095 Erfurt, Deutschland
produktsicherheit@kolibri360.de